U0213766

应急管理系列丛书 ✤ 案 例 研 究

主 编／中共中央党校（国家行政学院）应急管理培训中心

防范化解重大风险
——响水"3·21"事故案例研究

FORESTALLING AND
DEFUSING MAJOR RISKS:
CASE STUDY OF THE
XIANGSHUI CHEMICAL PLANT EXPLOSION

钟开斌 等／著

社会科学文献出版社
SOCIAL SCIENCES ACADEMIC PRESS (CHINA)

应急管理系列丛书编委会

应急管理系列丛书专家评审委员会

应急管理系列丛书·案例研究工作组

组　　长：钟开斌

副组长：张　磊　王　华

成　　员（以姓氏笔画为序）：

王永明　王　华　王彩平　李雪峰　邹积亮　张　磊

钟开斌　柴　华　游志斌

作者简介

（按姓氏拼音排序）

褚　云　中国安全生产科学研究院危险化学品安全技术研究所，美国罗德岛大学化学工程博士。负责、参与科技部国家重点研发计划等多项国家级、省部级课题。主要研究领域为事故应急救援与事故调查、定量风险评价、化工园区安全规划与安全管理等。

多英全　中国安全生产科学研究院危险化学品安全技术研究所副所长，教授级高级工程师，北京理工大学博士。负责、参与科技部国家重点研发计划等多项国家级、省部级课题。主要研究领域为危险化学品政策法规和标准规范、定量风险评价、重大危险源辨识评价与控制、产业安全规划、化工园区安全管理等。

方铭勇　中共安徽省委党校（安徽行政学院）公共管理教研部副主任、公共安全与应急管理研究中心执行副主任，副教授，中国应急管理学会理事，中共中央党校（国家行政学院）应急管理培训中心（中欧应急管理学院）访问学者。主持省部级课题多项。

庞　宇　中共北京市委党校（北京行政学院）领导科学教研部副教授，中国人民大学传播学博士。美国哈佛大学、英国剑桥大学访问学者。主持国家社会科学基金课题等国家级、省部级课题多项。

邱倩婷　中共中央党校（国家行政学院）应急管理培训中心（中欧应急管理学院）博士研究生，清华大学公共管理学院硕士。参与国家级、省部级课题多项。主要研究领域为风险治理、应急管理、公共政策。

宋占兵　中国安全生产科学研究院危险化学品安全技术研究所教授级高级工程师，大连理工大学博士。负责、参与多项国家级、省部级课题。主要研究领域为化工企业风险辨识与评估、定量风险评价、事故应急救援与事故调查、化工园区安全管理等。

王如君　中国安全生产科学研究院副总工程师、危险化学品安全技术研究所所长，教授级高级工程师，南京工业大学博士。负责、参与多项国家级、省部级课题。主要研究领域为化工本质安全技术、化工园区与化工企业安全管理、危险化学品法律法规、危化品事故应急救援与事故调查等。

王永明 中共中央党校（国家行政学院）应急管理培训中心（中欧应急管理学院）教授，北京交通大学工学博士。主持国家自然科学基金资助项目2项、省部级课题多项。主要研究领域为安全生产应急管理、重大突发事件情景构建与应急准备。

魏利军 中国安全生产科学研究院副院长，教授级高级工程师，北京化工大学博士。主持科技部国家重点研发计划等多项国家级、省部级课题。主要研究领域为重大工业事故预防与控制、重大危险源辨识评价与控制、定量风险评价、安全规划和应急管理等。

翟慧杰 中共河南省委党校（河南行政学院）公共管理教研部讲师，中共中央党校（国家行政学院）管理学博士。参与、主持国家社会科学基金课题等国家级、省部级课题多项。主要研究领域为应急管理、社会治理。

钟开斌 中共中央党校（国家行政学院）应急管理培训中心（中欧应急管理学院）教授、博士生导师，应急管理案例教研室主任，清华大学管理学博士。主持国家社会科学基金课题、国家软科学研究计划项目等国家级课题多项。主要研究领域为风险治理、应急管理、危机沟通、公共政策。

总　序

全面加强应急管理工作，是全面履行政府职能的内在要求和重要举措，是维护国家安全、社会稳定和人民利益的重要保障。党中央、国务院长期高度重视应急管理工作。党的十八大以来，以习近平同志为核心的党中央，站在时代前沿和战略全局高度，从增强忧患意识、防范风险挑战，树立红线意识、统筹安全发展，坚持底线思维、强化应急准备，完善体制机制、加强能力建设，抓好安全生产、推进防灾减灾救灾"三个转变"等方面，对加强和改进应急管理工作提出了一系列新观点、新论断、新要求，回答了新时代应急管理工作的一系列根本性、战略性、全局性问题。

应急管理是干部教育培训的重要内容。2015年1月12日，习近平总书记在接见中共中央党校第一期县委书记研修班全体学员并合影座谈时，要求加强对学员进行危机处理、国家安全和公共安全的教育培训等。2018年3月，根据《深化党和国家机构改革方案》新组建的应急管理部，整合九个部门和四个议事协调机构的相关职责，作为国务院组成部门。2018年10月，中共中央印发《2018—2022年全国干部教育培训规划》，把应急管理列为干部教育培训的重要内容。

2018年3月，中共中央党校和国家行政学院的职责整合，组建新的中共中央党校（国家行政学院）。新组建的中共中央党校（国家行政学院），设立应急管理培训中心（中欧应急管理学院），承担应急管理教育培训和相关科研、咨询、国际交流合作职责，参与研究制定国家应急管理规划、规范、标准、预案，开展应急管理人员培训和师资培训，建设国家安全与应急管理学科，指导地方校（院）应急管理业务。

为总结近年来全国应急管理培训基地教学培训、科研咨询、案例开发工作成果，服务于各级党委政府决策和领导干部应急管理培训工作，原国家行政学院应急管理培训中心（中欧应急管理学院）自2015年开始组织编写应急管理系列丛书。作为全国应急管理干部教育培训的主渠道、主阵地，中共中央党校（国家行政学院）应急管理培训中心（中欧应急管理学院）将继续认真学习贯彻习近平总书记关于应急管理的重要论述，密切跟踪应急管理理论前沿和实践发展，结集出版"应急管理系列丛书"，为全面推进新时代我国应急管理事业改革发展建言献策。

本丛书包括"应急管理教材""应急管理理论前沿""应急管理案例研究""应急管理中外研究"四个系列。

"应急管理教材"系列旨在系统梳理国内外突发事件应急管理的前沿理论与先进经验，为应急管理实际工作者、公共管理专业硕士及理论研究人员提供一般性知识参考框架，力求反映应急管理研究的知识演进脉络，兼顾最新发展趋向。该系列具体又包括两大类。一是 MPA 教材。以在中共中央党校（国家行政学院）MPA 应急管理方向研究生中开设的专业课程为基础，编辑出版 MPA 教材。二是公务员培训教材。结合中共中央党校（国家行政学院）相关应急管理专题培训班次，组织编写应急管理培训专题教材和通用教材。

"应急管理理论前沿"系列旨在跟踪应急管理理论发展与创新，推动应急管理理论研究与学科建设，发挥各级政府应急管理培训基地的学术引领作用，保持其理论研究的前瞻性、前沿性，持续推动高水平应急管理学术专著的出版。该系列研究的主要领域包括：公共安全与应急管理领域的基础理论、综合研究，自然灾害、事故灾难、突发公共卫生事件和社会安全事件四大类突发事件的分类研究，预防与应急准备、监测与预警、应急处置与救援、事后恢复与重建等分阶段应急管理研究，国外应急管理理论与实践研究，公务员应急管理培训工作研究，等等。

"应急管理案例研究"系列旨在系统总结和科学评估国内外突发事件典型案例，推进应急管理案例库项目成果开发和应用，逐步建立在国内外有一定影响力的中国应急管理案例库，服务于教学培训、科研咨询和对外合作。该系列具体又包括两大类：一是"应急管理典型案例研究报告"，主要收录每年 10 起左右典型突发事件的案例研究报告；二是"重大突发事件案例研究报告"，主要收录每年重特大突发事件的深度案例研究报告。

"应急管理中外研究"系列旨在总结提炼国际合作的丰硕成果和经验，分享不同国家的灾害风险治理与应急管理方式方法，介绍国际组织在风险治理、危机应对、人道主义救援等方面的做法，同时也贡献中国智慧、介绍中国解决方案。该系列拟包含三个方面的研究：一是国别应急管理体系研究；二是国际组织灾害风险与应急管理研究；三是重点专题研究。

应急管理在我国是一个跨学科的新兴研究领域，实际部门的经验积累和学术界的理论研究都还比较有限。希望本丛书的出版，对我国应急管理理论研究和实践发展能起到积极的推动作用。为全面做好丛书的组织编写工作，应急管理培训中心（中欧应急管理学院）专门成立应急管理系列丛书编委会并设立由应急管理相关领域领导干部和专家学者组成的专家评审委员会。本丛书在研究和出版过程中，得到了中共中央党校（国家行政学院）领导和兄弟部门、应急管理实际部门和理论界相关人士以及出版社的大力支持和帮助。同时，由于能力和水平有限，本丛书缺点和错误在所难免，欢迎广大同行和读者提出宝贵意见，以帮助我们不断提高丛书质量。

应急管理系列丛书编委会

2019 年 5 月

《应急管理系列丛书·案例研究》出版前言

俗话说："亡羊补牢"，"吃一堑、长一智。"建立独立、权威、专业的调查制度，对所发生的突发事件进行深入剖析，全面总结经验教训，在此基础上有针对性地提出整改措施，是应急管理工作的题中应有之义，也是转"危"为"机"、"在历史的灾难中实现历史的进步"的重要手段。《中华人民共和国突发事件应对法》第六十二条规定："履行统一领导职责的人民政府应当及时查明突发事件的发生经过和原因，总结突发事件应急处置工作的经验教训，制定改进措施，并向上一级人民政府提出报告。""7·23"甬温线特别重大铁路交通事故发生后，党中央、国务院要求调查处理工作做到"查明白、写明白、讲明白、听明白"。山东省青岛市"11·22"中石化东黄输油管道泄漏爆炸特别重大事故发生后，习近平总书记强调"用生命和鲜血换取的事故教训，不能再用生命和鲜血去验证"，要做到"一厂出事故、万厂受教育，一地有隐患、全国受警示"。天津港"8·12"瑞海公司危险品仓库特别重大火灾爆炸事故发生后，中共中央政治局常务委员会会议强调，要彻查事故责任并严肃追责，给社会一个负责任的交代。

案例研究是推动应急管理教学培训、科研咨询、对外合作、人才培养的重要途径。从教学培训来看，案例教学作为一种行之有效的教学方法，已被广泛运用于法律、医学、工商管理、公共管理等实践性较强的教育培训领域中。从科研咨询来看，通过开展案例研究，建立案例库，有利于及时掌握全国应急管理理论与实践的前沿动态，提高科研咨询的针对性和时效性。从对外合作来看，通过联合进行案例开发、共享案例资料等，有利于建设一个学术信息资源共享的案例库资源平台。从人才培养来看，案例研究有利于推进应急管理理论与实践相结合，形成一支业务熟练、结构合理、分工明确的教学科研队伍。近年来，部分国际组织和发达国家特别重视突发事件案例库建设。联合国开发计划署（UNDP）、欧盟（EU）、世界卫生组织（WHO）等组织，美国、日本、加拿大、澳大利亚、比利时等国家，以及美国哈佛大学肯尼迪学院（HKS）、锡拉丘兹大学马克斯维尔（Maxwell）学院、瑞典国防学院危机管理研究与培训中心（CRISMART）等机构，开发建设了各类突发事件案例库或数据库，内容覆盖全球性或本国范围内的各类突发事件。

2014 年 12 月，国家行政学院应急管理培训中心启动了应急管理案例研究活动，以优秀案例推动应急管理教学培训、科研咨询、对外合作、人才培养及应急管理实践的发展。围绕应急管理案例研究，我们重点开展了以下三个方面的工作。一是以"国家应急管理案例库"项目为支撑，按照统一的案例分析框架，进行重特大突发事件案例研究。二是与有关机构合作，开展"中国公共安全创新"评选活动，总结并弘扬地方和基层一线在推进公共安全治理创新、健全公共安全体系、提高公共安全水平方面的好做法、好经验。三是基于数据挖掘技术，进行突发事件实时信息记录跟踪和统计分析，搭建一个多功能、多层次、全范围、宽领域、可视化的应急管理案例库。

为及时跟踪研究每年发生的典型突发事件，总结推广地方和基层一线公共安全创新的做法和经验，并提高我国应急管理理论研究水平、实践工作能力及开展应急管理国际交流合作提供鲜活的案例素材，我们与社会科学文献出版社合作，编写出版《应急管理系列丛书·案例研究》。"案例研究"系列共包括三类：一是"应急管理典型案例研究报告"，主要收录每年 10 起左右典型突发事件的案例研究报告。二是"重大突发事件案例研究"，主要收录每年有代表性的重特大突发事件的深度案例研究报告。三是"公共安全创新案例研究报告"，主要收录"中国公共安全创新"评选活动所评出的项目。

为提高案例研究的规范性和科学性，更好地进行不同案例之间的比较分析和不同地区之间的案例经验交流，我们在借鉴美国哈佛大学肯尼迪学院、锡拉丘兹大学马克斯维尔学院、瑞典国防学院危机管理研究与培训中心等机构案例研究经验的基础上，组织制定了《国家应急管理案例库案例开发工作方案（试行稿）》，提出了应急管理案例的分类标准和案例研究报告的基本结构，希望通过统一的研究标准、严格的研究程序、科学的研究方法来保证研究结果的信度和效度，尽量减少研究的随意性和主观性。

根据研究内容的不同，应急管理案例分为综合性案例和专题性案例两大类。其中，综合性案例是指覆盖突发事件整个应对过程的案例。综合性案例以突发事件为对象，深入探讨突发事件预防与应急准备、监测与预警、应急处置与救援、事后恢复与重建四个阶段的各个主题。专题性案例是指仅涉及突发事件应对过程中的一个或多个环节的案例。专题性案例以管理环节为对象，围绕应急管理的一个或若干个主题（如应急准备、风险评估、风险监测、突发事件预警、信息报告、应急指挥、危机沟通、社会动员、调查评估、应急保障等）展开讨论。

案例研究报告一般由以下五个部分组成：一是事件的基本情况，即描述整个突发事件的概况和简要的应对经过。二是突发事件应对的主要过程，即按照突发事件应对的时间先后，客观准确地还原预防与应急准备、监测与预警、应急处置与救援、事后恢复与重建四个阶段突发事件应对过程的基本情况。三是关键问题分析，即选择突发事件应对过程中的一个或多个焦点问题，对若干重要节点或专题进行深入分析，发现突发事件应对过程的问题所在。其中，综合性案例要求对突发事件应对全过程各个环节的各个主题进行全面、系统分析，专题性案例只对突发事件应对过程中的某一个或若干个专题进行深入分析。四是基本结论与对策建议，即根据相关问题分析，得出基本结论，并提出有针对性的建议。五是附录，即案例相关主要资料，如突发事件应对大事记、政府部门内部和公开的案例相关资料、访谈调研资料、相关案例资料、相关学术文献资料等。

"案例研究"系列的出版，是对应急管理案例研究阶段性成果的总结和回顾。应急管理是一个实践性、操作性很强的领域，部分突发事件案例研究具有一定的敏感性和特殊性，因此应急管理案例研究是一项难度比较大的工作，需要在实践中不断探索、积累经验。"案例研究"系列涉及的相关应急管理案例研究，得到了很多专家学者和有关机构的理解、支持和帮助，在此深表谢意。同时，也恳请研究同行、应急管理工作者、广大读者朋友在使用和阅读的过程中，随时反馈意见和建议，帮助我们不断完善和改进案例研究质量。

目　录

Contents

前　言

调查评估是做好突发事件应对工作的重要环节，是从突发事件应对中学习进步的基本方法。人"不贵于无过，而贵于能改过"。只有对突发事件发生的原因、应对的过程等各个方面进行客观公正的评估，总结经验教训，提出整改措施，做到"亡羊补牢""吃一堑长一智"，才能避免类似事件的再次发生。

党的十八大以来，习近平总书记在不同场合多次就全面做好调查评估、深刻总结经验教训，提出了具体明确的要求。2013 年 6 月 6 日，针对吉林省长春市宝源丰禽业有限公司"6·3"特别重大火灾爆炸事故等重特大事故，习近平总书记就做好安全生产工作作出重要指示。"要始终把人民生命安全放在首位，以对党和人民高度负责的精神，完善制度、强化责任、加强管理、严格监管，把安全生产责任制落到实处，切实防范重特大安全生产事故的发生。"① 11 月 24 日，他在山东省青岛市"11·22"中石化东黄输油管道泄漏爆炸特别重大事故现场考察抢险工作时指出："要做到'一厂出事故、万厂受教育，一地有隐患、全国受警示'。""各地区和各行业领域要深刻吸取安全事故带来的教训，强化安全责任，改进安全监管，落实防范措施。"② 2016 年 1 月 4~6 日，他在重庆考察时再次强调："面对公共安全事故，不能止于追责，还必须梳理背后的共性问题，做到一方出事故、多方受教育、一地有隐患、全国受警示。"③ 2020 年 2 月 3 日，他在中央政治局常委会会议研究应对新型冠状病毒肺炎疫情工作时讲话指出："要针对这次疫情应对中暴露出来的短板和不足，健全国家应急

---

① 《习近平就做好安全生产工作作出重要指示 始终把人民生命安全放在首位　切实防范重特大安全生产事故的发生》，《人民日报》2013 年 6 月 8 日。

② 《习近平谈治国理政》，外文出版社，2014，第 196 页。

③ 《习近平关于社会主义社会建设论述摘编》，中央文献出版社，2017，第 159 页。

管理体系，提高处理急难险重任务能力。"①

2019 年发生的江苏响水天嘉宜化工有限公司（以下简称天嘉宜公司）"3·21"特别重大爆炸事故（以下简称"3·21"事故）造成 78 人死亡、76 人重伤、640 人住院治疗，直接经济损失达 19.86 亿元。经国务院调查组认定，这是"一起长期违法贮存危险废物导致自燃进而引发爆炸的特别重大生产安全责任事故"。② "3·21"事故是自 2015 年天津港"8·12"瑞海公司危险品仓库特别重大火灾爆炸事故后，我国化工行业发生的又一起特别重大生产安全事故，是 2018 年党和国家机构改革、组建应急管理部后我国发生的一起特别重大生产安全事故，也是 2014 年苏州昆山市中荣金属制品有限公司"8·2"特别重大爆炸事故发生后江苏省发生的又一起特别重大生产安全事故。

"3·21"事故造成了重大的人员伤亡和经济损失，社会影响非常恶劣，教训非常惨痛。事故发生后，习近平总书记指示强调："近期一些地方接连发生重大安全事故，各地和有关部门要深刻吸取教训，加强安全隐患排查，严格落实安全生产责任制，坚决防范重特大事故发生，确保人民群众生命和财产安全。"李克强总理作出批示：要求"应急管理部督促各地进一步排查并消除危化品等重点行业安全生产隐患，夯实各环节责任"。③ 事故调查报告指出："党中央多次部署防范化解重大风险，江苏作为化工大省，近年来连续发生重特大事故，教训极为深刻。"

"前事不忘，后事之师。"如何深刻吸取事故教训，科学评估事故、风险防范抢险救援和恢复重建工作中的经验教训，做到知耻而后勇、知不足而后进，避免类似事故再次发生，是一项重要的工作。突发事件应对过程，是一个包括事前预防准备、事中处置救援、事后恢复重建等各个环节的全周期闭环过程；调查评估的过程，是一个发现问题、分析问题、解决问题的过程。本书按照全周期突发事件应对的要求，从安全发展理念、政

---

① 习近平：《在中央政治局常委会会议研究应对新型冠状病毒肺炎疫情工作时的讲话（2020 年 2 月 3 日）》，《求是》2020 年第 4 期。

② 以下有关"3·21"事故调查报告的内容，引自《江苏响水天嘉宜化工有限公司"3·21"特别重大爆炸事故调查报告》，应急管理部网站，https://www.mem.gov.cn/gk/sgcc/tbzdsgdcbg/2019tbzdsgcc/201911/P020191115565111829069.pdf，最后访问日期：2020 年 12 月 20 日。后文不再标注。

③ 《要求全力抢险救援深刻吸取教训　坚决防范重特大事故发生》，《人民日报》2019 年 3 月 23 日。

府监管责任、企业安全生产主体责任、应急处置与救援、舆论引导与舆情管理、事后恢复与重建、事故调查与问责7个专题，对"3·21"事故开展案例研究。本书希望通过"解剖麻雀""以小见大"的方式，为我国危险化学品安全生产监管、生产安全事故应急处置与救援乃至国家应急管理体系和能力建设提供有益借鉴。

荀子曰："进忠有三术：一曰防，二曰救，三曰戒。先其未然谓之防，发而止之谓之救，行而责之谓之戒。防为上，救次之，戒为下。"① 预防准备是最重要、最经济、最有效的突发事件应对策略。研究结果表明，在事前预防准备、事中处置救援、事后恢复重建三个大的环节中，"3·21"事故暴露出的最大问题，是事前预防准备工作不到位。具体表现在：没有牢固树立安全发展理念，没有严格落实安全生产责任，没有彻底消除安全风险隐患。在牢固树立安全发展理念方面，"3·21"事故的发生，缘于地方党委、政府和领导干部对发展化工产业的安全风险认识不足，对欠发达地区承接淘汰落后产能没有把好安全关，"重发展、轻安全""安全生产说起来重要、做起来不重要"的问题仍然比较突出。在严格落实安全生产责任方面，党政领导责任、部门监管责任、企业主体责任都存在缺位的问题：天嘉宜公司无视国家环境保护和安全生产法律法规，长期违法违规贮存、处置硝化废料，企业管理混乱，企业主体责任严重不落实，为事故的发生"创造"了必然条件；地方党委、政府和领导干部没有严格落实中央提出的"党政同责、一岗双责、齐抓共管、失职追责"和"管行业必须管安全、管业务必须管安全、管生产经营必须管安全"② 的明确要求，没有健全和严格落实党政领导干部安全生产责任制。安全发展理念没有牢固树立、安全生产责任没有严格落实的结果，是全面摸排安全风险隐患不力，对发现的固废库长期大量贮存危险废物问题没有及时查处，安全风险隐患长期存在，最终酿成惨痛的事故。

研究发现，"3·21"事故发生后，应急处置与救援、舆论引导与舆情管理工作总体表现不错，有很多可以借鉴的成功经验，但也存在一些需要改进的短板。对照应急处置与救援的"必为""应为""能为"三个维度，"3·21"事故发生后的应急处置与救援工作完成较好。集中表现在：党对

① 《申鉴·杂言》。
② 《十八大以来重要文献选编》（下），中央文献出版社，2018，第498页。

应急处置与救援集中统一领导，形成了抢险救援的合力；各级党委、政府响应迅速，抓住了抢险救援的先手；较早形成省级指挥机构，增强了统筹协调的力度；充分发挥专家团队的作用，确保了处置方案科学有效。同时，事故应急处置与救援过程中也存在一些亟待提升的地方，如地方应急管理部门综合协调作用发挥不足，企业和地方党委政府防范化解重大风险意识不足，综合应急救援队伍在应对化工专业救援时专业性有待加强，风险监测预警存在监管漏洞、手段缺失、力量薄弱等问题。在舆论引导与舆情管理方面，"3·21"事故发生后，当地从"时、度、效"着力，体现"时、度、效"要求，及时准确、公开透明地对外发布信息，形成了有利于突发事件应急处置与救援的舆论导向和氛围。具体而言，在"时"方面，及时主动、持续滚动发布信息，实现从及时到全时的全覆盖，掌握了信息发布和舆论引导的主动性、权威性和连续性；在"度"方面，根据事件性质、舆情热度、议题偏向、趋势发展，统筹网上网下、国内国际、大事小事、风险效果，把握基调、掌握分寸、恰当发力，实现了"多维度"发布和引导；在"效"方面，秉承公开透明的原则，精心设置议题，精准对外引导，同步开展心理抚慰和心理干预工作。同时，评估表明，做好重特大突发事件的新闻发布和舆论引导工作，需要进一步加强舆情预警，强化科学研判，完善信息发布，加强协调联动，发挥"第三方"的作用。

在恢复重建与事故调查方面，"3·21"事故既进行了重大创新，又面临重大挑战。在恢复重建方面，从恢复重建过程中依据的法律法规、参与主体、主要内容、价值目标、方法手段、组织保障等多维度分析，"3·21"事故的恢复重建工作取得了积极的成效，但也存在需要进一步解决的问题。具体表现在：法制体系初步建立，但总体制度供给不足；多元主体参与恢复重建的格局基本形成，但合作机制匮乏；主导性政治力量与权力运行整体平稳有序，但思想观念有待进一步强化；资源保障落实有力，但融资方式需要进一步拓宽。在事故调查方面，研究发现，"3·21"事故调查在现有事故调查理论框架基础上从形式上彰显了求实、独立和高质的特点，保障了"事故调查"和"责任追究"的相对分离，与以往的事故调查相比有了长足进步。具体表现在：此次事故调查逐步将技术调查和责任追究进行形式上的分离，以尽可能保障技术调查的科学性和独立性；在调查过程中，中央纪委国家监委责任追究审查调查组独立于事故调查组单独开展工作。同时，本次事故查处之后跟进的相关措施具有一定的创新性：事故发生后，不仅制定实施了全国安全生产专项整治三年行动计划，还按照中央领导要求，对江苏省"开小灶进行整治"，尝试深入挖掘江苏省在安全生产方面存在的典型问题，将典型问题和教训反馈至全国的专项整治之中，与其他地方进行对照分析。同样需要指出的是，与事故调查需要遵循的"独立、科学、公正、公开"等目标和原则相比，"3·21"事故的调查工作仍然存在一些短板和不足。

第一章　安全发展理念

安全发展，是指导我国经济社会发展的基本理念，也是推动我国经济社会发展的基本战略。安全发展，要求我们始终把人的生命安全放在首位，正确处理安全与发展的关系，统筹发展和安全两件大事，同步推进安全和发展，为经济社会发展提供强有力的安全保障。"3·21"事故的发生，暴露出当地贯彻落实安全发展理念不到位、践行以人民为中心的发展思想不牢固的深层次矛盾和问题。具体表现在：当地在城乡建设规划和运行管理中对安全不够重视；产业发展布局不够合理；对发展化工产业的安全风险认识不足；对欠发达地区承接淘汰落后产能没有把好安全关，大量引进其他地区产业结构调整转移的高风险、高污染企业。

一　安全发展理念的基本内容

（一）安全发展理念的提出

对安全生产，党和国家历来高度重视，为促进安全生产、保障人民群众生命财产安全和健康做了大量工作。早在 1986 年，江泽民（时任上海市市长）在上海市消防工作会议上的讲话中，就提出了"隐患险于明火、防范胜于救灾，责任重于泰山"的著名论断，强调要抓好安全生产工作。[①]不过，作为一种科学理念，"安全发展"是在 2005 年首次被提出的。[②]

2005 年 8 月 19～23 日，胡锦涛在考察河南、江西、湖北时，作出了"安全发展"的指示。在指示中，胡锦涛强调："做好'十一五'时期的经济社会发展工作，关键是要坚持以科学发展观统领经济社会发展全局，推动经济社会发展转入科学发展的轨道；必须加快转变经济增长方式，积极推进经济结构的战略性调整，实现节约发展、清洁发展、安全发展和可

---

① 江泽民：《责任重于泰山》，《人民日报》1996 年 11 月 9 日。
② 钟开斌：《应急管理十二讲》，人民出版社，2020，第 50 页。

持续发展。"①

2005 年 10 月，党的十六届五中全会审议通过了《中共中央关于制定国民经济和社会发展第十一个五年规划的建议》（简称"十一五"规划建议）。"十一五"规划建议把"安全发展"写入其中，指出："必须加快转变经济增长方式。……坚持节约发展、清洁发展、安全发展，实现可持续发展。"② 这也是"安全发展"概念第一次出现在党的文献中，第一次出现在国家发展战略中。

党的十六届五中全会特别强调要实现安全发展，体现了党中央对安全生产的高度重视。2005 年 12 月 15 日，胡锦涛在考察青海工作结束时，再次强调要坚持安全发展，坚决遏制住重特大安全事故频发的势头。他指出："实现安全生产，是事关人民群众生命财产安全的大事，也是坚持以人为本的必然要求。"③ "目前我国重特大安全事故频发的势头尚未得到有效遏制，不仅给人民群众生命财产造成了重大损害，也给国家形象造成了负面影响。"④

2006 年 3 月，胡锦涛主持召开以"国外安全生产的制度措施和加强我国安全生产的制度建设"为主题的十六届中共中央政治局第三十次集体学习。胡锦涛在主持集体学习时指出："安全生产关系人民群众生命财产安全，关系改革发展稳定大局。……把安全发展作为一个重要理念纳入我国社会主义现代化建设总体战略，这是我们对科学发展观认识的深化。"胡锦涛强调："目前我国重特大安全事故频发势头尚未得到有效遏制，不仅给人民群众生命财产造成了重大损害，也给国家形象造成了负面影响。我们一定要痛定思痛，深刻吸取血的教训，切实加大安全生产工作力度，坚决遏制住重特大安全事故频发势头。""人的生命是最宝贵的。我国是社会主义国家，我们的发展不能以牺牲精神文明为代价，不能以牺牲生态环境为代价，更不能以牺牲人的生命为代价。"⑤

2006 年 10 月，党的十六届六中全会审议通过的《中共中央关于构建

---

① 《准确认识我国发展的阶段性特征　坚持以科学发展观统领发展全局》，《人民日报》2005 年 8 月 24 日。

② 《十六大以来重要文献选编》（中），中央文献出版社，2006，第 1064 页。

③ 胡锦涛：《论构建社会主义和谐社会》，中央文献出版社，2013，第 81 页。

④ 胡锦涛：《论构建社会主义和谐社会》，中央文献出版社，2013，第 89 页。

⑤ 《胡锦涛文选》第 2 卷，人民出版社，2016，第 431~432 页。

社会主义和谐社会若干重大问题的决定》，把坚持和推动"安全发展"纳入构建社会主义和谐社会的总体布局。该文件强调："推进节约发展、清洁发展、安全发展，实现经济社会全面协调可持续发展。"①

党的十七大报告强调："坚持安全发展，强化安全生产管理和监督，有效遏制重特大安全事故。"② 2008年10月12日，胡锦涛在党的十七届三中全会闭幕式讲话中提出，"能不能实现安全发展，是对我们党执政能力的一个重大考验"③，更是将安全发展提到了执政兴国的高度。2011年12月，《国务院关于坚持科学发展安全发展促进安全生产形势持续稳定好转的意见》（国发〔2011〕40号）发布，将安全发展上升到国家战略的高度，首次提出要大力实施安全发展战略。该文件在"指导思想"中明确指出："牢固树立以人为本、安全发展的理念，始终把保障人民群众生命财产安全放在首位，大力实施安全发展战略，紧紧围绕科学发展主题和加快转变经济发展方式主线，自觉坚持'安全第一、预防为主、综合治理'方针，坚持速度、质量、效益与安全的有机统一，以强化和落实企业主体责任为重点，以事故预防为主攻方向，以规范生产为保障，以科技进步为支撑，认真落实安全生产各项措施，标本兼治、综合治理，有效防范和坚决遏制重特大事故，促进安全生产与经济社会同步协调发展。"④ 至此，安全发展、安全发展战略成为党和国家践行科学发展观和构建社会主义和谐社会的重要内容。2012年3月，温家宝在所作的政府工作报告中强调："实施安全发展战略，加强安全生产监管，防止重特大事故发生。"⑤

安全发展战略，要求我们推进安全生产与经济社会发展的一体化，并且把安全作为经济社会发展的前提和保障，实施一系列重大政策措施，为经济又好又快发展提供安全稳定的环境。从"安全生产"到"安全发展"，从"安全发展理念"进而明确为"安全发展战略"，充分体现了党和政府以人为本、保障民生的执政理念，体现了党和政府对科学发展观认识的不断深化和对经济社会发展客观规律的科学总结，体现了安全与经济社会发展一体化运行的现实要求。

---

① 《十六大以来重要文献选编》（下），中央文献出版社，2008，第651页。
② 《十七大以来重要文献选编》（上），中央文献出版社，2009，第31页。
③ 《十年，从安全生产到安全发展》，《人民日报》2012年10月24日。
④ 《十七大以来重要文献选编》（下），中央文献出版社，2013，第623页。
⑤ 《十七大以来重要文献选编》（下），中央文献出版社，2013，第869页。

从安全生产到安全发展，再到安全发展战略，安全在经济社会发展目标中的位置越来越高、分量越来越重。这种变化，与我国当时所面临的安全生产形势直接相关。进入 21 世纪以后，伴随着经济的发展、社会结构的巨变，我国的安全生产形势和社会形态都出现了新特征，传统的安全生产管理模式面临重大挑战。

2002 年前后，经过改革开放以后 20 多年的发展，我国经济社会发展取得了辉煌成就，同时开始面临工业化、城镇化中不可避免的世界性难题——生产安全事故高发。国际相关研究表明，当一个国家或地区年人均国内生产总值在 1000~3000 美元时，该国家或地区处于生产安全事故的上升期；年人均国内生产总值在 3000~5000 美元时是高发期，只有当年人均国内生产总值达到 5000~8000 美元时，才进入稳定期，当年人均国内生产总值超过 1 万美元后，生产安全事故总体呈现下降趋势。按照这一理论，我国当时正处于生产安全事故的上升期，局部省份甚至处于高发期。现实也正如此。数据显示，1999~2002 年，全国事故死亡总人数年均上升约 1 万人，2002 年我国生产安全事故总量高达 107 万起。①

（二）安全发展理念的深化

党的十八大以来，以习近平同志为核心的党中央，站在实现中华民族长远发展和"两个一百年"奋斗目标的战略高度，进一步丰富和发展了安全发展理念，对各级党委、政府明确提出了"统筹发展和安全两件大事"②的战略要求。

2013 年 5 月下旬至 6 月初，我国接连发生几起重特大生产安全事故，造成了重大人员伤亡和财产损失。特别是吉林省长春市宝源丰禽业有限公司"6·3"特别重大火灾爆炸事故，共造成 121 人死亡、76 人受伤，17234 平方米主厂房及主厂房内的生产设备被损毁，直接经济损失达 1.82 亿元。③ 6 月 6 日，习近平总书记就做好安全生产工作作出指示，首次提出了安全发展的红线意识："人命关天，发展决不能以牺牲人的生命为代价。

---

① 《十年，从安全生产到安全发展》，《人民日报》2012 年 10 月 24 日。
② 《十八大以来重要文献选编》（下），中央文献出版社，2018，第 755 页。
③ 《吉林省长春市宝源丰禽业有限公司"6·3"特别重大火灾爆炸事故调查报告（摘录）》，《化工安全与环境》2013 年第 33 期。

这必须作为一条不可逾越的红线。"① 他强调："要始终把人民生命安全放在首位，以对党和人民高度负责的精神，完善制度、强化责任、加强管理、严格监管，把安全生产责任制落到实处，切实防范重特大生产安全事故的发生。"②

2013 年 11 月 22 日 10 时 25 分，位于山东省青岛市经济技术开发区的中国石油化工股份有限公司管道储运分公司东黄输油管道泄漏原油进入市政排水暗渠，在形成密闭空间的暗渠内油气积聚遇火花发生爆炸，造成 62 人死亡、136 人受伤，直接经济损失达 75172 万元。③ 11 月 24 日，习近平总书记在青岛现场听取事故情况汇报时强调："各级党委和政府、各级领导干部要牢固树立安全发展理念，始终把人民群众生命安全放在第一位，牢牢树立发展不能以牺牲人的生命为代价这个观念。这个观念一定要非常明确、非常强烈、非常坚定。"他还强调："各地区各部门、各类企业都要坚持安全生产高标准、严要求，招商引资、上项目要严把安全生产关，加大安全生产指标考核权重，实行安全生产和重大生产安全事故风险'一票否决'。"④

"发展不能以牺牲人的生命为代价"观念很快上升为"发展决不能以牺牲安全为代价"的红线意识，被写入了中央文件，成为全社会的共识。2014 年修订的《安全生产法》，明确将"坚持安全发展"作为安全生产工作的基本理念。该法第三条规定："安全生产工作应当以人为本，坚持安全发展，坚持安全第一、预防为主、综合治理的方针，强化和落实生产经营单位的主体责任，建立生产经营单位负责、职工参与、政府监管、行业自律和社会监督的机制。"

此后，牢固树立安全发展理念，逐步从安全生产扩展至其他领域，进一步成为指导我国经济社会发展的基本原则之一。

2015 年 5 月 29 日，习近平总书记在主持十八届中共中央政治局第二十三次集体学习时强调："各级党委和政府要切实承担起'促一方发展、保一

① 《习近平关于社会主义社会建设论述摘编》，中央文献出版社，2017，第 143 页。
② 《习近平就做好安全生产工作作出重要指示 始终把人民生命安全放在首位 切实防范重特大生产安全事故的发生》，《人民日报》2013 年 6 月 8 日。
③ 《山东省青岛市"11·22"中石化东黄输油管道泄漏爆炸特别重大事故调查报告》，应急管理部网站，https://www.mem.gov.cn/gk/sgcc/tbzdsgdcbg/2013/201401/t20140110_245228.shtml，最后访问日期：2020 年 12 月 20 日。
④ 《习近平关于全面建成小康社会论述摘编》，中央文献出版社，2016，第 136 页。

方平安'的政治责任，以完善食品安全责任制、安全生产责任制、防灾减灾救灾责任制、社会治安综合治理责任制为重点，明确并严格落实责任制。"①

2015 年 8 月 12 日，位于天津市滨海新区天津港的瑞海国际物流有限公司危险品仓库发生火灾爆炸事故，造成 165 人遇难（其中参与救援处置的公安消防人员 110 人，事故企业、周边企业员工和周边居民 55 人）、8 人失踪（其中天津港消防人员 5 人，周边企业员工、天津港消防人员家属 3 人）、798 人受伤（伤情重及较重的伤员 58 人、轻伤员 740 人）；304 幢建筑物、12428 辆商品汽车、7533 个集装箱受损；截至 12 月 10 日，已核定直接经济损失达 68.66 亿元。② 8 月 15 日，习近平总书记就事故作出指示强调："确保安全生产、维护社会安定、保障人民群众安居乐业是各级党委和政府必须承担好的重要责任。天津港'8·12'瑞海公司危险品仓库特别重大火灾爆炸事故以及近期一些地方接二连三发生的重大生产安全事故，再次暴露出安全生产领域存在突出问题、面临形势严峻。血的教训极其深刻，必须牢牢记取。各级党委和政府要牢固树立安全发展理念，坚持人民利益至上，始终把安全生产放在首要位置，切实维护人民群众生命财产安全。"③

在 2016 年 1 月和 7 月召开的两次中共中央政治局常委会会议上，习近平总书记都强调必须坚定不移保障安全发展。习近平总书记强调："血的教训警示我们，公共安全绝非小事，必须坚持安全发展，扎实落实安全生产责任制，堵塞各类安全漏洞，坚决遏制重特大事故频发势头，确保人民生命财产安全。"④ "各级党委和政府特别是领导干部要牢固树立安全生产的观念，正确处理安全和发展的关系，坚持发展决不能以牺牲安全为代价这条红线。经济社会发展的每一个项目、每一个环节都要以安全为前提，不能有丝毫疏漏。"⑤ 10 月 30 日，习近平总书记再次指示："各级安全监

---

① 《习近平关于社会主义社会建设论述摘编》，中央文献出版社，2017，第 154～155 页。
② 《天津港"8·12"瑞海公司危险品仓库特别重大火灾爆炸事故调查报告》，应急管理部网站，https://www.mem.gov.cn/gk/sgcc/tbzdsgdcbg/2016/201602/P020190415543917598002.pdf，最后访问日期：2020 年 12 月 20 日。
③ 《要求各级党委和政府牢固树立安全发展理念 坚决遏制重特大生产安全事故发生》，《人民日报》2015 年 8 月 16 日。
④ 《坚定不移保障安全发展　坚决遏制重特大事故频发势头》，《人民日报》2016 年 1 月 7 日。
⑤ 《守土有责敢于担当 完善体制严格监管 以对人民极端负责的精神抓好安全生产工作》，《人民日报》2016 年 7 月 21 日。

管监察部门要牢固树立发展决不能以牺牲安全为代价的红线意识。"① 2016年12月发布的《中共中央 国务院关于推进安全生产领域改革发展的意见》，把"坚持安全发展"列为基本原则之一。该文件强调："贯彻以人民为中心的发展思想，始终把人的生命安全放在首位，正确处理安全与发展的关系，大力实施安全发展战略，为经济社会发展提供强有力的安全保障。"② 2018年1月，中共中央办公厅、国务院办公厅印发的《关于推进城市安全发展的意见》强调："牢固树立安全发展理念，弘扬生命至上、安全第一的思想，强化安全红线意识，推进安全生产领域改革发展，切实把安全发展作为城市现代文明的重要标志。"

党的十九大报告指出："树立安全发展理念，弘扬生命至上、安全第一的思想，健全公共安全体系，完善安全生产责任制，坚决遏制重特大安全事故，提升防灾减灾救灾能力。"③ 党的十九大以来，安全发展理念继续得以强化。2018年4月，中共中央办公厅、国务院办公厅印发的《地方党政领导干部安全生产责任制规定》就树立安全发展理念、坚持安全发展作出规定。该文件第四条明确指出："实行地方党政领导干部安全生产责任制，应当坚持党政同责、一岗双责、齐抓共管、失职追责，坚持管行业必须管安全、管业务必须管安全、管生产经营必须管安全。""地方各级党委和政府主要负责人是本地区安全生产第一责任人，班子其他成员对分管范围内的安全生产工作负领导责任。"④

2020年4月，习近平总书记就安全生产作出重要指示强调："生命重于泰山。各级党委和政府务必把安全生产摆到重要位置，树牢安全发展理念，绝不能只重发展不顾安全，更不能将其视作无关痛痒的事，搞形式主义、官僚主义。要针对生产安全事故主要特点和突出问题，层层压实责任，狠抓整改落实，强化风险防控，从根本上消除事故隐患，有效遏制重特大事故发生。"⑤

---

① 《习近平关于社会主义社会建设论述摘编》，中央文献出版社，2017，第162页。
② 《十八大以来重要文献选编》（下），中央文献出版社，2018，第496页。
③ 习近平：《决胜全面建成小康社会 夺取新时代中国特色社会主义伟大胜利——在中国共产党第十九次全国代表大会上的报告》，人民出版社，2017，第49页。
④ 《中共中央办公厅 国务院办公厅印发〈地方党政领导干部安全生产责任制规定〉》，《中国应急管理》2018年第4期。
⑤ 《树牢安全发展理念 加强安全生产监管 切实维护人民群众生命财产安全》，《人民日报》2020年4月11日。

2020 年 10 月，习近平总书记在《中共中央关于制定国民经济和社会发展第十四个五年规划和二〇三五年远景目标的建议》的说明中指出，建议稿起草过程中注意把握的一个原则是"处理好发展和安全的关系，有效防范和应对可能影响现代化进程的系统性风险"。① 他强调："我们越来越深刻地认识到，安全是发展的前提，发展是安全的保障。当前和今后一个时期是我国各类矛盾和风险易发期，各种可以预见和难以预见的风险因素明显增多。我们必须坚持统筹发展和安全，增强机遇意识和风险意识，树立底线思维，把困难估计得更充分一些，把风险思考得更深入一些，注重堵漏洞、强弱项，下好先手棋、打好主动仗，有效防范化解各类风险挑战，确保社会主义现代化事业顺利推进。"②

（三）统筹发展和安全两件大事

党的十八大以来，在安全发展理念不断深化的基础上，以习近平同志为核心的党中央明确提出了"统筹发展和安全两件大事"的战略要求。

2014 年 5 月 21 日，习近平总书记在亚洲相互协作与信任措施会议第四次峰会上，提出要发展和安全并重以实现持久安全。他强调："发展是安全的基础，安全是发展的条件。贫瘠的土地上长不成和平的大树，连天的烽火中结不出发展的硕果。对亚洲大多数国家来说，发展就是最大安全，也是解决地区安全问题的'总钥匙'。"③ 6 月 13 日，习近平总书记在主持召开中央财经领导小组第六次会议时，强调从国家发展和安全的战略高度来认识能源资源安全问题。他强调："尽管我国能源发展取得了巨大成绩，但也面临着能源需求压力巨大、能源供给制约较多、能源生产和消费对生态环境损害严重、能源技术水平总体落后等挑战。我们必须从国家发展和安全的战略高度，审时度势，借势而为，找到顺应能源大势之道。"④ 11 月 28 日，习近平总书记在中央外事工作会议上的讲话中，明确提出"统筹发展安全两件大事"的战略要求。他强调："要高举和平、发

① 《中国共产党第十九届中央委员会第五次全体会议文件汇编》，人民出版社，2020，第 78 页。
② 《中国共产党第十九届中央委员会第五次全体会议文件汇编》，人民出版社，2020，第 85 页。
③ 《习近平谈治国理政》，外文出版社，2014，第 356 页。
④ 《习近平谈治国理政》，外文出版社，2014，第 130 页。

展、合作、共赢的旗帜，统筹国内国际两个大局，统筹发展安全两件大事，牢牢把握坚持和平发展、促进民族复兴这条主线，维护国家主权、安全、发展利益，为和平发展营造更加有利的国际环境，维护和延长我国发展的重要战略机遇期，为实现'两个一百年'奋斗目标、实现中华民族伟大复兴的中国梦提供有力保障。"①

党的十九大报告把"坚持总体国家安全观"列为新时代坚持和发展中国特色社会主义基本方略之一，明确提出要统筹发展和安全两件大事。党的十九大报告强调："统筹发展和安全，增强忧患意识，做到居安思危，是我们党治国理政的一个重大原则。""树立安全发展理念，弘扬生命至上、安全第一的思想，健全公共安全体系，完善安全生产责任制，坚决遏制重特大安全事故，提升防灾减灾救灾能力。"②

2018年4月17日，习近平总书记在主持召开十九届中央国家安全委员会第一次会议时讲话强调："全面贯彻落实总体国家安全观，必须坚持统筹发展和安全两件大事，既要善于运用发展成果夯实国家安全的实力基础，又要善于塑造有利于经济社会发展的安全环境。"③ 2019年1月21日，习近平总书记在省部级主要领导干部坚持底线思维着力防范化解重大风险专题研讨班开班式上讲话指出："当前，世界大变局加速深刻演变，全球动荡源和风险点增多，我国外部环境复杂严峻。我们要统筹国内国际两个大局、发展安全两件大事，既聚焦重点、又统揽全局，有效防范各类风险连锁联动。"④

2019年10月召开的党的十九届四中全会，审议通过了《中共中央关于坚持和完善中国特色社会主义制度　推进国家治理体系和治理能力现代化若干重大问题的决定》。该文件强调："坚持总体国家持安全观，统筹发展和安全，坚持人民安全、政治安全、国家利益至上有机统一。"⑤ 2019年11月29日，习近平总书记在主持中共中央政治局就我国应急管理体系

① 《习近平关于协调推进"四个全面"战略布局论述摘编》，中央文献出版社，2015，第41～42页。
② 习近平：《决胜全面建成小康社会　夺取新时代中国特色社会主义伟大胜利——在中国共产党第十九次全国代表大会上的报告》，人民出版社，2017，第24、49页。
③ 《习近平谈治国理政》第3卷，外文出版社，2020，第218页。
④ 《习近平谈治国理政》第3卷，外文出版社，2020，第222页。
⑤ 《中共中央关于坚持和完善中国特色社会主义制度　推进国家治理体系和治理能力现代化若干重大问题的决定》，《人民日报》2019年11月6日。

和能力建设进行第十九次集体学习时再次强调："各级党委和政府要切实担负起'促一方发展、保一方平安'的政治责任，严格落实责任制。"①

2020年8月24日，习近平总书记在主持召开经济社会领域专家座谈会时强调，在推进对外开放中要注意统筹好发展和安全。他指出："越开放越要重视安全，越要统筹好发展和安全，着力增强自身竞争能力、开放监管能力、风险防控能力，炼就金刚不坏之身。"② 9月1日习近平总书记在主持召开中央全面深化改革委员会第十五次会议时讲话强调："坚定不移扩大对外开放，增强国内国际经济联动效应，统筹发展和安全，全面防范风险挑战。"③ 9月8日，习近平总书记在全国抗击新冠肺炎疫情表彰大会上讲话强调："站在'两个一百年'奋斗目标的历史交汇点上，我们必须全面贯彻党的基本理论、基本路线、基本方略，坚持稳中求进工作总基调，坚定不移贯彻新发展理念，着力构建新发展格局，统筹国内国际两个大局，办好发展安全两件大事，推进国家治理体系和治理能力现代化，不断开创党和国家事业发展新局面。"④ 9月17日，他在基层代表座谈会上讲话强调："我们要科学分析形势、把握发展大势，坚持稳中求进工作总基调，坚持新发展理念，统筹发展和安全，加快形成以国内大循环为主体、国内国际双循环相互促进的新发展格局。"⑤ 10月14日，他在深圳经济特区建立40周年庆祝大会上讲话指出："越是开放越要重视安全，统筹好发展和安全两件大事，增强自身竞争能力、开放监管能力、风险防控能力。"⑥ 10月23日，习近平总书记在纪念中国人民志愿军抗美援朝出国作战70周年大会上讲话指出："坚持和发展中国特色社会主义，必须统筹发展和安全、富国和强军。"⑦

2020年10月，党的十九届五中全会审议通过了《中共中央关于制定国民经济和社会发展第十四个五年规划和二〇三五年远景目标的建议》

---

① 《习近平关于防范风险挑战、应对突发事件论述摘编》，中央文献出版社，2020，第243页。
② 习近平：《在经济社会领域专家座谈会上的讲话》，《人民日报》2020年8月25日。
③ 《习近平主持召开中央全面深化改革委员会第十五次会议强调：推动更深层次改革实行更高水平开放　为构建新发展格局提供强大动力》，《人民日报》2020年9月2日。
④ 习近平：《在全国抗击新冠肺炎疫情表彰大会上的讲话》，人民出版社，2020，第22页。
⑤ 习近平：《在基层代表座谈会上的讲话》，人民出版社，2020，第6页。
⑥ 习近平：《在深圳经济特区建立40周年庆祝大会上的讲话》，人民出版社，2020，第10页。
⑦ 习近平：《在纪念中国人民志愿军抗美援朝出国作战70周年大会上的讲话》，人民出版社，2020，第12页。

（以下简称"远景目标建议"）。"远景目标建议"强调，进入新发展阶段，要"以推动高质量发展为主题，以深化供给侧结构性改革为主线，以改革创新为根本动力，以满足人民日益增长的美好生活需要为根本目的，统筹发展和安全"。"远景目标建议"将"统筹发展和安全"列为"十四五"时期经济社会发展指导思想的重要内容和经济社会发展必须遵循的原则，强调"实现更高质量、更有效率、更加公平、更可持续、更为安全的发展"，"统筹国内国际两个大局，办好发展安全两件大事"，"注重防范化解重大风险挑战，实现发展质量、结构、规模、速度、效益、安全相统一"。"远景目标建议"还专门设置一个部分对"统筹发展和安全，建设更高水平的平安中国"作出战略部署，强调"把安全发展贯穿国家发展各领域和全过程，防范和化解影响我国现代化进程的各种风险，筑牢国家安全屏障"。[1] 此后，"统筹发展和安全"成为中国高层会议重点强调的高频词和中国经济社会发展必须遵循的基本原则。12月8日中共中央召开的党外人士座谈会、12月11日召开的中共中央政治局会议，都强调要统筹发展和安全。12月11日，习近平总书记在主持十九届中共中央政治局就切实做好国家安全工作举行的第二十六次集体学习时，再次就坚持统筹发展和安全提出要求："坚持发展和安全并重，实现高质量发展和高水平安全的良性互动，既通过发展提升国家安全实力，又深入推进国家安全思路、体制、手段创新，营造有利于经济社会发展的安全环境，在发展中更多考虑安全因素，努力实现发展和安全的动态平衡，全面提高国家安全工作能力和水平。"[2] 12月16～18日召开的中央经济工作会议强调，"把国家发展建立在更加安全、更为可靠的基础之上"，"着力解决制约国家发展和安全的重大难题"，"要抓好发展和安全两件大事，有效防范化解各类经济社会风险，高度重视安全生产和防灾减灾工作，坚决防范重特大事故发生"。[3]

（四）守住安全发展底线

牢固树立安全发展理念，要求我们坚持安全发展，统筹发展和安全两

---

[1]　《中共中央关于制定国民经济和社会发展第十四个五年规划和二○三五年远景目标的建议》，《人民日报》2020年11月4日。

[2]　《习近平在中央政治局第二十六次集体学习时强调：坚持系统思维构建大安全格局　为建设社会主义现代化国家提供坚强保障》，《人民日报》2020年12月13日。

[3]　《中央经济工作会议在北京举行》，《人民日报》2020年12月19日。

件大事，守住安全发展底线，同步推进发展和安全。安全是发展的前提，发展是安全的保障。把发展安全作为两件大事进行强调，体现了鲜明的问题意识和科学的辩证思维。

发展是安全的基础，脱离发展谈安全，犹如沙中垒塔、空中楼阁。邓小平强调："不坚持社会主义，不改革开放，不发展经济，不改善人民生活，只能是死路一条。"① 胡锦涛进一步提出"发展是我们党执政兴国的第一要务"② 等重要观点。习近平总书记指出："发展是党执政兴国的第一要务，是解决中国所有问题的关键。"③ "发展是硬道理，是解决中国所有问题的关键。我们用几十年的时间走完了发达国家几百年走过的历程，最终靠的是发展。"④

不过，发展只是问题的一个方面，发展中的安全问题也始终存在。安全是发展的前提：没有安全，发展就无从谈起。不发展会使国家安全存在隐患，发展不安全同样会使国家面临风险。不健康的发展方式（如粗放式的、过度消耗资源的、片面追求经济指标的、忽视质量的发展），会产生重大安全隐患，甚至引起重特大安全事故。

例如，吉林省长春市宝源丰禽业有限公司"6·3"特别重大火灾爆炸事故暴露出，从米沙子镇、德惠市到长春市、吉林省的各级政府，都没有牢固树立和落实安全发展理念，没有全面贯彻落实安全生产法律法规、政策规定工作部署要求不到位。这次事故的调查报告指出，德惠市政府"没有牢固树立和落实科学发展观和安全发展理念，片面地追求 GDP 增长，片面地强调为招商引资项目'多开绿灯、特事特办'，忽视安全生产"；长春市政府"没有正确处理安全与发展的关系"；吉林省政府"科学发展观和安全发展理念树立得不牢"。特别是，米沙子镇政府"要'政绩'而忽视安全生产"。⑤

天津港"8·12"事故的发生，也暴露了有关地方党委、政府科学发展、安全发展意识不强，"发展决不能以牺牲人的生命为代价"的红线意识不强，以及"重发展、轻安全"的问题。这次事故的调查报告指出："瑞海公司长时间违法违规经营，有关政府部门在瑞海公司经营问题上一

① 《邓小平文选》第 3 卷，人民出版社，1993，第 370 页
② 《胡锦涛文选》第 2 卷，人民出版社，2016，第 39 页。
③ 《习近平谈治国理政》第 2 卷，外文出版社，2017，第 38 页。
④ 《习近平关于社会主义经济建设论述摘编》，中央文献出版社，2017，第 7 页。
⑤ 《吉林省长春市宝源丰禽业有限公司"6·3"特别重大火灾爆炸事故调查报告（摘录）》，《化工安全与环境》2013 年第 33 期。

再违法违规审批、监管失职，最终导致天津港'8·12'事故的发生，造成严重的生命财产损失和恶劣的社会影响。事故的发生，暴露出天津市及滨海新区政府贯彻国家安全生产法律法规和有关决策部署不到位，对安全生产工作重视不足、摆位不够，对安全生产领导责任落实不力、抓得不实，存在着'重发展、轻安全'的问题，致使重大安全隐患以及政府部门职责失守的问题未能被及时发现、及时整改。"①

发展是安全的基础，安全是发展的条件。统筹发展和安全两件大事，要求我们既重视发展问题，又重视安全问题，以安全保发展，以发展促安全，实现发展和安全同步推进、良性互动。为此，要把安全渗透到经济社会发展的各个方面，把安全渗透到城乡规划、发展、建设、管理、运行、服务的各个环节，把安全渗透到经济建设、政治建设、文化建设、社会建设、生态文明建设的各个领域，夯实经济社会发展的安全基础，从根源上避免或减少重特大安全事故的发生。

二 专题分析："3·21"事故暴露的安全发展理念偏差

（一）风险累积：响水生态化工园区

1. 苏北承接化工产业转移项目

以长江为切割线，江苏被分为苏南和苏北：前者包含南京、无锡、常州、苏州和镇江，后者为徐州、连云港、宿迁、淮安、盐城 5 个地级市。这条南北分界线同时也是贫富分割线。苏北地区总面积为 5.23 万平方千米，占江苏省总面积的 49%；人口约为 3040 万人，占江苏省总人口的 38%。但是，其经济总量占江苏省的比重却小得多。2007 年，苏北的国内生产总值仅为苏南的 1/3。②

---

① 《天津港"8·12"瑞海公司危险品仓库特别重大火灾爆炸事故调查报告》，应急管理部网站，https://www.mem.gov.cn/gk/sgcc/tbzdsgdcbg/2016/201602/P020190415543917598002.pdf，最后访问日期：2020 年 12 月 20 日。

② 据统计，即便到了 2017 年，苏北五市的 GDP 分别是徐州 6606 亿元、盐城 5083 亿元、淮安 3387 亿元、连云港 2640 亿元、宿迁 2611 亿元，合计 20324 亿元，占江苏省全年 GDP（8.59 万亿元）的比重是 23.7%。相对于 49% 的面积和 38% 的人口，23.7% 的经济比重显得有点低。2017 年，苏北地区人均 GDP 约为 6.7 万元，而同期，江苏全省的人均 GDP 约为 10.72 万元。也就是说，苏北五市的经济发展水平只相当于江苏全省平均水平的 63%。参见《苏北的经济到底什么水平？》，东吴财经，http://www.dongwucaijing.com/article/article_711.html，最后访问日期：2020 年 12 月 20 日。

作为国内第二化工大省，化工在江苏省长期居于支柱产业地位。① 20世纪90年代，受惠于上海国企在民企兼职的"星期天工程师"，一大批化工厂落地苏南。这些化工厂从诞生之初就存在技术不足、规模小、污染大的特点，在带动苏南经济起飞的同时，也造成了严重的化工污染。进入21世纪初，苏南地区逐渐意识到环境问题的重要性，限期关闭规模以下化工企业成为专项行动的首要任务，企业纷纷北上出逃。例如，2002~2004年，江阴市共关停和取缔了25个污染严重、难以治理的企业，对267家污染企业要求限期治理。②

一江之隔的苏北，因为和苏南地区贫富差距不断变大，急于脱贫致富的心情十分迫切。让经济快速发展起来，成为苏北各级党委、政府的重要任务，一些地方甚至把招商引资作为当地的第一要务。"宁可毒死，不要穷死。"这句流传在当地的俗语，准确地概括出了当地经济发展的困境：响水、滨海、灌云和灌南都是当地的贫困县。自20世纪90年代中期以来，出于发展经济的考虑，苏北接收了不少从苏南、浙江等地迁移来的化工企业。苏北各地招商条件和政策各异，但相同的是：基本都提出增值税、企业所得税、营业税优惠以及一定的财政返还政策。最终，被苏南、浙江淘汰掉的一批化工企业，沿江北上，寻找到了"新契机"。

自20世纪90年代中后期以来，在多个工业园区开建后的几年，苏北承接的产业转移项目数量急剧上升，项目产值增长迅速。特别是进入21世纪初，被视为"经济洼地"的苏北成了产业转移的主要目的地。江苏省统计局发布的数据显示，2004年，苏南向苏北产业转移500万元以上项目为1893个，总投资为641亿元，投资额同比增长高达82%；2005年1~11月，向苏北转移500万元以上项目的总投资达到702.3亿元。1994~2010年，由苏南向苏北5市转移500万元以上项目为6770个，总投资为1875

① 据统计，2017年，江苏省GDP首次突破8万亿元大关。其中，石化行业4069家规模以上企业实现主营业务收入超过2万亿元，利润约为1395亿元，占江苏省工业比重分别达13.3%和13.5%。江苏几乎每一个沿江市县都临江布局了化工园区，每个园区内又会分布数十家石化化工企业。公开资料显示，江苏化工行业每年废水排放量占该省工业废水排放量的30%，排放的主要是化学需氧量、氨氮、挥发酚和石油类等主要污染物，占该省工业排污总量的25%以上。参见张燕《响水爆炸案之后："宁可毒死，不要穷死"政绩观休矣》，《中国经济周刊》2019年第8期。
② 《苏北化工园区聚集背后》，凤凰周刊网站，https://www.fhzk.cn/a/1006.html，最后访问日期：2020年12月20日。

亿元，实际引资为 766 亿元。在转移的名单上，污染较重的化工、印染、金属电镀等产业占较大份额。①

在强烈渴求经济发展以及当地对优质产业、企业吸引力有限的背景下，对污染较重转移企业占较大份额的情况，当地政府也保持了宽容的态度。据媒体报道，连云港市灌南县一位副县长曾向媒体表示："只要有企业愿意来，县里就很高兴。"② 21 世纪初，连云港市灌南县工业园区刚刚成立时，位置偏远、交通不便，配套也不全，只有化工企业认为这里外部干扰少，愿意来投资。化工企业有投资少、见效快、利润高、污染大的特点。这个行业的高利润使其在产业转移中备受承接地地方政府的青睐。③

盐城是江苏省土地面积最大、海岸线最长的地级市。④ 化工是盐城市的重要支柱产业之一。在"中国石油和化工园区"网站发布的"招商园区"网页上，全国共有 17 家石化园区在列，苏北的盐城和连云港两市所设立的化工园区占了 6 个。而在"盐城化工网"上，该地区以化工园区名义对外招商的多达 8 个。当年盐城招商的标志性语言是："我们这儿的河流众多，环境的容量大。"经过招商引资，盐城市逐渐形成了建湖、滨海、阜宁三大化工产业带，盐城市接受苏南转移过来的化工企业逐年快速增加。2004 年，盐城全市化工行业实现工业增加值 23.1 亿元，其中绝大部分是由苏南转移过来的化工企业贡献的。同年，阜宁县完成地区生产总值 70.7 亿元，按可比价格计算，比上年增长 10.7%，其中化工企业起到了显著作用。与响水化工园仅一河之隔的连云港市灌南县堆沟港镇，也在 2003 年建立了连云港化工园区，占地 1.2 万亩，园区内有化工企业几百家，其中以亚邦染料、中化化工为龙头企业，是继响水生态化工园区之后又一个

① 汪言安：《盐城水污染：20 年化工招商遗祸》，经济观察网，http://www.eeo.com.cn/2009/0925/152336.shtml，最后访问日期：2020 年 12 月 20 日。
② 鲍安琪：《响水困境》，《中国新闻周刊》2019 年第 11 期。
③ 2006 年，《中国新闻周刊》对这次化工企业的大迁移做过封面报道。当时记者了解到，2006 年在苏南地区的开发区中，一亩地 30 万～40 万元的价格都被认为是相当便宜的，而苏北有时每亩地只需一两万元。同样要建造厂房，苏北地区要比苏南节省 20%～30%。在劳动力费用上，1000 元左右的月工资在苏南地区还经常无法吸引到劳动力，而在苏北月工资只需 500～800 元。参见鲍安琪《响水困境》，《中国新闻周刊》2019 年第 11 期。
④ 盐城全市土地总面积为 16931 平方千米，其中沿海滩涂面积为 4553 平方千米，占全省沿海滩涂面积的 67%；海岸线长为 582 千米，占全省海岸线总长度的 61%。参见《盐城概况》，盐城市政府网站，http://www.yancheng.gov.cn/art/2018/9/29/art_425_42358.html，最后访问日期：2020 年 12 月 20 日。

省级化工园区。

苏北发展化工产业的重要载体是灌河。灌河流经淮安、盐城、连云港三市，最终流入黄海。在离陈家港不远的地方，就是灌江口大桥。这座横跨在灌河口上的大桥，连接了苏北四个规模较大的化工园区：位于陈家港的响水生态化工园、滨海县的沿海工业园、灌云县的燕尾港临港产业园以及灌南县堆沟港的连云港化工产业园。也正因为如此，灌河在当地有着"苏北黄浦江"的称号。当地政府招商引资的资料这样形容这条入海河："灌河潮汐落差大，河面平均宽度在 1500 米，自净能力强，环境容量大。"① 灌河里的水，是化工业园区取之不尽的生产原料，不仅用来供给，还用来排污。沿岸遍布的诸多村镇的农民，转变为工业园的廉价劳动力，再仰仗地方的政策和发达的水陆交通，密集的化工企业在这里安营扎寨。近十几年来，灌河沿岸逐渐发展成为苏北化工产业聚集发展的首选之地。本是神话中二郎神"家乡"的灌河口，却逐渐孕育出苏北最为密集的高危化工工业园区。

其实，在承接产业转移项目的过程中，整个苏北的淮安、盐城、连云港等五个城市，都掀起了化工园区兴建热潮。盐城、连云港因为靠近沿海，地理位置优越，定位和发展比较超前。其中，盐城有大丰王港闸南侧的化工园区、响水陈家港化工园区等 6 个；连云港则共有 3 个，其中以板桥化学工业园为代表；徐州共有 3 个，以丰县盐碱化工业园等为龙头；淮安以灌溉总渠以南的盐城科技产业园为主，另外还有洪泽化工区等 5 个；宿迁则以城南新区作为重点，开发成化工企业连片的新型园区，另有以翔盛粘胶为龙头的化工产业带支撑。

2. 响水生态化工园区的建设运行

响水是江苏省盐城市所辖县之一，位于长江三角洲北部地区，江苏省东北部沿海，地处连云港、淮安、盐城三市交界处。响水北枕灌河，与灌南东北二镇相依；西与灌南、涟水两县交界，南抵中山河，与滨海县相邻。县域东西最大直线长 61 千米，南北宽 21 千米，总面积为 1461 平方千米，下辖 8 个镇、3 个工业园区，有 62.16 万人口。②

响水生态化工园区的建设运行过程，是苏北承接化工产业转移项目快

---

① 《天嘉宜之痛的背后：一座工业新城的迷失》，中国工业新闻网，http://www.cinn.cn/yw/201904/t20190403_209712.html，最后访问日期：2021 年 2 月 10 日。

② 《响水概况》，响水县政府网站，http://xiangshui.yancheng.gov.cn/col/col9594/index.html，最后访问日期：2020 年 12 月 20 日。

速发展的一个缩影。响水是江苏出了名的贫困县,曾被戏称为"江苏的北大荒""苏北兰考"。作为盐城市的"北三县"之一,响水县曾被视为苏北的传统贫困区域,发展工业已经成了响水县政府多年来的夙愿。响水县东沿黄海,北部灌河流经,具有发展化工产业的地理优势。20世纪90年代当地开始加大招商引资力度,很多苏南地区的企业纷纷落地,其中不乏重污染企业。在承接产业转移项目的过程中,迫切渴望走上富民富县之路、正热火朝天开展"全民招商"的响水县,紧紧抓住了这个"机遇"。

2003年,时任响水县县长发表在《苏南科技开发》的《发展项目经济推进跨越发展》一文中,表露了响水迫切想要脱贫的心情。他介绍了响水县在推进富民富县上的多种尝试。比如,此前几年,该县多次组织"项目信息万人征集活动","千方百计挖信息、排客商、找项目"。"县计委、经贸委、外贸局等部门充分发挥带头作用,及时发布各类有价值的项目信息,引导各乡镇、各部门有的放矢开展招商引资活动。"响水瞄准的方向是苏南、上海、浙江等地。一个耐人寻味的细节是,这篇文章发在"创业热土"板块上,似乎是特意向苏南企业传递欢迎信号。该文写道,2003年以来,响水县先后开展"招商引资突击月"、陈家港化工园区(南京)环评新闻发布会、县经济开发区上海浦东工作站揭牌暨项目推介会等一系列活动,"主攻苏南、浙江、上海等纺织、化工产业转移区,主攻东南沿海等资本密集区、产业聚集区,打响响水招商品牌,广泛吸引海内外客商来响投资兴业"。①

2002年6月,陈家港化学工业园区应运而生。响水县下辖3个工业园区,事发地响水生态化工园区是当地最大的化工厂集聚区。该园区2002年由盐城市政府批准成立,建园时名为"盐城市陈家港化学工业园区",设有化工生产区、生活服务区、污水处理区、化工危险品存放区四大功能区。该园区"规划总面积20平方千米,位于陈家港镇以西1千米处,水陆交通便利,北依灌河,226省道、326省道、307省道贯穿境内"。②"招商重点:陈家港镇将贯彻'统筹规划、分步实施、滚动发展'的原则,重点招商医药、农药、染料及中间体、生物化工制品四大系列的企业。"③

---

① 朱斌:《发展项目经济 推进跨越发展》,《苏南科技开发》2003年第12期。
② 《响水生态化工园区》,盐城市政府网站,http://www.yancheng.gov.cn/nj/2010/html/Noname087.html,最后访问日期:2020年12月20日。
③ 《陈家港化学工业园区》,响水人才网,http://www.xsrczp.com/explain/explain-show-5.htm,最后访问日期:2020年12月20日。

2003 年 2 月,《陈家港化学工业园区环境影响评价与环境保护规划报告书》通过了江苏省环保厅审批,陈家港化工园区由此成为苏北沿海地区第一个取得省环保厅批准的化工专业园区。2005 年,陈家港化工园区被中国石油和化学工业协会评选为"全国十大最具潜力的化工园区"。在招商文案中,响水县陈家港宣称设有化工生产、生活服务、污水处理、化学危险品贮存四大功能区,是苏北第一家获得环保入户许可"绿卡"资格的化工园区。2002 年 6 月陈家港化学工业园区成立后,入驻的化工企业越来越多,其中 2002 年入驻了 5 家,2003 年入驻了 11 家。

陈家港化工园区经历了一期和二期规划,从原来的 4 平方千米发展到后来的 10 平方千米。2017 年 9 月,陈家港又经历了第三次规划。在这次规划中,当地政府将园区的西北边界进一步移向了灌河滩涂和水域。2010 年,陈家港化学工业园区正式更名为"江苏响水生态化工园区"。2017 年数据显示,园内企业共有 55 家,其中基础设施配套企业有 3 家(响水县陈家港水处理有限公司、江苏森达陈家港热电有限公司、响水新宇环保科技有限公司),医药企业有 14 家,农药企业有 7 家,染料企业有 13 家,基础化工企业有 2 家,其他精细化工企业有 16 家。响水生态化工园区的官方简介中写道:园区先后被中国石油和化学工业联合会评为"中国盐化工(响水)特色产业园",被科技部评为"国家火炬响水盐化工特色产业基地",被国家发改委评为"全国百佳科学发展示范园区",是苏北第一家取得省厅环保许可的化工园区,也是江苏省第一家化工类省级科技创业园区。①

化工行业被称为"印钞机",具有极好的经济效益。为了建成陈家港化工园区,响水这个贫困县投入了大量的人力、物力、财力。园区是招商引资的重要载体,县经济开发区和陈家港化工园区共引进投资超 1000 万元的项目 24 个,投资近 20 亿元,全县 80% 以上的化工项目、60% 以上的纺织项目进区建设。②

在解决园区投入方面,响水县采取省市帮扶资金重点投入,争取信贷投入,县直机关"抬轿子"搞基础设施建设,鼓励乡镇和县直部门兴办"园中园""区中区"等多种方式,"举全县之力兴办园区",先后融集

①　吴林静、黄名扬:《响水,这一次"响"彻了大地》,每经网,2019 年 3 月 23 日,http://cd.nbd.com.cn/articles/2019 - 03 - 23/1313268.html,最后访问日期:2020 年 12 月 20 日。
②　朱斌:《发展项目经济　推进跨越发展》,《苏南科技开发》2003 年第 12 期。

6000 万多元资金投入园区水电路等基础设施建设。同时，实行"园区资源全县共享"，按照"谁引进、谁受益"的原则，积极引导乡镇引项目进园区，产生的税收全部归引资乡镇所有，共同做大做强园区。据《中国新闻周刊》报道，一份 2005 年政府各部门招商任务表显示，县委各领导按规定对点挂钩服务企业，各行政部门几乎都有引资任务，其中教育局、民政局、司法局、劳保局、国土局、建设局、交通局、水务局和卫生局这些单位每年必须完成 1 个 1000 万元以上项目的引进工作。①

在此后几年里，响水化工产业从零到成为经济支柱。响水纵身一跃，从"苏北的北大荒"变成了"财政收入增收先进县"。

2006 年，响水县采取"整合经济开发区、壮大陈家港化工集中区、建立新的沿海经济区"的策略，这三个区域在几年之后成为响水经济的"三驾马车"。同年，陈家港化工集中区被列为江苏省 100 个重点培植产业集群，主营业务营收达到 24 亿元，占响水县规模以上工业产值的 42%。2007 年，陈家港镇进入盐城市 50 个重点发展镇行列。响水的经济结构也发生了根本性变化，工业经济已成为当地的主体经济。从这一年开始，响水县连续被江苏省表彰为"财政收入增收先进县"。②

2009 年，响水生态化工园区被江苏省科技厅认定为全省唯一的化工类科技创业园，江苏威耳化工有限公司 6 月在美国纽约成功上市，成为自江苏裕廊、联化科技成功上市后响水县第三家上市企业，并成为响水县首家国家级高新技术企业。2009 年，园区实现财政一般预算收入 1.9 亿元、固定资产投资 82.3 亿元、主营业务收入 133 亿元、工业增加值 30 亿元、进出口总额 3 亿美元，实现利用外资 3900 万美元，工业用电量为 6.5 亿千瓦时，各项主要经济指标增幅均在 50 个百分点以上，2009 年全园区纳税超 1000 万元的企业达 5 家。③

2011 年时，响水生态化工园区实现税收 4 年增长 8 倍，成为全县第一家百亿园区和江苏省第一家化工类科技创业园区。当年，响水生态化工园区纳税额就占到响水县财政收入的 1/6 左右，成为拉动经济的"三驾马

---

① 鲍安琪：《响水困境》，《中国新闻周刊》2019 年第 11 期，第 22～25 页。
② 张燕：《响水爆炸案之后："宁可毒死，不要穷死"政绩观休矣》，《中国经济周刊》2019 年第 8 期。
③ 《响水生态化工园区》，盐城市政府网站，http://www.yancheng.gov.cn/nj/2010/html/Noname087.html，最后访问日期：2020 年 12 月 20 日。

车"之一。2007～2012年，生态园区连续5年在盐城市开发区考核中位居前列。2010～2015年，全县工业产值从267.84亿元增长到710.27亿元，其中化工园区工业产值从63.53亿元增长到83.38亿元（见表1-1）。《2017年响水县国民经济和社会发展统计公报》显示，当年响水GDP首次突破300亿元，第二产业增加值为156亿元，几乎是第一产业（42亿元）和第三产业（121亿元）增加值的总和。下辖三大园区规模以上工业开票销售额占全县的比重达90%，化工、冶金、能源是三大支柱产业。2017年，响水县环保局相关负责人曾在《关于推动我县生态化工园区发展的思考》中指出："生态园区已成为我县重要的经济支柱，为响水县'十一五'和'十二五'经济发展作出了重要的贡献。"①

表1-1 2010～2015年响水工业经济收入数据

单位：亿元

年份	2010	2011	2012	2013	2014	2015
全县工业产值	267.84	316.42	432.04	499.8	599.98	710.27
化工园区工业产值	63.53	76.83	77.9	90.89	92.17	83.38

资料来源：相关年份《江苏统计年鉴》。

正是在以响水生态化工园区入驻企业为代表的第二产业的积极推动下，响水的地方财政收入和GDP在20世纪90年代中期以后实现了跨越式发展。2019年1月，时任响水县县长作政府工作报告时介绍："预计全年实现地区生产总值345亿元，增长7.8%；一般公共预算收入25.35亿元，增长6.1%，税收占比达81%；固定资产投资增长9.2%；进出口总额达6.9亿美元，增长10%；注册外资实际到账5769万美元，增长14.9%；全口径工业开票销售806亿元，增长53%；城乡居民人均可支配收入分别达到30142元、16989元，增长8.3%和9%，地区生产总值、全口径工业开票销售收入、一般公共预算收入、城乡居民人均可支配收入等多项指标增速全市前列，高质量发展实现良好开局。"② 响水县政府网站的数据显

---

① 吴伯兵：《关于推动我县生态化工园区发展的思考》，响水政协网，http://www.xszx.gov.cn/zhengxiezhiku/zhikubaogao/20170327/410.html，最后访问日期：2020年12月20日。

② 单永红：《政府工作报告——2019年1月10日在响水县第十届人民代表大会第三次会议上》，响水县政府网站，http://xiangshui.yancheng.gov.cn/art/2019/1/28/art_11658_2873793.html，最后访问日期：2020年12月20日。

示，2018 年，响水的各项经济指标迎来了史上最好的一年，全县 GDP 实现 349.86 亿元（见表 1-2），为盐城市各区县第一。其中，工业成绩尤其凸显。从 2018 年 1~10 月的各项主要工业指标来看，规模工业增加值、工业开票销售额、工业用电量增速均列盐城市各区县第一。响水这个盐城著名的贫困县，在过去几年里依靠工业项目，实现了 GDP 的快速发展。[①]"响水响当当，大步奔小康""靠项目唤风雨、让响水响起来！"成为当地的口号。

表 1-2   2002~2018 年响水县地方财政收入和 GDP

单位：亿元

年份	地方财政收入 （一般公共预算收入）	GDP	第一产业产值	第二产业产值	第三产业产值
2018	25.35	349.86	42.82	173.91	133.13
2017	23.90	319.91	42.36	156.35	121.20
2016	29.60	270.64	41.42	126.77	102.45
2015	32.54	244.30	40.35	113.68	90.27
2014	27.82	222.00	38.16	105.11	78.73
2013	23.98	203.12	38.08	100.47	64.57
2012	19.73	181.35	35.58	89.85	55.92
2011	17.01	161.16	32.50	79.62	49.04
2010	10.80	135.20	29.44	64.87	40.89
2009	6.80	104.56	24.29	50.91	29.37
2008	4.80	80.09	17.25	41.15	21.69
2007	3.14	62.80	16.20	28.30	18.30
2006	2.24	54.13	15.40	23.28	15.45
2005	2.00	46.40	14.04	19.26	13.10
2004	1.45	36.12	11.89	12.56	11.67
2003	1.41	29.47	10.28	9.24	9.95

---

① 只不过，在县域经济发达的江苏省，昆山 GDP 已经达到 3500 亿元，响水属于"贫困地区"。对比盐城各县区的居民人均可支配收入，响水县仅为 23741 元，排倒数第一。

续表

年份	地方财政收入（一般公共预算收入）	GDP	第一产业产值	第二产业产值	第三产业产值
2002	1.05	27.43	10.64	7.75	9.04

资料来源：相关年份《江苏统计年鉴》。

在工业园区建成之前，陈家港镇的支柱产业是农业。灌河沿岸是大片农场，水稻和小麦是主要作物。这里一度被称为"苏北的北大荒"。但是，农业并没有让响水走上富裕的道路；相反，在 2000 年前后，这里是有名的贫困县。为了摘掉贫困县的帽子，响水开始走上一条"全民招商"的道路。位于陈家港的响水生态化工园区，正是当时举全县之力铸成的"梧桐树"。化工园区这棵"梧桐树"为响水引来了"金凤凰"。资料显示，化工园区已经成为响水经济的"三驾马车"之一。2017 年，陈家港化工集中区被列为江苏省 100 个重点培植产业集群，主营业务收入达到 24 亿元，占响水县规模以上工业产值的 42%。[①]

当地政府对响水工业园区寄予厚望。2015 年，当地提出，要在 2020 年前推动生态化工园成为国家级高新技术创业园区。2017 年 9 月出台的《陈家港化工园产业发展建设规划》指出，近期期限为 2017～2020 年，远期期限为 2021～2030 年，立足于工业区现状和发展条件，立足于产业升级和优化，逐步发展成为一个基础设施完善、交通运输便捷、高效生产、环境优良、经济效益显著的化工集中区。

3. 被招商引进的天嘉宜公司

此次发生爆炸的天嘉宜公司，正是在上述产业转移的大背景下，从苏南的江阴搬到了苏北的响水县。天嘉宜公司前身为江阴市倪家巷化工有限公司，属于江苏倪家巷集团有限公司（以下简称倪家巷集团）的骨干子公司，而倪家巷集团则是苏南最大的毛纺织染集团之一。

倪家巷村虽然面积不大，却拥有 50 多家企业。早在 2006 年，全村就完成工业产值 40 多亿，利税 3 亿元，村民人均纯收入超过 1.4 万元。1987 年，在村办集体企业的风潮中，倪家巷村把目光瞄准了周庄镇的毛纺织染

---

① 张燕：《响水爆炸案之后："宁可毒死，不要穷死"政绩观休矣》，《中国经济周刊》2019 年第 8 期。

产业，江阴县周庄针织染纺厂成立。1992年，天嘉宜的前身——江阴市倪家巷化工有限公司应运而生，主营业务是生产芳香族硝基、氨基、苯甲酸等制造医药、农药和染料的重要中间体。2006年，公司销售额超过1亿元，倪家巷化工厂决定搬出面积只有4平方千米的小村庄。2007年4月，在苏北的陈家港化工园，天嘉宜公司注册成立。天嘉宜公司前员工在接受媒体采访时称，企业搬迁到盐城，是因为当年的无锡太湖蓝藻事件。那一年，绿油漆般的蓝藻污染了饮用水源地，无锡超市的瓶装水被抢售一空。倪家巷距离太湖80千米，污染是否会排入太湖不得而知，但在企业已经对太湖造成污染的苏南，化工企业显然已不受欢迎。

2007年4月5日，天嘉宜公司成立。公司位于生态化工园区东南部，法定代表人为陶在明（公司副总经理兼硝化车间主任），实际控制人为总经理张勤岳（2017年1月24日因污染环境罪被判处有期徒刑一年六个月、缓刑两年）。公司占地面积为14.7万平方米，注册资本为9000万元，员工有195人。其主要产品为间苯二胺（17000吨/年）、邻苯二胺（2500吨/年）、对苯二胺（500吨/年）、间羟基苯甲酸（500吨/年）、3,4-二氨基甲苯（300吨/年）、对甲苯胺（500吨/年）、均三甲基苯胺（500吨/年）等，主要用于生产农药、染料、医药等。

天嘉宜公司股东为倪家巷集团和连云港博昌贸易有限公司，分别占70%和30%的股份。其中，倪家巷集团成立于1987年1月23日，注册地为江阴市周庄镇倪家巷村倪家巷，注册资本为2.508亿元，主要生产经营范围包括精毛纺织、涤纶短纤、发泡性聚苯乙烯、棉布印染、精梳棉纺、精细化工、纺织机械、新型建材、商贸等。连云港博昌贸易有限公司成立于2011年4月7日，注册地为灌云县临港产业区海滨新城，注册资本为500万元，主要经营范围包括化工产品、矿产品、机械设备销售。天嘉宜公司主要负责人由倪家巷集团委派，重大管理决策须由倪家巷集团批准。

2006年10月，响水县六套乡政府获悉，江苏倪家巷某化工厂有一个投资项目，经协调，12月5日与陈家港化工集中区管委会（生态化工园区管委会前身）、倪家巷集团签订了三方合作协议书，开办天嘉宜公司，并由六套乡政府代办立项、审批、营业执照等手续。2007年4月5日，盐城市响水工商行政管理局为天嘉宜公司办理了工商营业执照。2007年9月29日，盐城市发展改革委对天嘉宜公司投资项目予以备案（盐发改审

〔2007〕280 号）；2007 年 11 月至 2015 年 11 月，盐城市经济贸易委员会先后 6 次对其投资项目予以备案。

在招商文案中，盐城市响水县陈家港宣称设有化工生产、生活服务、污水处理、化学危险品贮存四大功能区，是苏北第一家获得环保入户许可"绿卡"资格的化工园区。纷至沓来的企业，被盐城响水县视为"乡镇项目攻坚的硕果"。

到了地域更宽广的响水，天嘉宜公司的研发和生产能力得到了极大提升，一路高歌猛进，产品也随着国际市场的需求迅速转型。其中，新研发的三羟甲基氨基甲烷、均三甲苯胺等 8 种产品畅销欧美市场。在响水县政府网站上，一则《天嘉宜产品畅销欧美提前实现"双过半"》的消息稿写道：产品主要是销售医药、染料中间体，远销欧洲、美国、东南亚各国，包括美国杜邦公司，都是该公司客户。每个月下的订单都比较多，一个月基本上有 200 吨。

当地发布于 2014 年 8 月的信息则显示，响水县政府"在服务好现有企业的基础上，对在建的绿源生物科技和天嘉宜技改等项目，抓建设进度，抓投产达效"；"精心服务企业，重点打造天嘉宜等纳税过千万元骨干企业，形成主体税源"。[①]

4. 不断出现的爆炸和污染隐患

化工产业的迁入在为苏北带来财富的同时，也把苏南的污染问题带到了苏北。自化工产业在苏北聚集后，环境问题就成了当地百姓的心头大患。要发展经济，地方政府就应当掌握安全与生态、经济与效益之间的平衡。虽然江苏省多个部门 2005 年就出台了相关文件，对苏北地区高污染化工企业准入条件作了详细规定，但在当地实现产业转移的同时，也伴随着一定的污染转移。

苏北各县（区、市）生态化工园区内的企业，一部分来自江苏南部和浙江省，是劳动密集型、环境容量要求大的产业，当经济相对发达的苏南地区逐渐失去发展空间，苏北各县（区、市）就成了承接这些企业转移的潜在基地，但园区内环保基础设施一直未能跟上。高速增长之后缺陷爆发，生态化工园区在区位上先天不足，大多数企业低效运行，62.7% 的企

---

① 《六套干群立足"五抓"谋跨越》，响水县人民政府网站，http://xiangshui.yancheng. gov.cn/art/2014/8/11/art_9590_1840916.html，最后访问日期：2021 年 2 月 20 日。

业产值在 1 亿元以下，企业运行效益不高。同时，农药、染料、医药等重污染企业比例过大。染料及三类中间体项目的废水、废气污染物排放量较大，治理成本较高，存在较大的环境安全风险。

2013 年，中国科学院烟台海岸带研究所组织相关专家对灌河沿岸的化工园区进行的污染情况调查显示，当地存在因化工生产而导致的环境污染问题，水体中的致癌性污染物苯、二氯甲烷、1，2 - 二氯乙烷、三氯甲烷在园区内的水体中普遍超标，可能对当地的生态环境和人体健康带来不良影响。有媒体统计，2018 年 2 月，在国家安全监管总局通报的苏北 5 市具有安全隐患问题的 18 家化工企业中，企业的大股东所在地在苏北的仅有 4 家，其余大部分股东所在地来自苏南。[①]

多年来，爆炸和污染都是萦绕在响水当地人心中的一道阴影。2007 年 11 月，响水生态化工园区内的联化科技有限公司发生爆炸，导致 8 人死亡、10 余人受伤。2010 年 2 月，响水县曾因化工园区要发生爆炸的"谣传"，上演了一次当地人"集体逃亡"事件。2010 年 11 月 23 日，该园区内的江苏大和氯碱化工公司发生氯气泄漏，导致下风向的江苏之江化工公司 30 多名员工中毒。2011 年，当地一家化工企业两次发生火灾。

江苏是传统的化工大省，也是最早开始进行化工行业清理整顿的省份；承接化工产业转移项目的苏北，大小化工园林立，更是成为清理整顿的重中之重。据统计，截至 2019 年 3 月，江苏全省共有化工产业园区（集中区）53 家，其中省级以上有 17 家，有 7 家进入 2018 年中国化工园区 30 强名单。在江苏省生态环境厅 2018 年底公布的 17 家省级化工园中，苏北有 12 家，其中盐城有 4 家，位居苏北五市第一。这些大小不一的化工园区，以生物化工和石油化工项目为主，除此以外，农医药、染料、造纸业等企业也分布较多，其产品销往全球各地。

2016 年，连云港化工园区因为环境问题被江苏省环保厅挂牌督办。2018 年 4 月，江苏省政府组织联合调查组在现场检查灌河口的化工园区时，查出 188 家企业均不同程度地存在环境违法行为，问题达 762 个。而响水化工园区 31 家企业的中间体项目，均为跟踪环评建议禁止引入的项目。

---

① 《苏北化工园区聚集背后》，凤凰周刊网站，https：//www.fhzk.cn/a/1006.html，最后访问日期：2020 年 12 月 20 日。

2018 年夏天，随着环保问题的再一次曝光，苏北化工园区迎来了"史上最严的环保风暴"。江苏省环保厅对灌云县、灌南县及响水县全境实施 6 个月的区域限批，其间暂停对除环保基础设施类和民生类项目外的所有建设项目环评文件的审批。不过，虽然出台了"江苏沿海化工企业环保复产标准"，但在一个多月以后，一些企业就陆续复产。2018 年 4 月，响水生态化工园区全面停产整治，2018 年 6 月 25 日，企业复产工作领导小组办公室同意了 2 家公司的复产申请；8 月 9 日、8 月 10 日、11 月 19 日，约新增 15 家复产企业。在 2018 年 10 月中央第四环境保护督察组对江苏省第一轮中央环境保护督察整改情况开展"回头看"的反馈中，数次提到了苏北化工园的违规情况："连云港灌云县临港产业区列入'关停一批'的 9 家企业，全部为 2016 年之前已关停的空头企业。""灌云县列入取缔关闭计划的 42 家企业，21 家在 2016 年就已关闭，20 家以企业虚假重组、变更营业执照等方式予以保留。"督察组指出："整改工作虽然取得显著进展，但一些地方和部门思想认识不到位，还存在敷衍整改、表面整改、假装整改等问题。""一些地方和部门担心环境保护抓得紧会影响经济发展；一些领导干部对环境保护督察整改心存侥幸，得过且过，问题久拖不决。"①

2018 年 11 月 29 日，响水县人大常委会审议了《响水县 2018～2020 年度突出环境问题清单》。该清单显示："截至 2018 年 11 月 28 日，全县共计贮存危险废物 9300 吨，危废贮存超一年以上约为 4500 吨。""2019 年 6 月底前，园区内年产生 5000 吨以上危废的企业，都要建成危废处置设施，增强自我削减能力。"

2018 年 12 月 13 日，时任盐城市委书记戴源深入响水县生态化工园区部分企业，调研察看园区整改落实和企业复工情况，其中就有天嘉宜公司。当地报道称："'企业技改设备都已经投入使用了吗？''现在生产经营情况如何？''希望政府和园区为你们提供哪些帮助？'每到一家企业，戴源都与企业负责人详细交谈，鼓励他们增强发展信心，加大科技创新力度，集聚更多优势资源，推动企业又好又快发展。"②

可以说，对江苏特别是苏北来说，在环保压力和安全问题的倒逼下，如

---

① 《江苏环保督查"回头看"：敷衍整改问题比较多见》，中国新闻网，https：//www.china-news.com/gn/2018/10－17/8652430.shtml，最后访问日期：2020 年 12 月 20 日。

② 《自觉践行新发展理念　加快推动园区转型升级》，《盐阜大众报》2018 年 12 月 14 日。

何落实安全发展理念、推动化工行业转型升级，是一个很迫切的现实问题。① 2019 年 1 月，响水县县长在政府工作报告中指出："着力加快转型升级步伐，深入推进化工园区绿色发展。"在该报告里，"绿色"出现了 17 次，为近年来最多。

5. 带病运行的天嘉宜公司

安全风险是不断累积的。海因里希法则（Heinrich's Law）认为，在每起严重事故的背后，必然有 29 起轻微事故、300 起未遂先兆及 1000 起事故隐患。② 习近平总书记强调："要加强对各种风险源的调查研判，提高动态监测、实时预警能力，推进风险防控工作科学化、精细化……力争把风险化解在源头，不让小风险演化为大风险，不让个别风险演化为综合风险，不让局部风险演化为区域性或系统性风险，不让经济风险演化为社会政治风险，不让国际风险演化为国内风险。"③

当地爆炸和污染隐患不断积累，却依然没有引起当地党委、政府和企业的足够重视；天嘉宜公司不断被罚款，却依然继续"带病运行"。

据 2017 年 1 月江苏省江阴市人民法院审理查明，2012 年底，被告人张勤岳等人在知情的情况下，合谋将天嘉宜化工羟基车间生产过程中产生的化工残渣交由无处理危险废物资质的当地村民填埋处理，累计达 124.18 吨。

2017 年 4 月，天嘉宜公司因项目未通过"三同时"验收、危废管理不规范等环境违法行为被市局行政处罚（行政处罚号：盐环罚字〔2017〕15号）；不过，到当年底，便"经盐城市响水县环保局、盐城市饮用水源环境监察支队分别核查确认，拟对江苏天嘉宜化工有限公司、江苏富旺滤料

---

① "3·21"事故发生后，2019 年 4 月 1 日，江苏省政府办公厅发布《关于征求〈江苏省化工行业整治提升方案（征求意见稿）〉意见的紧急通知》。该通知称，到 2020 年底，江苏全省化工生产企业数量将减少到 2000 家；到 2022 年，全省化工生产企业数量不超过 1000 家；对全省 50 个化工园区展开全面评价，根据评价结果，压减至 20 个左右。据此估算，未来三年，江苏将有超过八成的化工企业面临出局。这对拥有 5000 多家化工企业的江苏而言，无异于壮士断腕。根据该通知要求，分布在沿长干江干支流两侧 1 千米范围内、化工园区外，太湖一级保护区内，京杭大运河（南水北调东线）和通榆河清水通道沿岸两侧 1 千米范围内，且城镇人口密集区安全卫生防护距离不达标的企业将首批被关停。2019 年 4 月 4 日，江苏盐城市委常委会召开会议时提出，彻底淘汰整治安全系数低、污染问题严重的小化工。这次会议决定，将彻底关闭响水化工园区。
② Herbert W. Heinrich, *Industrial Accident Prevention: A Safety Management Approach*, New York: McGraw-Hill, 1931.
③ 《习近平谈治国理政》第 2 卷，外文出版社，2017，第 82 页。

有限公司进行环保信用信息修复"。①

2018 年 2 月 7 日，国家安监总局给江苏省安监局发出一份《关于督促整改安全隐患问题的函》（安监总厅管三函〔2018〕27 号）。该函显示，为吸取江苏省连云港市聚鑫生物公司"12·9"重大事故教训，国家安监总局组织督导组于 2018 年 1 月 14～19 日对江苏省盐城、连云港、淮安、徐州、宿迁 5 市的危险化学品安全生产工作进行督查，现场检查了 18 家化工企业，发现了 208 项安全隐患问题。国家安监总局列出了此次督查发现安全隐患企业的清单，其中就有天嘉宜公司（该企业共被发现 13 处安全隐患）。② 作为安全生产综合管理中的一项工作，国家安监总局过去曾对多个省份进行过安全生产督查，并由此发现了类目繁多的安全隐患问题。

2019 年 2 月 1 日，响水县召开了安全生产工作会议。这次会议要求："全面落实中央和省市关于安全生产工作的各项部署要求，树牢安全发展理念，健全应急管理和安全生产体制机制，严格落实各方责任，盯紧抓实危化品、冶金、道路交通、建筑施工等重点行业领域专项整治，全面排查并消除安全隐患，持续提高防灾减灾救灾能力，坚决防范各类事故发生，确保人民群众生命财产安全和社会稳定，为庆祝新中国成立 70 周年创造良

---

① 《江苏天嘉宜化工有限公司等两家企业环保信用信息修复公示》，盐城市生态环境局网站，http://jsychb.yancheng.gov.cn/art/2017/12/21/art_12579_1965726.html? from = groupmessage，最后访问日期：2020 年 12 月 20 日。

② 根据这一清单的内容，与安全生产有关的问题包括：①主要负责人未经安全知识和管理能力考核合格。②仪表特殊作业人员仅有 1 人取得证书，无法满足安全生产工作实际需要。③生产装置操作规程不完善，缺少苯罐区操作规程和工艺技术指标；无巡回检查制度，对巡检没有具体要求。④硝化装置设置联锁后未及时修订、变更操作规程。⑤部分二硝化釜的分布式控制系统（DCS）和安全仪表系统（SIS）压力变送器共用一个压力取压点。⑥构成二级重大危险源的苯罐区、甲醇罐区未设置罐根部紧急切断阀。⑦部分二硝化釜补充氢气管线切断阀走副线，联锁未投用。⑧机柜间和监控室违规设置在硝化厂房内。⑨部分岗位安全生产责任制与公司实际生产情况不匹配，如供应科没有对采购产品安全质量提出要求。⑩现场管理差，跑冒滴漏较多；现场安全警示标识不足，部分安全警示标识模糊不清，现场无风向标。⑪动火作业管理不规范，如部分安全措施无确认人、可燃气体分析结果填写"不存在、无可燃气体"等。⑫苯、甲醇装卸现场无防泄漏应急处置措施、充装点距离泵区近，现场洗眼器损坏且无水。⑬现场询问的操作员工不清楚装置可燃气体报警设置情况和报警后的应急处置措施，硝化车间可燃气体报警仪无现场光报警功能。参见《国家安全监管总局办公厅关于督促整改安全隐患问题的函》（安监总厅管三函〔2018〕27 号），应急管理部网站，http://www.mem.gov.cn/gk/tzgg/h/201802/t20180208_230476.shtml，最后访问日期：2020 年 12 月 20 日。

好的安全环境。"① 在这次会议上，响水县政府分管领导和各镇区、县有关部门签订了安全生产责任书，其中生态化工园区、陈家港镇等 5 家单位作了表态发言。

2019 年 3 月 1～14 日，响水县领导通过走访调研、召开会议等方式，先后 4 次提及有关工业安全生产等问题，要求"问题企业"一律停产整改。3 月 21 日事故发生当天上午，响水县安全生产委员会还召集全县重点企业主要负责人，开展了一场"安全生产培训专题讲座"。明明"出事"早有预兆，却一路"整改"，一路"绿灯"，"带病"生产，直到 3 月 21 日戛然而止。

（二）调查定性：发展观政绩观出现偏差

国务院事故调查报告指出，"3·21"事故的发生，暴露出当地安全发展理念不牢、安全生产责任制落实不力、防范化解重大风险不深入等问题。

1. 安全发展理念不牢

此次事故调查报告指出，江苏省、盐城市对发展化工产业的安全风险认识不足，对欠发达地区承接淘汰落后产能没有把好安全关。响水县本身不具备发展化工产业的条件，却选择化工作为主导产业，盲目建设化工园区，且没有采取有效的安全保障措施，甚至为了招商引资，违法将县级规划许可审批权下放，导致一批易燃易爆、高毒高危建设项目未批先建。2018 年 4 月，江苏省环保厅要求响水化工园区停产整顿，响水县政府在风险隐患没有排查治理完毕、没有严格审核把关的情况下，急于复产复工，导致天嘉宜公司等一批企业通过复产验收。这种"重发展、轻安全"的问题在许多地方仍不同程度地存在，一些党政领导干部没有牢固树立新发展理念，片面追求经济指标，安全生产对其而言"说起来重要、做起来不重要"，没有守住安全红线。

2. 安全生产责任制落实不力

此次事故调查报告指出，在江苏省委、省政府 2018 年度对各市党委政府和部门的工作业绩综合考核中，安全生产工作的权重为零。盐城市委常

---

① 《全县安全生产工作会议召开》，响水县政府网站，http://xiangshui.yancheng.gov.cn/art/2019/2/2/art_9588_2896579.html? from = groupmessage，最后访问日期：2020 年 12 月 20 日。

委会未按规定每半年听取一次安全生产工作情况汇报，在盐城市委、市政府 2018 年度综合考核中，只是将重特大事故作为一票否决项，市委领导班子的述职报告中没有提及安全生产，除分管安全生产工作的市领导外，市委书记、市长和其他领导班子成员对安全生产工作只字未提。2018 年响水县委常委会会议和政府常务会议都没有研究过安全生产工作。实行"党政同责、一岗双责、齐抓共管、失职追责"是中央提出的明确要求，健全和严格落实党政领导干部安全生产责任制，是做好安全生产工作的关键和保障，如果这一制度形同虚设，重视安全生产也就会成为一句空话。

3. 防范化解重大风险不深入

党中央多次部署防范化解重大风险。此次事故调查报告指出，江苏作为化工大省，近年来连续发生重特大事故，教训极为深刻，理应对防范化解化工安全风险更加重视，但在开展危险化学品安全综合治理和化工企业专项整治行动中，缺乏具体标准和政策措施，没有紧紧盯住重点风险、重大隐患采取有针对性的办法，在产业布局、园区管理、企业准入、专业监管等方面做得不够，防范化解重大安全风险停留在"层层开会发文件"上，形式主义、官僚主义严重。防范化解重大风险重在落实，各地区都要深入查找本行政区域内的重大安全风险，坚持问题导向，做到精准治理。

（三）责任分摊：地方党委政府的主要问题

国务院事故调查报告指出，对"3·21"事故的发生，响水生态化工园区以及响水县、盐城市和江苏省各级党委、政府应承担相应的责任。

1. 生态化工园区

此次事故调查报告指出，响水生态化工园区招商引资安全环保把关不严，大量引进其他地区产业结构调整转移的高风险、高污染企业。在现有的 40 家化工生产企业中，涉及氯化、硝化等危险工艺的有 25 家，构成重大危险源的有 26 家。对环保与安全之间的内在联系和转换认识不清，没有认真开展风险隐患排查，对天嘉宜公司长期存在的违法贮存、偷埋硝化废料等"眼皮底下"的重大风险隐患视而不见，未有效督促所属相关职能部门加强日常监管。内部管理混乱，内设机构职责不清、监管措施不落实、规划建设违规审批、危险废物处置能力不足等突出问题长期没有得到解决。停产整治工作严重不落实，没有对园区企业环境严重违法行为等突出问题采取有效整改措施；没有按照贮存半年以上固体废物必须清理完毕的要求督促完成整改，对停产企业复产把关流于形式。没有按规定要求，在 2017 年底前完成园区内危险废物及时规范处置、安全处置率 100% 的工作任务。

2. 响水县

《江苏省党政领导干部安全生产责任制规定实施细则》第六条规定："县级以上党委常委会每半年不少于 1 次听取安全生产工作情况汇报，及时研究安全生产重要事项、解决安全生产重大问题。"第十五条规定："各级党委组织部门在对党委和政府领导班子及其成员的年度考核中，应当按照'一岗双责'的要求，考核其落实安全生产责任情况，并将履行安全生产工作职责情况列入年度述职报告的一项内容。"①

此次事故调查报告指出，响水县未认真落实地方党政领导干部安全生产责任制，县委常委会会议和县政府常务会议 2018 年全年没有专题研究过安全生产工作，没有建立安全生产巡查工作制度，没有认真落实安全生产考核制度。违规将县级规划许可审批权下放给生态化工园区管委会，导致天嘉宜公司多个项目未批先建。重大风险隐患排查治理不力，安全环保风险意识不强，没有处理好安全与发展的关系，在不具备条件与能力的情况下，盲目发展化工产业，大量引进苏南、浙江等地区产业结构调整转移的高风险、高污染企业。当地乡政府甚至代天嘉宜公司办理立项、审批、营业执照等手续。未认真吸取盐城市射阳县、连云港市灌南县等周边地区化工园区爆炸事故教训，对危险废物长期大量违法贮存问题失察。复产验收把关不严，在只有响水县环保局组织专家现场验收，而其他部门都未审核的情况下，就召开县政府常务会议决定对天嘉宜公司等 8 家企业进行复产验收，并组织多个部门在短时间内集中签署意见，有关部门先签字同意后进行检查；在有部门持保留意见、未完成相关隐患整改的情况下，就同意天嘉宜公司申请复产。

3. 盐城市

此次事故调查报告指出，盐城市落实地方党政领导干部安全生产责任制不到位。在 2018 年盐城市委领导班子述职报告中未提及安全生产，在市委、市政府领导干部个人述职报告中，除分管安全生产的市领导外，市委

---

① 《省委办公厅 省政府办公厅关于印发〈江苏省党政领导干部安全生产责任制规定实施细则〉的通知》，江苏省水利厅网站，http://jswater. jiangsu. gov. cn/art/2018/10/19/art_42070_7845418. html，最后访问日期：2021 年 2 月 11 日。

书记、市长和其他班子成员都没有提及安全生产，市委常委会也没有执行定期听取安全生产工作情况汇报的规定。督促落实安全生产责任不力，未建立安全生产巡查工作制度，未认真执行安全生产考核制度，在2018年度党政综合考核中安全生产工作的权重为零。重大风险排查管控不力，对全市4个化工园区未经科学论证，主要以企业投资额和创税为入园条件，盲目引进高污染、高风险的企业；组织重大风险排查不认真、不彻底。对市生态环境部门和响水县未认真开展生态化工园区全面停产整治及复产验收工作的情况失察。

4. 江苏省

江苏是全国第二化工大省。此次事故调查报告指出，江苏省落实地方党政领导干部安全生产责任制不到位，省委、省政府在2018年度对各市县党委政府和部门工作的综合考核中，没有设立安全生产工作指标和考核权重，对市县党政领导干部落实安全生产责任制推动不力。没有深刻吸取昆山"8·2"、天津港"8·12"等特别重大事故教训，结合本省实际举一反三、亡羊补牢；对全省化工园区重大安全风险排查治理不全面、不深入、不扎实。

三 基本结论与政策建议

响水"3·21"特别重大爆炸事故，被认定为"一起长期违法贮存危险废物导致自燃进而引发爆炸的特别重大生产安全责任事故"。这是继天津港"8·12"特别重大火灾爆炸事故后发生的又一起特别重大火灾爆炸事故，也是苏州昆山"8·2"特别重大事故发生后在江苏发生的又一起特别重大生产安全责任事故。

（一）基本结论

本案例研究重点从事前重大风险防范的角度，来探讨导致事故发生的深层次原因。研究发现，事故发生最重要的原因有两个方面。

一是当地安全发展理念不牢。案例研究发现，地方党委、政府及其有关部门安全发展理念不牢，红线意识不强，重发展、轻安全。响水县本身不具备发展化工产业的条件，对发展化工产业的安全风险认识不足，对欠发达地区承接淘汰落后产能没有把好安全关，选择化工作为主导产业，盲目建设化工园区，大量引进其他地区产业结构调整转移的高风险、高污染企业，导致一批易燃易爆、高毒高危建设项目未批先建。同时，当地没有采取有效的安全保障措施，甚至为了招商引资而违法将县级规划许可审批权下放，致使安全隐患不断累积。

二是重大风险防范化解不力。当地对天嘉宜公司长期存在的重大风险隐患视而不见，复产把关流于形式：在"3·21"事故发生之前，当地爆炸和污染隐患不断积累，却依然没有引起当地党委、政府和企业的高度重视；天嘉宜公司不断被罚款，却继续"带病运行"。在开展危险化学品安全综合治理和化工企业专项整治行动中，当地缺乏具体标准和政策措施，没有紧紧盯住重点风险、重大隐患采取有针对性的办法，在产业布局、园区管理、企业准入、专业监管等方面做得不够，防范化解重大安全风险停留在"层层开会发文件"上。

（二）政策建议

江苏作为化工大省，近年来连续发生重特大事故，教训极为深刻。从事前重大风险防范的角度来看，需要深刻吸取事故教训，牢固树立安全发展理念，坚持底线思维，防范化解重大风险，做好安全生产的基础性工作。

一是牢固树立安全发展理念。安全是发展的前提，发展是安全的保障。各级党委、政府和领导干部必须坚持统筹发展和安全两件大事，坚持底线思维和红线意识，坚决守牢安全底线。要层层压实安全生产和环境保护责任，严格落实各级党委、政府的领导责任和部门监管责任，夯实企业主体责任，坚持未雨绸缪、防患未然、科学务实、标本兼治，以更加有效的措施提升安全生产能力，坚决守牢安全底线。要牢固树立新发展理念，紧紧围绕经济高质量发展要求，大力推进绿色发展、安全发展，聚焦危险化学品安全的基础性、源头性、瓶颈性问题，以更严格的措施强化综合治理、精确治理。

二是组织开展安全风险评估。"在每一个黑天鹅事件的背后，都潜藏着一个巨大的灰犀牛式危机。……我们很少会去注意那些可以预期的事件。有时候，灰犀牛式危机越是严重，我们越难看到它的存在，越难逃离它的进攻路线。"[①] 避免"黑天鹅"冲击的最好办法，是化解"灰犀牛"

---

① 〔美〕米歇尔·渥克：《灰犀牛：如何应对大概率危机》，王丽云译，中信出版社，2017，第 338 页。

隐患，也就是防微杜渐，抓早、抓小、抓苗头。要把防控化解安全风险作为大事来抓，在高危行业领域推行风险分级管控和隐患排查治理双重预防性工作机制，切实把所有风险隐患逐一查清查实，实行红橙黄蓝分级分类管控和"一园一策""一企一策"治理整顿，扶持做强一批、整改提升一批、淘汰退出一批，整体提升安全水平。

三是积极推进安全生产社会共治。安全生产是一项复杂的系统工程，需要充分激发社会活力，引导社会力量和市场机制有效介入，实现全员动手、齐抓共管、综合治理，从而有效弥补党委政府领导责任、部门监管责任、企业主体责任方面可能存在的短板和不足，夯实安全生产的社会基础。要探索建立安全生产社会共治新机制，变"政府独奏"为"社会合唱"，整合社会力量和市场机制，动员全社会的力量进行群防群治，形成"党委领导、政府主导、部门联动、多方共管、群众监督"的工作机制，筑牢安全生产的人民防线。

第二章　政府监管责任

安全生产责任制是安全生产的灵魂。党的十八大以来，党和国家通过修订《安全生产法》，出台《中共中央　国务院关于推进安全生产领域改革发展的意见》《地方党政领导干部安全生产责任制规定》等文件，明确了"党政同责、一岗双责、齐抓共管、失职追责"、"管行业必须管安全、管业务必须管安全、管生产经营必须管安全"和"谁主管谁负责"等基本原则，建立了由"地方党委和政府领导责任""部门监管责任""企业主体责任"共同构成的安全生产责任体系。响水"3·21"事故的发生，充分暴露了当地党政领导责任和部门监管责任落实不到位的问题。具体表现在：纵向激励严重不足，监管主体消极执行甚至不执行监管职能；横向协调持续失衡，相关监管主体监管脱节；依法监管意识薄弱，监管主体盲目服从地方党政领导个人意志；监管队伍和手段等基础保障不够扎实，致使监管乏力；监管过程缺失，过度依赖事故发生后的运动式监管。

一　安全生产政府监管的基本内容

（一）安全生产责任制

安全生产责任制是做好安全生产工作的关键和保障。如果安全生产责任制不够完善、落实不力，乃至形同虚设，安全生产也就会成为空谈。

党的十八大以来，以习近平同志为核心的党中央高度重视安全生产责任，围绕建立健全和严格落实安全生产责任制发表了一系列重要论述。2013年6月6日，习近平总书记就做好安全生产工作作出重要指示强调："要始终把人民生命安全放在首位，以对党和人民高度负责的精神，完善制度、强化责任、加强管理、严格监管，把安全生产责任制落到实处，切实防范重特大安全生产事故的发生。"① 2013 年 7 月 18 日，习近平总书记在中共中央政治局常委会上就安全生产工作讲话强调："落实安全生产责任制，要落实行业主管部门直接监管、安全监管部门综合监管、地方政府属地监管，坚持管行业必须管安全，管业务必须管安全，管生产必须管安全，而且要党政同责、一岗双责、齐抓共管。"② 2013 年 11 月 24 日，山东省青岛市"11·22"中石化东黄输油管道泄漏爆炸特别重大事故发生后，习近平总书记在主持召开会议时，就党政一把手的安全生产责任提出要求："要抓紧建立健全党政同责、一岗双责、齐抓共管的安全生产责任体系，建立健全最严格的安全生产制度。"③ 2015 年 5 月 29 日，习近平总书记在主持十八届中共中央政治局就健全公共安全体系进行第二十三次集体学习时强调："要细化落实各级党委和政府的领导责任、相关部门的监管责任、企业的主体责任。"④

2016 年 7 月 14 日，习近平总书记对加强安全生产和汛期安全防范工作作出指示强调："要加快完善安全生产管理体制，强化安全监管部门综合监管责任，严格落实行业主管部门监管责任、地方党委和政府属地管理责任，加强基层安全监管执法队伍建设，制定权力清单和责任清单，督促落实到位。"⑤ 2016 年 10 月 30 日，习近平总书记在关于全国安全生产工作的批示中强调："各级党委和政府要认真贯彻落实党中央关于加快安全生产领域改革发展的工作部署，坚持党政同责、一岗双责、齐抓共管、失职追责，严格落实安全生产责任制，完善安全监管体制，强化依法治理，不断提高全社会安全生产水平，更好维护广大人民群众生命财产安全。"⑥ 2018 年 1 月 23 日，习近平总书记主持召开中央全面深化改革领导小组第二次会议。会议强调："实行地方党政领导干部安全生产责任制，要坚持党政同责、一岗双责、齐抓共管、失职追责，牢固树立发展决不能以牺牲安全为代价的红线意识，明确地方党政领导干部主要安全生产职责，综合

① 《习近平就做好安全生产工作作出重要指示　始终把人民生命安全放在首位　切实防范重特大生产安全事故的发生》，《人民日报》2013 年 6 月 8 日。
② 《习近平：党政同责　一岗双责　齐抓共管　失职追责》，新华网，http://www.xinhuanet.com/politics/2015－08/17/c_1116281206.htm，最后访问日期：2020 年 12 月 30 日。
③ 《习近平关于总体国家安全观论述摘编》，中央文献出版社，2018，第 132 页。
④ 《习近平谈治国理政》第 2 卷，外文出版社，2017，第 365 页。
⑤ 《习近平关于总体国家安全观论述摘编》，中央文献出版社，2018，第 148 页。
⑥ 《习近平关于社会主义社会建设论述摘编》，中央文献出版社，2017，第 162 页。

运用巡查督查、考核考察、激励惩戒等措施，强化地方各级党政领导干部'促一方发展、保一方平安'的政治责任。"① 会议审议通过了《地方党政领导干部安全生产责任制规定》。2020 年 4 月，在全国统筹推进疫情防控和复工复产的关键时期，习近平总书记就安全生产作出重要指示强调："当前，全国正在复工复产，要加强安全生产监管，分区分类加强安全监管执法，强化企业主体责任落实，牢牢守住安全生产底线，切实维护人民群众生命财产安全。"②

习近平总书记的相关重要论述，为我国安全生产责任制的健全和完善指明了方向。2016 年 12 月 18 日，《中共中央 国务院关于推进安全生产领域改革发展的意见》印发，这是新中国成立以来第一个以党中央、国务院名义出台的安全生产工作的纲领性文件。③ 该文件第二部分要求健全落实安全生产责任制，明确提出安全生产责任制由三个部分构成，即地方党委和政府领导责任、部门监管责任和企业主体责任。其中，明确地方党委和政府领导责任，必须"坚持党政同责、一岗双责、齐抓共管、失职追责，完善安全生产责任体系"；明确部门监管责任，要"按照管行业必须管安全、管业务必须管安全、管生产经营必须管安全和谁主管谁负责的原则，厘清安全生产综合监管与行业监管的关系"。

2018 年 4 月，中共中央办公厅、国务院办公厅印发了《地方党政领导干部安全生产责任制规定》。④ 这是我国安全生产领域第一部党内法规，是习近平总书记关于地方党政领导安全生产责任重要思想的具体化、制度化。该文件第四条明确强调："实行地方党政领导干部安全生产责任制，应当坚持党政同责、一岗双责、齐抓共管、失职追责，坚持管行业必须管安全、管业务必须管安全、管生产经营必须管安全。"⑤ 2020 年 2 月，为深刻吸取在天津港、响水县等地发生的特别重大生产安全责任事故教训，举

---

① 《思想再解放改革再深入工作再抓实 推动全面深化改革在新起点上实现新突破》，《人民日报》2018 年 1 月 24 日。

② 《树牢安全发展理念 加强安全生产监管 切实维护人民群众生命财产安全》，《人民日报》2020 年 4 月 11 日。

③ 《〈中共中央 国务院关于推进安全生产领域改革发展的意见〉印发》，中国政府网，http://www.gov.cn/xinwen/2016－12/18/content_5149664.htm，最后访问日期：2020 年 12 月 20 日。

④ 《地方党政干部安全生产责任制规定出台》，新华网，http://www.xinhuanet.com/2018－04/18/c_1122703967.htm，最后访问日期：2020 年 12 月 20 日。

⑤ 《中办国办印发〈地方党政领导干部安全生产责任制规定〉》，《人民日报》2018 年 4 月 19 日。

一反三，全面加强危险化学品安全生产工作，中共中央办公厅、国务院办公厅印发了《关于全面加强危险化学品安全生产工作的意见》。该文件提出，要进一步调整完善危险化学品安全生产监督管理体制，实施"全主体、全品种、全链条安全监管"，并对应急管理部门、生态环境部门及其他有关部门危化品监督管理职责进行了界定，明确要求在相关安全监管职责未明确部门的情况下，应急管理部门必须承担安全监管兜底责任。①

（二）我国安全生产政府监管体系

1986 年，德国社会学家贝克（Ulrich Beck）在《风险社会》一书中指出，现代社会是一个风险社会。科技进步在解决一些传统问题之时，也带来了前所未有的风险、威胁与危害（如环境污染）。由此可见，与传统社会相比，现代社会风险增加，导致监管目标和对象不断扩大，所以，风险社会必然是一个监管社会。②

监管是政府的重要职责。③ 党的十六大报告提出："完善政府的经济调节、市场监管、社会管理和公共服务的职能，减少和规范行政审批。"④ 加强和完善市场监管，也是推进国家治理体系和治理能力现代化的重要任务。党的十九届四中全会强调："完善政府经济调节、市场监管、社会管理、公共服务、生态环境保护等职能，实行政府权责清单制度，厘清政府和市场、政府和社会关系。"⑤

根据监管目标的差异，学者们一般将监管分为经济性监管和社会性监管。经济性监管主要是指在自然垄断等领域，对物品和服务的价格、数

---

① 《中共中央办公厅 国务院办公厅印发〈关于全面加强危险化学品安全生产工作的意见〉》，新华网，http://www.xinhuanet.com//2020 - 02/26/c_1125629895.htm，最后访问日期：2020 年 12 月 20 日。

② 刘鹏、钟晓：《西方监管科学的源流发展：兼论对中国的启示》，《华中师范大学学报》（人文社会科学版）2019 年第 5 期。

③ 马英娟指出："监管是一个呈放射状的概念，不仅存在监管主体、监管范围、监管方式等维度的不同，而且在不同维度上又有不同的主张。不同学者在不同维度、不同观点间进行组合，从而呈现出交叉重叠、错综复杂的现象。""中国语境中的'监管'，既要区别于本国计划经济时代的'管理'或'监督管理'的概念，体现现代'监管'的本质内涵，又要注意到中国与其他国家国情的不同，体现中国的法律文化和问题意识。"参见马英娟《监管的概念：国际视野与中国话语》，《浙江学刊》2018 年第 4 期。

④ 《十六大以来重要文献选编》（上），中央文献出版社，2005，第 21 页。

⑤ 《中共中央关于坚持和完善中国特色社会主义制度 推进国家治理体系和治理能力现代化若干重大问题的决定》，《人民日报》2019 年 11 月 6 日。

量、质量，以及企业投资、财务会计等行为进行监督管理，确保资源合理配置、高效使用和公平利用。社会性监管是指对妨碍公共安全、健康及产生社会公害的企业行为进行监督管理，防止灾害发生。① 主要包括安全生产监管、食品药品监管、生态环境监管等。

1. 有关政府监管的研究

理论来源于实践，反过来又为实践服务。我国政府监管理论在政府监管实践的需要和推动下产生和发展。20 世纪 80 年代以来，西方各国掀起了"放松监管"运动，但放松的主要是经济性监管，社会性监管则呈现出不退反进的趋势。② 我国的社会性监管也在不断加强。一方面，我国人民美好生活需要日益广泛，不仅对物质文化生活提出了更高的要求，而且在安全、健康、环境等方面的需要日益增长。另一方面，各地生产安全、食品药品安全、环境污染等责任事故屡禁不止。为有效解决这种矛盾，政府必须严格落实监管责任。因此，学界围绕政府如何落实监管责任，尤其是安全生产、食品药品、生态环境等领域的社会性监管责任，展开了深入研究，取得了较为丰富的研究成果。

胡颖廉认为，围绕中国市场监管衍生出众多研究命题，但本质上是为了回答"为谁监管、监管什么、怎样监管"等问题。他认为，应当从宏观、中观、微观三个层次分析中国的市场监管逻辑。在宏观层面，提炼监管目标、主体、手段、对象等基本要素。在中观层面，通过分析监管政策和产业政策的相互作用，横向部门之间的工作协调，纵向层级之间的监管事权划分，以及监管机构声誉塑造、综合执法队伍建设和专业第三方参与等内容，形成中国市场监管的分析框架。在微观层面，通过关注监管机构资源投入与能力实现等问题，为科学监管决策提供实证基础。③

对于食品安全领域，刘鹏基于历史制度主义的分析范式，从监管主

---

① 日本产业经济学家植草益对经济性规制和社会性规制进行了定义，被学界广泛使用。刘鹏认为，"Regulation"有四种译法：监管、管制、规制和规管，其所表达的感情色彩和价值倾向虽有差异，但基本内涵一致。据此，本章对经济性监管和社会性监管的定义，采用学界普遍做法，延续使用植草益对经济性规制和社会性规制的定义。参见刘鹏《中国监管型政府建设：一个分析框架》，《公共行政评论》2011 年第 2 期。

② 刘鹏：《混合型监管：政策工具视野下的中国药品安全监管》，《公共管理学报》2007 年第 1 期。

③ 胡颖廉：《"中国式"市场监管：逻辑起点、理论观点和研究重点》，《行政管理改革》2019 年第 5 期。

体、监管对象、监管过程三个要素，界定了新中国成立至今食品安全监管体制的变化历程，归纳总结了不同历史阶段的具体特征与体制利弊，重点分析了现阶段我国食品安全监管绩效及其制约因素。刘鹏认为，监管权力过于分散、监管独立性不足、监管方式单一、监管基础设施建设薄弱，成为制约中国食品安全监管绩效的四大结构性因素。① 胡颖廉聚焦食品安全监管执法力度的影响因素，通过理论假设与实证检验，得出结论：食品安全监管执法力度主要受地方政府和消费者等主体安全监管信号的影响。②

对于药品安全领域，刘鹏通过对药品监管进行个案研究，从"建章立制、设立标准、建立奖惩机制、优化执行系统"四个政策工具的角度，对当代中国药品安全监管过程进行了分析。③ 胡敏等通过对改革开放以来我国药品监管体系进行阶段性分析，总结提出了我国药品监管体系改革经验：第一，应当以经济社会发展要求为监管依据；第二，应当稳步推进药品监管法制化建设；第三，垂直管理体制和全过程监管模式可以大幅提升药品监管效率。④

在生态环境领域，陈建鹏等从"十三五"时期污染物排放趋势和国家制度建设等角度，构建了包括监管立法、监管组织体系、监管权力配置、监管工具与程序、问责机制、监管能力等要素在内的环境监管体制分析框架，提出了"十三五"时期环境监管体制改革的思路和若干建议。具体包括：完善横向、纵向组织体系，强化区域层级监管和督查职能，做实监管程序中的关键环节，提高各级环境监管机构的履职能力。⑤

2. 安全生产政府监管框架

在安全生产领域，企业是安全生产的主体，是直接责任的承担者。政府虽然不是直接责任主体，却承担着重要的监管责任。安全生产监管作为一种特殊的管理活动，必然具备管理的基本要素，如主体、规范、保障、

① 刘鹏：《中国食品安全监管——基于体制变迁与绩效评估的实证研究》，《公共管理学报》2010 年第 4 期。

② 胡颖廉：《食品安全监管的框架分析与细节观察》，《改革》2011 年第 10 期。

③ 刘鹏：《混合型监管：政策工具视野下的中国药品安全监管》，《公共管理学报》2007 年第 1 期。

④ 胡敏、陈文、蒋虹丽、乔楠：《我国药品监管体系发展和改革历程》，《中国卫生经济》2009 年第 8 期。

⑤ 陈健鹏、高世楫、李佐军：《"十三五"时期中国环境监管体制改革的形势、目标与若干建议》，《中国人口·资源与环境》2016 年第 11 期。

过程等。因此，可以借鉴钟开斌在构建我国应急管理体系基本框架时采用的管理要素分析法。① 与此同时，安全生产监管属于社会性监管范畴，故而可以吸收食品、药品、环境等社会性监管研究成果。基于此，本章从监管主体、监管规范、监管保障、监管过程四个基本要素出发，构建我国安全生产政府监管框架（见图2-1），回答安全生产领域"谁来监管""依据什么来监管""利用什么来监管""监管什么"的问题。

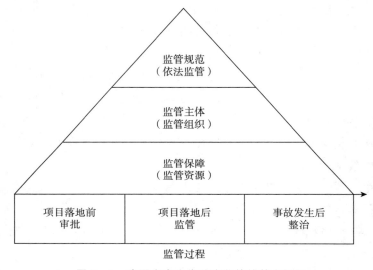

图 2-1　我国安全生产政府监管的基本框架

监管主体是指承担监管职能的人或组织，涉及"谁来监管"的问题。我国2014年修订的《安全生产法》第九条规定："国务院安全生产监督管理部门依照本法，对全国安全生产工作实施综合监督管理；县级以上地方各级人民政府安全生产监督管理部门依照本法，对本行政区域内安全生产工作实施综合监督管理。国务院有关部门依照本法和其他有关法律、行政法规的规定，在各自的职责范围内对有关行业、领域的安全生产工作实施监督管理；县级以上地方各级人民政府有关部门依照本法和其他有关法律、法规的规定，在各自的职责范围内对有关行业、领域的安全生产工作

---

① 钟开斌从管理的基本要素出发，基于管理客体（突发事件属性）、主体（应急管理组织）、目标（应急管理价值）、规范（应急管理制度）、保障（应急管理资源）、方法（应急管理技术）、环境（应急管理文化）七个要素，构建了我国应急管理体系的基本框架。参见钟开斌《国家应急管理体系：框架构建、演进历程与完善策略》，《改革》2020年第6期。

实施监督管理。"据此,我国安全生产监管主体可以明确为县级以上应急管理部门和各行业主管部门,在有关党委政府的领导下,分别履行综合监管和行业监管职责。安全生产要处理好综合监管和行业监管的关系,形成监管合力,提高监管效能。

监管规范是指监管主体开展监管活动所遵守的行为准则和基本依据,涉及"依据什么来监管"的问题。2016年12月18日印发的《中共中央国务院关于推进安全生产领域改革发展的意见》,将"坚持依法监管"列为我国安全生产领域改革发展五个基本原则之一。该文件指出:"大力弘扬社会主义法治精神,运用法治思维和法治方式,深化安全生产监管执法体制改革,完善安全生产法律法规和标准体系,严格规范公正文明执法,增强监管执法效能,提高安全生产法治化水平。"① "依法监管"意味着监管主体必须严格依照法律法规及相关规定履行监管职责,既不能因为组织内部压力或企业利益输送而不监管,也不得逾越法律规范,以不合法、不合理的方式进行监管,干扰企业正常生产经营。

监管保障是指监管主体在开展监管活动时必须利用的各种资源和工具,包括人力、物力和技术手段等,涉及"利用什么来监管"的问题。合理配置和高效使用监管资源,是完成监管任务、实现监管目的的基本保障。面对现实监管需求,合理配备专业监管人才,强化科技支撑,综合运用传统手段与电子标签、大数据、人工智能等新兴技术,才能有效缓解监管"供需"冲突。

监管过程是指监管主体基于一定的监管保障能力,遵循特定的监管规范,开展监管活动的主要环节,涉及"监管什么"的问题。在安全生产领域,根据相关规定,监管主体必须对城乡规划布局、设计、建设和各行各业生产经营活动进行全过程安全监管。就危化品安全监管而言,监管主体必须对危化品建设项目的立项、规划、设计、施工及生产、储存、销售、运输、废弃处置等环节进行全过程监管,确保监管无空白。② 全过程监管要求监管主体认真做好项目审批和日常监管工作,不能过度依赖事故发生后的突击修补。

---

① 《中共中央 国务院关于推进安全生产领域改革发展的意见》,《人民日报》2016年12月19日。
② 《中共中央 国务院关于推进安全生产领域改革发展的意见》,《人民日报》2016年12月19日。

综上所述，我国政府监管体系是以县级以上应急管理部门和各行业主管部门为主体，以法律法规为依据，以新旧手段、执法队伍为保障，对城乡发展和企业生产进行全过程监管的体系。

（三）我国安全生产政府监管存在的问题

近年来，中央高度重视安全生产工作，全国安全生产形势有了很大好转。不过，全国安全生产形势仍很严峻，重特大生产安全事故仍时有发生。近年来，我国先后发生了吉林省长春市宝源丰禽业有限公司"6·3"特别重大火灾爆炸事故、山东省青岛市"11·22"中石化东黄输油管道泄漏爆炸特别重大事故、江苏省苏州昆山市中荣金属制品有限公司"8·2"特别重大爆炸事故、天津港"8·12"瑞海公司危险品仓库特别重大火灾爆炸事故、广东深圳光明新区渣土受纳场"12·20"特别重大滑坡事故、江西丰城发电厂"11·24"冷却塔施工平台坍塌特别重大事故、响水"3·21"事故等特别重大生产安全责任事故。企业频频铤而走险，违法违规经营暴露的一个突出问题是地方政府安全监管失效。本节将梳理分析近年来发生的特别重大生产安全责任事故，总结提出我国安全生产政府监管体系存在的突出问题。

1. 监管主体：齐抓共管格局尚未完全形成

（1）纵向激励不足，监管主体消极执行甚至不执行监管职能。改革开放后，地方政府成为监管职能的主要承担者。[1]"属地管理"是我国安全生产监管的重要原则，强调地方政府和有关部门必须严格落实监管责任，企业必须严格服从地方管理，体现了我国安全生产监管体系纵向分权的特征。

在分权结构下，基于"委托－代理"理论，上级政府面临信息弱势等问题，作为代理方的下级政府具备了履行安全监管职能的自主性。[2] 也就是说，下级政府在一定程度上可以自主决定是否监管、如何监管等问题，且很难被上级政府有效监督。因此，在区域经济发展目标与安全监管产生冲突时，基于地方发展型政府的行为逻辑，出于对发展经济和增加就业的考虑，为保护地方"经济命脉"，下级政府可能对高风险问题企业采取姑

---

[1] 郁建兴、朱兴怡、高翔：《政府职能转变与市场监管治理体系构建的共同演进逻辑——基于疫苗监管治理体系及应对危机事件的案例研究》，《管理世界》2020年第2期。

[2] 郁建兴、朱兴怡、高翔：《政府职能转变与市场监管治理体系构建的共同演进逻辑——基于疫苗监管治理体系及应对危机事件的案例研究》，《管理世界》2020年第2期。

息政策和"睁一只眼闭一只眼"的暧昧态度。[①] 若缺乏来自上级政府强有力的纵向激励,则容易引发下级政府的机会主义行为——在信息不对称的情况下,人们不完全披露所有信息及从事的损人利己行为。具体从管理活动方面来看,机会主义行为会降低管理绩效,使管理目标难以达成。下级政府消极履行甚至不履行安全生产领导责任,进而引发相关监管部门消极履行甚至不履行监管职责,由层层把关变成层层失守,使安全生产责任制流于形式。

在《地方党政领导干部安全生产责任制规定》出台之前,在有的地方党政班子中,长期是排位最后的领导分管安全生产,导致安全生产组织保障和领导支撑不到位。[②] 部分地方政府甚至没有将安全生产纳入党政领导干部年度业绩考核评价体系,使下级政府和有关部门缺乏做好安全生产工作的激励,对安全生产工作不研究、不重视、不投入。

(2)横向协调不够,相关监管主体监管脱节。我国实行多部门监管,这种多部门监管源于计划经济体制下的行业主管部门体制。[③] 就危化品监管而言,我国危化品监管涉及生产、储存、使用、经营、运输等环节,各环节都有相应的行业主管部门,根据"管行业必须管安全、管业务必须管安全、管生产经营必须管安全""谁主管谁负责"的原则,各环节对应的行业主管部门必须承担相应的安全监管责任。

多部门监管可以充分发挥各部门的专业优势,还可以有效避免监管权力过度集中在一个部门、而唯一的监管部门被企业俘获带来的问题。[④] 各监管部门也更有动力去揭发其他监管部门的失职行为,从而在一定程度上降低对监管部门的监督成本。[⑤] 多部门监管要求相关部门加强信息、资源、

① 刘亚平:《中国式"监管国家"的问题与反思:以食品安全为例》,《政治学研究》2011年第2期。

② 丁怡婷:《压实领导责任 确保安全生产——应急管理部有关负责人就〈地方党政领导干部安全生产责任制规定〉答记者问》,《人民日报》2018年4月19日。

③ 刘鹏:《中国食品安全监管——基于体制变迁与绩效评估的实证研究》,《公共管理学报》2010年第4期。

④ "监管俘获"(Regulatory Capture)是指监管者的监管目标是被监管企业利益最大化。"监管俘获理论"由斯蒂格勒(George J. Stigler)在1971年发表的《经济监管理论》一文中提出。参见 George J. Stigler. "The Theory of Economic Regulation", *The Bell Journal of Economics and Management Science*, Vol. 2, No. 1, 1971, pp. 3–21。

⑤ 刘亚平:《中国式"监管国家"的问题与反思:以食品安全为例》,《政治学研究》2011年第2期。

监管标准等方面的共享程度，增强统筹协调，攥指成拳，形成监管合力。

然而，在实际工作中，多部门监管容易导致相关监管部门有利益时争抢、有责任时推诿，甚至造成行业监管与属地监管脱节，综合监管与行业监管脱节，前期审批与中后期监管脱节，产生"都管都不管"的问题。比如，山东青岛"11·22"事故的发生，就暴露了行业监管与属地监管脱节导致的问题。该事故涉事企业为中石化集团公司及下属企业，事故在一定程度上反映了中石化集团公司和山东省、青岛市人民政府及有关部门在监管方面的冲突。中央企业不管在什么地方，都必须接受地方的属地监管，地方政府必须严格落实属地管理责任。①

2. 监管规范：依法监管面临多方挑战

（1）党政领导违规干预，监管独立性受到削弱。安全生产在很长一段时间里都属于"说起来重要，干起来往后靠"的事务，地方政府基于地方经济利益、就业等考虑，往往对监管部门施加压力，致使监管独立性受到挑战。一方面，监管部门必须以相关法律法规为依据，依法履行监管职能；另一方面，监管部门在组织管理上要服从上级安排。当上级意志和法律要求发生冲突时，部分监管部门尤其是负责人会从"乌纱帽"的角度出发，服从上级意志，而不严格依据法律授权来制定和执行监管政策，使监管职责的履行受到削弱，出现监管部门"想管不敢管"的现象。② 例如，江西丰城"11·24"事故就暴露了监管独立性受损造成监管失效的问题。丰城市政府在丰城鼎力建材公司不具备规定条件的情况下，违规干预、越权同意丰城市工业和信息化委员会批复设立丰城鼎力建材公司搅拌站。③丰城市工信委法治意识不强，缺乏责任担当，盲目服从上级意志，没有依照法律法规把牢市场准入关。

（2）政企不分，监管无法发挥应有作用。一方面，存在经营主体违规代行监管职能现象。天津港"8·12"事故就体现了这一现象。该次事故的调查报告中指出："天津市交通运输委员会、天津市建设管理委员会、

---

① 《山东省青岛市"11·22"中石化东黄输油管道泄漏爆炸特别重大事故调查报告》，应急管理部网站，https：//www. mem. gov. cn/gk/sgcc/tbzdsgdcbg/2013/201401/t20140110_245228. shtml，最后访问日期：2020 年 12 月 20 日。

② 茅铭晨：《政府管制理论研究综述》，《管理世界》2007 年第 2 期。

③ 《江西丰城发电厂"11·24"冷却塔施工平台坍塌特别重大事故》，应急管理部网站，https：//www. mem. gov. cn/gk/sgcc/tbzdsgdcbg/2017/201709/P020190415546100001991. pdf，最后访问日期：2020 年 12 月 20 日。

滨海新区规划和国土资源管理局违法将多项行政职能委托天津港集团公司行使，造成交通运输部、天津市政府以及天津港集团公司对港区管理职责交叉、责任不明，天津港集团公司政企不分，安全监管工作同企业经营形成内在关系，难以发挥应有的监管作用。"① 另一方面，监管部门违规接受企业利益输送，与企业合谋，损害监管的独立性。监管部门本应利用好审批这一政府监管的重要手段，审核市场主体资质，将不符合安全生产要求的企业挡在门外，将风险管在源头。然而，一些监管部门因收受贿赂等，不但没有做到将风险管在源头，反而为申请人"修改作业"，直至符合要求后发证。②

3. 监管保障：基础保障不够扎实致使监管乏力

（1）安全监管"供需"矛盾突出。化工行业是我国安全生产监管的重点行业。我国化工行业经过多年高速发展，产业规模已居世界第一。城市规模的快速扩大也使"化工围城"变成了"城围化工"，危化品企业与居民区毗邻交错，城市安全风险不断增加，政府监管压力与日俱增。然而，基层监管执法人员紧缺，专业知识不足，"有心无力"的现象较为普遍。③

2015 年印发的《国务院办公厅关于加强安全生产监管执法的通知》（国办发〔2015〕20 号）指出，在 3 年内实现专业监管人员配比不低于在职人员的 75%。2019 年国务院安委会考核巡查组发现，许多地方未能贯彻落实这一规定，尤其是在危化品安全监管方面，很多市县专业力量占比仅为 20% 左右，远低于 75% 的要求。④ 以广西为例，据统计，广西全区危化品监管专业人员占比仅为 13%，甚至比平均水平还低。与此同时，广西工业不强，但煤矿、非煤矿山、烟花爆竹、危险化学品、石油天然气开采等高危行业样样都有。当前是广西加快发展的关键阶段，新产业、新业态、新领域大量涌现，高铁、地铁、机场、大型城市综合体、北部湾石化基地

---

① 《天津港 "8·12" 瑞海公司危险品仓库特别重大火灾爆炸事故调查报告》，应急管理部网站，https://www.mem.gov.cn/gk/sgcc/tbzdsgdcbg/2016/201602/P020190415543917598002.pdf，最后访问日期：2020 年 12 月 20 日。

② 胡颖廉：《"中国式"市场监管：逻辑起点、理论观点和研究重点》，《行政管理改革》2019 年第 5 期。

③ 刘志强：《探索引导中介组织等"第三方"参与安全生产监管，让监管"有心"也"有力"——浙江花钱"购买"安全》，《人民日报》2015 年 6 月 29 日。

④ 丁怡婷：《摆问题、促整改，国务院安委会考核巡查查出近两千条问题——压紧压实安全责任》，《人民日报》2019 年 5 月 29 日。

的建设，给安全生产带来了新的挑战。风险治理、隐患排查是专业性很强的工作，广西现有的监管力量无法满足现实需要。① 浙江也面临同样的困境。以宁波镇海区安监局为例，在新一轮应急管理体制改革之前的很长一段时间内，镇海区安监局在编人员仅为 23 人，执法大队实际人数为 7 人，但要面对 2 万多家注册企业，其中高危企业有 1500 多家，隐患涉及面广，专业性也强，监管力量无法有效应对现实压力。② 就隐患排查而言，除排查出的问题整改不到位以外，很多时候连问题都排查不出来，而这和专业人士缺乏、专业知识欠缺有关。③

（2）监管手段滞后。市场监管的手段是多种多样的，包括法律手段、经济手段和行政手段等。其中，法律手段是通过制定法律和法规来实现，具有约束力强的特点。经济手段是通过运用利率政策、公开市场业务、税收政策等，对市场进行干预。这种手段相对比较灵活，但调节过程可能较慢，存在时滞。行政手段是指通过制定计划、政策等，对市场进行行政性干预。这种手段比较直接，但运用不当有可能违背市场规律，无法发挥作用甚至起到反作用。现代科技的发展，互联网、大数据、人工智能等技术手段的充分运用，让创新市场监管方式、提升市场监管效能、开创市场监管工作新局面成为可能。

目前，我国安全生产监管仍以传统手段为主，主要靠监管执法人员进行现场巡查、蹲守，缺乏运用大数据智能化监控企业违法行为的手段，导致监管效率低下。就化工行业而言，我国安全管理理念和技术水平还停留在初级阶段，危化品生产经营信息化监管尤其滞后，无法适应行业快速发展的需要，这是导致近年来化工行业事故频繁发生的重要原因。

4. 监管过程：运动式监管难以推动长远安全发展

近年来发生的多起特别重大生产安全责任事故，也暴露出我国部分地区的运动式监管问题。运动式监管属于运动式治理的范畴。运动式治理指（暂时）打断、叫停政府常规运作机制，代以自上而下、政治动员的方式来调动资源、集中各方力量和注意力来完成某一特定任务。运动式治理一般分为以下环节："事件出现→有关部门高度重视→成立专项治理领导小

---

① 资料来源：课题组调研访谈。
② 刘志强：《探索引导中介组织等"第三方"参与安全生产监管，让监管"有心"也"有力"——浙江花钱"购买"安全》，《人民日报》2015 年 6 月 29 日。
③ 资料来源：课题组调研访谈。

组→召开动员部署会议（电视电话会议）→制订和出台行动方案→全面执行行动方案→检查反馈、总结评估（通报发文和召开电视电话会议）。"①

运动式监管也具备运动式治理的突出特点，呈现出非制度化、非常规化的特征。运动式监管可以在短期内迅速调动和集中资源，联合多个部门共同整治相关问题，"不仅效率高，而且声势浩大，具有极高的民众回应性，对监管人员而言，可以增加行政权力和资源、创造新的政绩、树立权威和声誉以及由集体承担责任"。② 不过，地方政府若长期忽视事故发生前的风险管控、隐患排查与日常监管，过度依赖事后"运动式、一阵风"的检查来突击修补，以应对中央要求和社会压力，则无法突破"一事一检查、一时的检查"的限制，只能缓解短期治理危机，无法推动长远安全发展。

其结果是，在事故发生之前，地方政府处于"最小化"状态，行政审批宽松软、风险管控不到位、隐患排除不彻底、监管执法不严格；事故刚发生后，地方政府则处于"最大化"状态，耗费大量资源去应对安全生产领域的某一问题。③ 这种运动式监管也容易因其短暂性而让生产经营主体产生投机心理，且在运动行将结束之时，往往草草收尾。等风头一过，一些违法违规生产经营行为又会死灰复燃，致使整治效果无法持续。④

二　专题分析："3·21"事故中的政府监管情况分析

（一）调查定性的情况

此次事故调查组认定："江苏响水天嘉宜化工有限公司'3·21'特别重大爆炸事故是一起长期违法贮存危险废物导致自燃进而引发爆炸的特别重大生产安全责任事故。"事故发生的原因，在于天嘉宜公司企业主体责任不落实、地方党政领导干部安全生产领导责任不落实、有关部门安全生产监管责任不落实，致使安全生产责任制形同虚设。天嘉宜公司长期违法

---

① 杨志军：《运动式治理悖论：常态治理的非常规化——基于网络"扫黄打非"运动分析》，《公共行政评论》2015 年第 2 期。
② 刘鹏：《运动式监管与监管型国家建设：基于对食品安全专项整治行动的案例研究》，《中国行政管理》2015 年第 12 期。
③ 〔美〕库兹涅茨：《现代经济增长》，戴睿、易诚译，北京经济学院出版社，1989，第 289 页。
④ 刘亚平：《中国式"监管国家"的问题与反思：以食品安全为例》，《政治学研究》2011 年第 2 期。

违规贮存、处置硝化废料，企业安全管理混乱，是事故发生的主要原因。江苏省、盐城市、响水县、响水县生态化工园区党政领导安全发展意识不牢，未能坚持正确的政绩观和业绩观，重速度、增长与效益，轻质量、安全与环保，甚至为追求一时一地的经济增长，逾越"发展决不能以牺牲人的生命为代价"的安全生产红线，导致安全生产"说起来重要，做起来次要，忙起来不要"。江苏省、盐城市、响水县的应急管理部门、生态环境部门、工业和信息化部门，以及响水县的市场监管部门、规划部门、住建部门等相关部门，没有认真履行审批和监管职责，致使重大事故隐患没有得到有效治理，进而酿成特别重大生产安全责任事故。

响水"3·21"事故集中暴露了有关地方党委政府和相关部门在安全监管方面存在的突出问题：纵向激励严重不足，监管主体消极执行甚至不执行监管职能；横向协调持续失衡，相关监管主体监管脱节；依法监管意识薄弱，监管主体盲目服从地方党政领导个人意志；监管队伍和手段等基础保障不扎实，造成监管乏力；监管过程缺失，过度依赖事故发生后的运动式监管。

（二）响水"3·21"事故中的政府监管情况

1. 纵向激励严重不足，监管主体消极执行甚至不执行监管职能

上级政府对下级政府具有绩效考核、政治任命的决定权。下级政府要想获得政治升迁，就必须把行动目标集中在上级政府的考核标准上，以上级政府重视的事项为抓手展开绩效竞争。因此，上级政府的高度重视对解决辖区内某类问题至关重要，上级政府通过制定科学合理的政策目标和考核方案，可以对下级政府实现纵向控制，确保下级政府将有限的资源和注意力集中到上级政府的政策目标上，保证政策目标得以贯彻，规避地方机会主义行为，推动问题有效解决。[①]

江苏省、盐城市、响水县的党政领导盲目追求经济增长，面对"GDP诱惑"，红线失守，底线不保，对安全生产不重视，未认真制定并严格实施安全生产相关巡查督查、考核考察、激励惩戒等纵向激励措施。此次事故调查报告中指出：其一，江苏省委、省政府在 2018 年对各市党委政府和

---

① 庞明礼：《领导高度重视：一种科层运作的注意力分配方式》，《中国行政管理》2019 年第 4 期。

部门工作进行业绩综合考核时，没有设置安全生产工作指标和考核权重。其二，盐城市委领导班子在 2018 年度的述职报告中未提及安全生产，除分管安全生产的市领导外，市委书记、市长和其他班子成员对安全生产工作只字未提。盐城市在 2018 年度的党政综合考核中，没有设置安全生产工作权重。其三，响水县没有建立安全生产巡查工作制度，没有认真落实安全生产考核制度。

因缺乏考核、述职、巡查等纵向激励措施，安全生产压力未能层层传导，导致相关党政领导消极履行安全生产领导责任，多个监管部门消极履行甚至不履行相应监管职责。对此，此次事故调查报告中还指出：

（1）江苏省工业和信息化厅未认真吸取昆山"8·2"和天津港"8·12"等特别重大事故的教训，未采取有效措施督促全省化工园区及化工企业进行转型升级和产业调整，导致安全技术工艺落后的产能未能及时淘汰，重大安全风险隐患在响水县化工园区不断聚集。江苏省原环保厅第四专员办在 2018 年 4 月发现天嘉宜公司存在硝化废料问题后，只是让响水县环保局查处，未及时跟踪督办，导致隐患未清除。

（2）盐城市委常委会没有按照规定每半年定期听取一次安全生产工作情况汇报，对重大安全生产事项研究指导不到位。盐城市生态环境局在中央媒体曝光环境污染问题，中央环保督察组、江苏省委第六巡视组反馈固体废物处理等方面的问题后，没有认真组织排查治理。盐城市生态环境局没有按照 2014～2017 年盐城市化工产业及园区转型升级专项行动要求，于 2017 年底前完成危险废物安全处置率达到 100% 的工作任务，致使重大事故隐患没有得到彻底治理。

（3）响水县委、县政府对安全生产工作不研究、不投入、不重视，县委常委会会议和县政府常务会议 2018 年全年都没有专题研究过安全生产工作，甚至违规将县级规划许可审批权下放给生态化工园区管委会，致使多个易燃易爆、高毒高危项目未批先建。响水县应急管理部门没有按照《江苏省危险化学品安全综合治理实施方案》等文件的要求建立危化品安全风险分布档案，对响水县危化品安全风险底数不清，督促企业排查消除安全风险力度不够。

2. 横向协调持续失衡，相关监管主体监管脱节

响水"3·21"事故暴露了横向监管部门之间，尤其是应急管理部门和生态环境部门之间的监管冲突。

2014 年，我国修订了《安全生产法》，对相关部门的安全生产监管职责作出了规定。其后，江苏省、盐城市、响水县先后出台了有关部门和单位安全生产工作职责规定，进一步明确了行政区域内相关部门的综合监管和行业监管职责。

依据《安全生产法》第九条、第三十八条及《响水县政府有关部门和单位安全生产工作职责规定》（响政发〔2017〕45 号）等，响水县应急管理部门作为安全生产综合监管部门，应当建立重大事故隐患治理督办制度，有效督促生产经营单位消除重大事故隐患。①《安全生产法》第三十六条专门就危险物品及危险废物监管作出明确规定："生产、经营、运输、储存、使用危险物品或者处置废弃危险物品的，由有关主管部门依照有关法律、法规的规定和国家标准或者行业标准审批并实施监督管理。"结合《安全生产法》第九条、第三十六条及《响水县政府有关部门和单位安全生产工作职责规定》等，响水县环保局必须在开展危险废物污染防治的过程中，同步履行安全生产工作职责。②

在响水"3·21"事故中，2014 年以来，响水县环保局对天嘉宜公司违法处置固体废物行为累计作出过 8 次行政处罚，然而次次都是以罚代改、一罚了之，没有对生态化工园区长期大量贮存危险废物，天嘉宜公司长期产生、违法大量贮存和处置硝化废料等严重违法行为一查到底。响水县环保局没有及时督促天嘉宜公司进行固体废物申报登记、危险废物鉴别，没有认真履行危险废物监管职责。

响水县应急管理部门已经发现了天嘉宜公司固废库长期贮存危险废物的问题，但既没有督促天嘉宜公司进行事故隐患排查治理，也没有及时向响水县环保局提出问题并推动解决，对本部门综合监管和隐患排查职责认识不到位，与响水县环保局统筹协调持续失衡，造成监管脱节，产生重大

---

① 《安全生产法》第九条规定："……县级以上地方各级人民政府安全生产监督管理部门依照本法，对本行政区域内安全生产工作实施综合监督管理。"《安全生产法》第三十八条规定："县级以上地方各级人民政府负有安全生产监督管理职责的部门应当建立健全重大事故隐患治理督办制度，督促生产经营单位消除重大事故隐患。"《响水县政府有关部门和单位安全生产工作职责规定》明确规定："县安监局监督检查重大危险源监控、事故隐患排查治理工作。"
② 《安全生产法》第九条规定："……县级以上地方各级人民政府有关部门依照本法和其他有关法律、法规的规定，在各自的职责范围内对有关行业、领域的安全生产工作实施监督管理。"《响水县政府有关部门和单位安全生产工作职责规定》明确规定："县环保局依法对废弃危险化学品等危险废物的收集、贮存、处置等进行监督管理。"

监管漏洞，最终酿成特别重大生产安全责任事故。

3. 盲目服从上级意志，依法监管原则失守

响水县党政领导重发展、轻安全，在响水化工园区停产整顿期间，推动天嘉宜公司等尽快复工复产的意志过于强烈。此次事故调查报告中指出，2018 年 4 月，响水县生态化工园区因环境污染问题被责令全面停产整治。2018 年 9 月，在只有响水县环保局组织专家验收，而其他部门都未审核的情况下，响水县就召开县政府常务会议决定对天嘉宜公司等 8 家企业进行复产验收，并组织多个部门在短时间内集中签署意见。

由于地方党政领导违规干预，响水县应急管理部门、环保部门、市场监管部门、规划部门等多个部门缺乏责任担当，法治意识不强，盲目服从上级意志，未依法依规履行监管职能，致使监管独立性、严肃性、监管质量受到严重影响，相关隐患未能及时消除，酿成特别重大生产安全责任事故。此次事故调查报告中指出：①响水县原安监局二分局于 2018 年 9 月 12 日组织专家对天嘉宜公司进行安全生产现场复查，共查处 89 项事故隐患，在部分风险隐患尚未治理完毕的情况下，9 月 13 日就在天嘉宜公司复产审查意见中签字同意复产。②响水县环保局"在明知天嘉宜公司焚烧炉违法投入使用、大量危险废物没有按要求处理到位的情况下，就在复产审查意见中签字，同意复产复工"。③响水县市场监督管理局曾"提出'建议压力管道检验合格后复产'，但在 400 米苯管道和 500 米导热油管道未提交检验报告的情况下，同意天嘉宜公司复产"。④响水县规划和城市管理局在天嘉宜公司复产验收中，"向县政府报告了天嘉宜公司用地不在城市总体规划中生态化工园区范围的情况，但在复产审查意见中签字'同意按规划执行'"。

4. 监管基础保障不够扎实，管不胜管

（1）监管人员紧缺。安全监管工作由监管执法人员具体执行，若监管执法人员不充足，专业素养不够高，将使监管"有心无力"。

截至事故调查报告公布之时，全国化工园区约有 800 家，江苏为化工大省，化工是重要支柱产业，现有化工园区达 54 家。江苏省的客观情况决定了安全风险面广、量大、线长、点多，安全生产任务重、安全监管压力大。涉事的天嘉宜公司所在的响水县生态化工园区，名为生态化工园，实为高毒高污染企业集中区。此次事故调查报告中指出，园区内共有企业 67 家，其中化工企业为 56 家，主要从事农药、染料、医药、橡塑助剂等精细

化工产品生产。涉及氯化、硝化等危险工艺的有 25 家，构成重大危险源的有 26 家。园区化工企业多、涉及面广、风险高、专业性强，安全监管现实压力大。

面对庞大的现实监管需求，江苏省的专业监管力量显得严重不足。此次事故调查报告中指出，在新一轮应急管理体制改革过程中，一些地区贯彻落实中央精神存在偏差，简单将安监部门牌子换为应急管理部门，只增职能不增编，使原本量少质弱的监管力量进一步削弱。截至事故调查报告公布之时，江苏省安全生产监管执法专业人员占比仅为 40.4%，远低于国家确定的 75% 的要求，监管"供需"矛盾十分突出，"防不胜防，管不胜管"问题严重。

（2）科技支撑薄弱。充分运用先进技术的现代化监管手段，可以大幅提升监管速度和水平，让监管更加及时准确、经济高效。面对庞大的监管任务，江苏省、盐城市、响水县没有建立起与监管任务相匹配的基础设施条件，科技支撑薄弱。此次事故调查报告中指出：①江苏省应急管理厅未按照相关要求，建立与企业隐患排查治理系统联网的信息平台。长期依赖传统监管手段，监管效率低下。江苏省工业和信息化厅未按照江苏省有关要求，督促指导市、县（区）级工信部门推进化工园区智能信息平台建设工作不力。②盐城市工业和信息化局对一体化平台试点工作推动不力。③响水县工业和信息化局"未按照江苏省和盐城市关于危险化学品安全综合治理有关要求，在 2018 年底前完成化工园区和涉及危险化学品重大风险功能区建立安全、环保、应急救援一体化管理平台的试点工作"。响水县工业和信息化局未按照响水县"两减六治三提升"① 专项行动要求，于 2017 年底前建成生态化工园区综合智慧管理平台，未能实现对辖区内化工企业的重点装备、人员、生产、仓储、车辆、物流的实时管控。

5. 事后运动式监管，治标不治本

响水"3·21"事故发生一个多月后，2019 年 4 月 27 日，江苏省委办

---

① "两减六治三提升"专项行动，简称"263"行动，于 2016 年 12 月由江苏省委、省政府部署启动，各市县陆续开展"263"行动。"两减"是指减少煤炭消费总量和减少落后化工产能；"六治"是指针对江苏省生态文明建设问题最突出、与群众生活联系最紧密、百姓反映最强烈的六个方面的问题，重点治理太湖水环境、生活垃圾、黑臭水体、畜禽养殖污染、挥发性有机物污染和环境隐患；"三提升"是指提升生态保护、环境经济政策调控、环境监管执法水平，为生态文明建设提供坚实保障。

公厅、省政府办公厅联合印发了《江苏省化工产业安全环保整治提升方案》（苏办〔2019〕96号），提出要深刻吸取响水"3·21"事故教训，推动化工产业转型升级和高质量发展，把化工园区打造成最严的"特别监管区"。2019年11月20日，在事故调查报告公布后不到一周，江苏在全省范围以电视电话会议的形式召开了响水"3·21"特别重大爆炸事故警示教育大会，剖析事故发生原因，吸取事故教训，江苏省应急管理厅、生态环境厅和盐城市的主要负责人作了表态发言。江苏省委主要负责人提出："通过'砸笼换鸟''腾笼换鸟''开笼引凤'，推动化工产业进行深层次结构调整，系统性重构现代化工产业体系。"省政府主要负责人表示："要科学谋划化工园区发展，制定负面清单，强化流通领域监管，严守安全环保底线；要压实各方责任，抓好责任体系建设。"① 警示教育大会结束后，江苏省于2019年11月20～22日举办了响水"3·21"事故警示教育研讨班。

响水"3·21"事故发生后，江苏全省上下安全监管力度空前。与之形成鲜明对比的是，事故发生前江苏省、盐城市、响水县人民政府及有关部门前期审批和日常监管极其宽松，呈现出"前松后紧"的运动式监管特征。

（1）前期审批宽松软。我国行政审批制度始于改革开放最初阶段。之所以要建立这项制度，是为了维护市场秩序，并促使政府提供公平、有效和高质量的公共服务。② 在安全生产领域，严格前期审批可以将高风险企业管在源头。

此次事故调查报告中指出，响水县生态化工园区规划建设局在2010～2017年，为天嘉宜公司6批项目补办规划许可证，且未经响水县规划和城市管理局审批，响水县规划和城市管理局对该严重违法行为未予以查处。响水县住建局在2010～2017年，先后为天嘉宜公司补办了这6批工程的7次施工许可手续，均在开工建设后补办，且未对企业进行处罚。因为多个审批部门未严格落实"谁许可，谁负责""谁发证，谁负责"的原则，在审批阶段宽松软，甚至纵容包庇天嘉宜公司未批先建等问题，致使不该落

---

① 《江苏召开警示教育大会吸取响水"3·21"特别重大爆炸事故教训》，新华网，http：//www.xinhuanet.com/2019-11/20/c_1125255437.htm，最后访问日期：2020年12月20日。
② 朱旭峰、张友浪：《创新与扩散：新型行政审批制度在中国城市的兴起》，《管理世界》2015年第10期。

地的项目违规落地，违法审批后"一批了之"，没有充分认识到"审批前要严格审查、审批中要严格把关、审批后要强化监管"的重要性。

（2）制度空白未填补。安全管理工作的效能来源于科学完备的制度保障，做好安全管理工作的关键在于建章立制。建章立制是影响相关行为主体政策预期的重要基础。制度建立后，虽不能自动实现安全发展，但能为相关行为主体提供一定的政策预期，从而合理设定并调整自身行为。[1] 通过增加制度认同，强化制度刚性，能够提高管理的制度化、规范化、程序化水平。制定制度是基础，执行制度是关键。[2]

此次事故调查报告中指出，江苏省应急管理部门没有督促建立企业安全风险管控和隐患治理的过程评价机制，没有积极推进安全生产诚信体系建设，没有建立完善的安全生产不良企业"黑名单"制度，没有采取失信惩戒和守信奖励等措施有效督促天嘉宜公司落实企业主体责任。江苏省工业和信息化厅对化工园区入园项目的评估审查以及产业政策的严格执行等缺乏指导和针对性措施，未对化工园区和化工企业的规范化管理提出明确要求，致使高毒、高污染项目在响水县化工园区先后落地。

（3）日常监管不到位。盐城市应急管理部门没有认真履行《安全生产法》第五十九条的规定，未能认真制定盐城市安全生产年度监督检查计划，在2016～2018年连续三年未将构成重大一级危险源的天嘉宜公司纳入年度执法检查范围，产生重大的监管执法漏洞。[3] 响水县应急管理部门对天嘉宜公司总经理张某长达11个月未取得安全生产知识和管理能力考核合格证、仪表特种作业人员无证上岗等问题失察，客观上纵容了天嘉宜公司雇用不符合要求的人员从事高危职业的行为，致使天嘉宜公司长期处于安全管理混乱甚至安全"失控"状态。

响水县环保局在2014年9月将查处的固体废物，委托给一家由天嘉宜

---

① 刘鹏：《混合型监管：政策工具视野下的中国药品安全监管》，《公共管理学报》2007年第1期。

② 钟开斌主编《公共场所人群聚集安全管理——外滩拥挤踩踏事件案例研究》，社会科学文献出版社，2015，第107页。

③ 《安全生产法》第五十九条规定："县级以上地方各级政府应当根据本行政区域内的安全生产状况，组织有关部门按照职责分工，对本行政区域内容易发生重大生产安全事故的生产经营单位进行严格检查。安全生产监督管理部门应当按照分类分级监督管理的要求，制定安全生产年度监督检查计划，并按照年度监督检查计划进行监督检查，发现事故隐患，应当及时处理。"

公司付费的机构进行检测鉴定，没有对其危险特性进行全面检测，检测项目有严重漏项，为事故埋下了重大隐患。2018 年 4 月，响水县环保局在接到江苏省原环保厅第四专员办交办的天嘉宜公司硝化废料问题后，没有进行检测鉴定，仅以"存储危险废物未采取符合国家环保标准的防护措施"对企业罚款 3 万元结案，致使隐患未能得到及时处置。

三 基本结论与政策建议

（一）基本结论

1. 现阶段落实地方党政领导责任和部门监管责任意义重大

安全生产根源在企业。企业是安全生产的责任主体，是内因和决定性因素。在每起事故的背后，往往都有企业主体责任的悬空，中央企业、地方国企、民营企业、中外合资企业概不例外。例如，青岛"11·22"事故涉事企业中国石油化工集团公司为国有企业，昆山"8·2"事故涉事企业中荣公司为台商独资企业，天津港"8·12"事故涉事企业瑞海公司为民营企业，等等。从江苏省的事故统计分析来看，90% 以上的事故是企业主体责任落实不到位造成的。① 响水"3·21"事故充分暴露出涉事企业天嘉宜公司严重违法违规、无法无规、我行我素，最终酿成特别重大生产安全责任事故，给人民群众生命财产造成了重大损失。

各类企业不分内外资、不分所有制、不分中央地方、不分规模大小，都可能产生"逐利性"，单靠企业自觉主动加强安全管理并不现实。地方政府虽然不是直接责任主体，但管和不管不一样，重视和不重视不一样。因此，现阶段必须强化党政领导责任、部门监管责任，强力推动企业依法履行安全生产主体责任，才能把安全生产责任制和安全生产工作任务措施落到实处，实现安全发展。

2. 响水"3·21"事故充分暴露了地方政府监管存在的诸多问题

响水"3·21"事故集中暴露了有关地方党委政府和相关部门在监管方面存在的"担当不足、不敢管""动力不足、不想管""认识不足、没管好""能力不足、管不胜管"的问题（见图 2-2）。这些问题导致了风险隐患长期未能排查治理，最终酿成特别重大生产安全责任事故。在事故发生后，面临政治压力和舆论压力，江苏在全省范围内开展了力度空前的

---

① 资料来源：课题组调研访谈。

安全监管工作。

"担当不足、不敢管"突出表现在：地方党政领导重发展、轻安全，致使天嘉宜公司多个项目违法违规落地。在天嘉宜公司进行停产整顿时，响水县政府领导急于复产复工，违规干预复产验收。当上级个人意志和法律要求发生冲突时，多个监管部门盲目服从上级个人意志，未能做到依法监管。

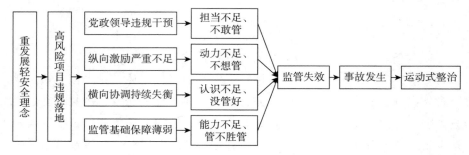

图 2 - 2　响水的运动式监管路线

"动力不足、不想管"突出表现在：江苏省、盐城市、响水县的党政领导没有完善巡查督查、考核考察、激励惩戒等纵向激励措施，未能层层传导安全生产压力，致使监管部门消极履行或者不履行监管职责，从层层把关变成层层失守。

"认识不足、没管好"突出表现在：多部门监管增加了统筹协调压力，应急管理部门和生态环境部门统筹协调持续失衡，工作衔接长期不紧，造成监管脱节。

"能力不足、管不胜管"突出表现在：江苏为化工大省，响水县化工园区为事实上的高毒、高污染企业集中区，然而基层监管执法人员数量不够、专业知识不足，又缺乏现代化科技支撑，过度依赖传统监管手段。在面临庞大的监管需求时，监管乏力，防不胜防，管不胜管，监管"供需"矛盾十分突出。

（二）政策建议

1. 强化纵向激励，让监管主体积极作为

2016 年 1 月 18 日，习近平总书记在省部级主要领导干部学习贯彻党的十八届五中全会精神专题研讨班上指出："一个突出问题是部分干部思想困惑增多、积极性不高，存在一定程度的'为官不为'。"他详细分析

道："综合各方面反映，当前'为官不为'主要有 3 种情况：一是能力不足而'不能为'，二是动力不足而'不想为'，三是担当不足而'不敢为'。"① 响水"3·21"事故充分暴露了在考核奖惩等纵向激励严重不足的情况下，地方党政领导和监管部门动力不足而"不想为"的问题。

针对这种情况，要建立健全纵向激励机制，使监管主体积极作为，主动履职。一方面，地方政府必须严格落实《地方党政领导干部安全生产责任制规定》，建立生产安全绩效与履职评定、职务晋升、奖惩查处挂钩的制度，在严格落实特别重大生产安全责任事故"一票否决"的基础上，加大重大事故、较大事故在年度考核中的权重，强化激励，提升动力，压实领导责任，让地方党政领导干部对安全生产不敢忽视、不敢懈怠、不敢大意。另一方面，要努力探索尽职免责，勿让安全生产工作成为"烫手山芋"。对职责范围内发生生产安全事故，经查实地方党政领导干部已经全面履行法律法规及《地方党政领导干部安全生产责任制规定》有关职责，并全面落实党政部署的，应该不追究其责任。

2. 加强横向协调，严防监管脱节

习近平总书记强调："对可能发生的各种风险，各级党委和政府要增强责任感和自觉性，把自己职责范围内的风险防控好，不能把防风险的责任都推给上面，也不能把防风险的责任都留给后面，更不能在工作中不负责任地制造风险。"② 响水"3·21"事故充分暴露出应急管理部门和生态环境部门等不同部门之间在监管交叉点和接合部，存在职责认识不清、统筹协调不够、工作衔接不紧的问题。

建议建立健全横向跨部门跨区域协调机制，严防监管脱节。要进一步强化应急管理部门兜底职责，明确其他行业部门监管职责，从顶层设计上消除盲区空白和重叠架构。建立健全应急管理部门和行业部门监管协作和联合执法工作机制，整合贯通部门之间的数据采集、管理、应用和安全工作，强化数据共享和协同应用，切实改变"九龙治水、各管一块；资源分散、各管一摊"的监管现状，形成监管合力，提升监管效能。2018 年 3 月以来，我国进行了应急管理体制改革，县级以上应急管理部门组建不久，职能调整和部门磨合时间不长。在应急管理体制改革过渡期，尤其是在危

---

① 习近平：《在省部级主要领导干部学习贯彻党的十八届五中全会精神专题研讨班上的讲话》，人民出版社，2016，第 41 页。
② 《习近平谈治国理政》第 2 卷，外文出版社，2017，第 82 页。

化品和危险废物监管方面，应急管理部门要主动靠上去"统"，要做到应急管理部门和行业部门各就各位、互相补位、宁可越位、不可缺位，坚决防止责任缺失、工作断档、人员伤亡。

3. 增强担当精神，坚持依法监管原则

党的十八大以来，习近平总书记多次强调领导干部要敢于担当。2013年6月28~29日，习近平总书记在全国组织工作会议上发表重要讲话时指出："敢于担当，党的干部必须坚持原则、认真负责，面对大是大非敢于亮剑，面对矛盾敢于迎难而上，面对危机敢于挺身而出，面对失误敢于承担责任，面对歪风邪气敢于坚决斗争。"① 习近平总书记在会议上还强调："说到底，无私才能无畏，无私才敢担当，心底无私天地宽。担当就是责任，好干部必须有责任重于泰山的意识，坚持党的原则第一、党的事业第一、人民利益第一，敢于旗帜鲜明，敢于较真碰硬，对工作任劳任怨、尽心竭力、善始善终、善作善成。'疾风识劲草，烈火见真金。'为了党和人民事业，我们的干部要敢想、敢做、敢当，做我们时代的劲草、真金。"②

党的干部必须增强责任意识和担当精神，要拧紧思想上的"总开关"，架起"依法监管"高压线，始终把人民群众生命安全放在首位。在地方党政领导个人意志与法律要求发生冲突，甚至地方党政领导违规干预相关审批、监管工作时，干部必须坚持从党的原则、党的事业和人民利益出发，不得盲目服从地方党政领导个人意志，要敢于依法依规监管，做新时代安全生产工作的劲草、真金。

4. 夯实基础保障，让安全监管有心也有力

一方面，着力解决监管部门执法人员紧缺、专业知识不足的问题。研究探索通过政府购买服务，引入和培育第三方专业安全监管力量等方式，实现从原来单一的"政府督促、企业整改"模式向"中介隐患排查、企业整改落实、政府监督管理"模式转变。通过加强第三方专业力量对企业安全管理工作的指导，让监管既是"检查"也是"辅导"。③

另一方面，强化科技支撑，推动安全生产监管从靠人"走"向靠数据"跑"转变。要综合利用电子标签、大数据、人工智能等新兴技术，对安

---

① 《习近平谈治国理政》，外文出版社，2014，第413页。
② 《习近平谈治国理政》，外文出版社，2014，第416页。
③ 刘志强：《探索引导中介组织等"第三方"参与安全生产监管，让监管"有心"也"有力"——浙江花钱"购买"安全》，《人民日报》2015年6月29日。

全风险隐患进行实时监测，实现早发现、早预警、早处置。目前，各地有一些好的经验和做法值得借鉴。例如，2018 年，上海市将全市 3739 栋高层建筑和 6491 家重点单位全部纳入智能消防感知系统，建立监测点位 683 万多个，实现火情 24 小时实时监测。[①] 湖北省宜昌市通过建立"信息化支撑、规范化运行、专业化保障，全过程可视"的"三化一全"安全监管机制，力争实现民爆物品"不丢失、不流失、不炸响"和涉爆死亡安全事故"零发生"。[②]

5. 关口前移，实施全过程安全监管

要切实改变"运动式、一阵风"的检查，"说教式、包办型"的管理，"假把式、拉空网"的落实等形式主义行为，严格前期审批，强化日常监管，推动事后运动式监管向全过程监管转变，实现发展与安全相结合、短期与长期相结合、治标与治本相结合。

要加强规划审批环节的安全监管。一方面，坚持"谁主管、谁负责""谁许可、谁负责""谁发证、谁负责"的原则，牢固树立"审批前要严格审查、审批中要严格把关、审批后要强化监管"的理念，对危化园区规划安排、企业入园、企业间安全距离、产品生产工艺等进行安全性约束考虑。要充分考虑人口、资源和环境承载能力，对园区公共安全基础设施、安全隐患排查整治等方面提出硬性要求，不能把"化工园区"变为"重大安全风险聚集区"。另一方面，严格落实化工投资项目联合审批制度，通过环评、安评、能评等联合审批，将不符合生态环保、安全生产、能源节约的项目管在源头。针对高危事项，要进一步明确并严格限定审批权限，不得违规下放高危事项审批权限。

要加大日常监管执法力度。相关监管部门要认真履行监管职责，不得纵容企业违法违规行为，不得对化工园区化工行业违法违规生产经营行为放松监管、大开"绿灯"、听之任之，要以更严格的失信联动惩戒机制，禁止有安全生产和环保违法违规行为、严重失信行为的投资主体及管理者再次进入化工行业。

---

① 丁怡婷：《摆问题、促整改，国务院安委会考核巡查查出近两千条问题——压紧压实安全责任》，《人民日报》2019 年 5 月 29 日。

② 倪弋：《做强"平安中国"的科技支撑》，《人民日报》2020 年 8 月 24 日。

第三章 企业安全生产主体责任

　　企业是生产经营建设活动的市场主体，承担安全生产主体责任，是保障安全生产的根本和关键所在。全面提升安全生产工作水平，必须紧扣企业这个责任主体，通过采取强化法治措施、加大失信约束力度、强化激励措施等措施，强化落实企业安全生产主体责任。分析近年来的事故可以发现，大部分事故的发生是企业安全生产主体责任不落实、企业领导不重视、安全管理薄弱等造成的。只有进一步强化企业安全生产主体责任，落实企业领导责任，从源头上把关，才能从根本上防止和减少生产安全事故的发生。企业主体责任落实严重不到位，恰恰是导致响水"3·21"事故发生的根本原因之一。究竟什么是企业主体责任，如何深刻吸取响水"3·21"事故暴露出的企业主体责任落实不到位问题的经验教训，实现企业运行的本质安全？这些问题值得深入反思和探讨。

一　企业安全生产主体责任的主要内容

（一）企业安全生产主体责任的提出及发展

1. 企业安全生产主体责任的相关规定

　　2004年1月9日印发的《国务院关于进一步加强安全生产工作的决定》（国发〔2004〕2号）中，第一次以权威形式提出了安全生产责任主体："强化管理，落实生产经营单位安全生产主体责任。""依法加强和改进生产经营单位安全管理。强化生产经营单位安全生产主体地位，进一步明确安全生产责任，全面落实安全保障的各项法律法规。"自此，企业安全生产主体责任的概念得以向全社会推广，得到广泛认知和共识。

　　2006年7月16日，《求是》杂志发表了原国家安全监管总局局长李毅中的文章《安全生产：提高认识　把握规律　理清思路　推动工作》。该文章从党对安全生产工作的指导原则、工作方针、领导作用等方面，以及法制基础、社会共治等角度，阐述和分析了安全生产工作的基本规律，指出政府是安全生产的监管主体，企业是安全生产的责任主体，安全生产工作必须建立、落实政府行政首长负责制和企业法定代表人负责制，这两个主体、两个负责制相辅相成，共同构成中国安全生产工作基本责任制度。[①]该文章深入梳理了政府的监管主体与企业的责任主体之间的关系，并对企业第一责任人的职责进行了阐述。

2010 年 7 月 19 日，《国务院关于进一步加强企业安全生产工作的通知》发布。该文件是在 2004 年《国务院关于进一步加强安全生产工作的决定》之后，国务院在安全生产工作方面的又一重大举措，进一步明确了下一阶段安全生产工作的总体要求和目标任务，提出了在新形势下加强安全生产工作的一系列政策措施。该文件在工作总体要求中明确："坚持依法依规生产经营，切实加强安全监管，强化企业安全生产主体责任落实和责任追究，促进我国安全生产形势实现根本好转。"

2014 年十二届全国人大会常委会第十次会议通过修订的《安全生产法》，第一次从基本法层面明确生产经营单位的主体责任："安全生产工作应当以人为本，坚持安全发展，坚持安全第一、预防为主、综合治理的方针，强化和落实生产经营单位的主体责任，建立生产经营单位负责、职工参与、政府监管、行业自律和社会监督的机制。"值得注意的是，2002 年发布的《安全生产法》以及 2009 年对其进行第一次修订的版本中，均未将企业主体责任这一表述在法条中明确，且法律表述对象主要为企业、从业人员和政府三个主体，这是由于我国当时生产安全事故多发，治理重点是遏制事故数量、降低伤亡人数；而 2014 年修订版不仅清晰表述了企业的主体责任，还进一步明确阐述了企业、职工、政府、行业和社会的各自职能。究其原因，在于经过多年探索，强化和落实生产经营单位主体责任是做好安全生产工作的根本，已经被我国安全生产工作的实践所证明，是法律制度与时俱进的必然结果，具有鲜明的时代气息。自此，企业主体责任具备了法律基础和保障，企业落实安全生产主体责任成为法律规定的责任和义务。

2015 年 3 月 16 日，国家安全监管总局印发《企业安全生产责任体系五落实五到位规定》（安监总办〔2015〕27 号）。该规定的主要内容，就

---

① 李毅中：《安全生产：提高认识　把握规律　理清思路　推动工作》，《求是》2006 年第 14 期，第 33~35 页。

是要求企业必须做到"五个落实、五个到位"：第一，必须落实"党政同责"要求，董事长、党组织书记、总经理对本企业安全生产工作共同承担领导责任；第二，必须落实安全生产"一岗双责"，所有领导班子成员对分管范围内安全生产工作承担相应职责；第三，必须落实安全生产组织领导机构，成立安全生产委员会，由董事长或总经理担任主任；第四，必须落实安全管理力量，依法设置安全生产管理机构，配齐配强注册安全工程师等专业安全管理人员；第五，必须落实安全生产报告制度，定期向董事会、业绩考核部门报告安全生产情况，并向社会公示；第六，必须做到安全责任到位、安全投入到位、安全培训到位、安全管理到位、应急救援到位。

2016 年 12 月 9 日印发的《中共中央　国务院关于推进安全生产领域改革发展的意见》指出，我国"安全生产基础薄弱、监管体制机制和法律制度不完善、企业主体责任落实不力等问题依然突出"。该文件将"严格落实企业主体责任"作为一条明确任务进行要求，提出"企业对本单位安全生产和职业健康工作负全面责任，要严格履行安全生产法定责任，建立健全自我约束、持续改进的内生机制。企业实行全员安全生产责任制度，法定代表人和实际控制人同为安全生产第一责任人，主要技术负责人负有安全生产技术决策和指挥权，强化部门安全生产职责，落实一岗双责"。"建立企业全过程安全生产和职业健康管理制度，做到安全责任、管理、投入、培训和应急救援'五到位'。"这是新中国成立以来第一个以党中央、国务院名义出台的安全生产工作的纲领性文件，是针对我国安全生产面临的传统问题以及新态势、新情况提出的具体解决方案，在我国安全生产领域具有重要的里程碑式意义，进一步确立了企业在安全生产工作中的主体责任地位。

此外，国务院、国务院安委会、应急管理部（原国家安全监管总局）等多次发布政策性文件，旨在加强安全生产工作、推动企业主体责任落实。企业主体责任这一概念经历了从无到有、从提出到精准、从概念到全面推行的发展历程，是随着我国经济社会逐步发展，安全生产监督管理工作的体制机制不断优化和完善，安全生产治理体系和治理能力逐步提升，解决人民日益增长的美好生活需要与发展不平衡不充分之间的矛盾而不断演化成熟的。

2. 习近平总书记的相关论述

党的十八大以来，以习近平同志为核心的党中央高度重视安全生产工作。习近平总书记就安全生产工作作出了一系列重要指示。

2013 年 11 月 24 日，习近平总书记在青岛考察黄岛经济开发区黄潍输油管线泄漏引发爆燃事故抢险工作时，就落实企业安全生产责任提出"五到位"的要求。他强调："所有企业都必须认真履行安全生产主体责任，做到安全投入到位、安全培训到位、基础管理到位、应急救援到位，确保安全生产。中央企业要带好头做表率。"①

2015 年 8 月 15 日，习近平总书记就天津港"8·12"火灾爆炸事故作出指示："要坚决落实安全生产责任制，真正做到党政同责、一岗双责、失职追责；要进一步健全预警应急机制，切实加大安全监管执法力度，有效化解各类安全生产风险，提升安全生产保障水平，促进安全生产形势实现根本好转。各生产单位要承担和落实安全生产主体责任，强化安全生产第一意识，加强安全生产基础能力建设，坚决遏制重特大事故发生。"②

2016 年 1 月，习近平总书记对加强安全生产工作作出指示强调："重特大突发事件，不论是自然灾害还是责任事故，其中都不同程度存在主体责任不落实、隐患排查治理不彻底、法规标准不健全、安全监管执法不严格、监管体制机制不完善、安全基础薄弱、应急救援能力不强等问题。""必须坚定不移保障安全发展，狠抓安全生产责任制落实。要强化'党政同责、一岗双责、失职追责'，坚持以人为本、以民为本"③

2020 年 4 月 10 日，习近平总书记在全国安全生产电视电话会议中再次强调："要加强安全生产监管，分区分类加强安全监管执法，强化企业主体责任落实，牢牢守住安全生产底线，切实维护人民群众生命财产安全。"④

（二）企业主体责任的内涵

1. 责任和主体的概念

安全生产，是指在生产经营活动中，为避免发生造成人员伤害和财产损失的事故，有效消除或控制危险和有害因素而采取的一系列措施，使生产过程在符合规定的条件下进行。

---

① 《习近平谈治国理政》，外文出版社，2014，第 196 页。
② 《习近平关于总体国家安全观论述摘编》，中央文献出版社，2018，第 145~146 页。
③ 《坚定不移保障安全发展 坚决遏制重特大事故频发势头》，《人民日报》2016 年 1 月 7 日。
④ 《树牢安全发展理念 加强安全生产监管 切实维护人民群众生命财产安全》，《人民日报》2020 年 4 月 11 日。

《现代汉语词典》对"责任"的解释包含两个层面的意思，一是分内应做的事，二是没做好分内事而应承担的过失。① 引申到安全生产责任，则可解读为，为做好安全生产工作，需要履行的职责、义务，以及由于没有履行应尽的职责、义务，所需要付出的代价或需要承担的后果。责任包括法律责任和道德责任两个方面的内涵。法律责任是依照法律、法规而需履行的职责或义务，因实施违法行为或拒不履行义务而应承担的法律后果，根据不同的性质、程度有刑事责任、民事责任和行政责任之分。例如，建筑施工、矿山开采等企业应依法取得安全生产许可证，无证经营就属于未履行相应的法律责任，会依法受到惩处。道德责任则是在法律法规的规定之外，应为过失及不良后果承担的道义上的责任。例如，企业为进一步做好安全生产工作，推动的法律强制责任以外的本质安全工艺优化、企业安全文化建设、员工心理素质建设、医疗救治和应急处置能力建设等工作。

主体是一个相对于客体的概念。主体指实践活动和认识活动的承担者；客体指主体实践活动和认识活动的对象，即同认识主体相对立的外部世界。主体的起源是一个哲学概念，随着时代的发展被赋予了法理的意义，即在享受权利的同时承担义务的自然人或法人。安全生产责任的法学主体可以是企业法人、企业主要负责人、企业员工或与企业存在雇佣关系的第三方，而与之对应的客体则是企业的安全状态。主体的行为变化可能导致客体的被动变化，如企业主体实施了不安全行为，客体安全状态则被打破，进而导致财产损失、环境污染甚至人员伤亡等后果。客体同样制约主体，即企业为保证安全状态的稳定，应维持行为的安全。

2. 企业的主体责任

企业承担安全生产的主体责任是客观要求所决定的，这包括法理、体制机制、风险控制、事故规律和经济规律等方面。②

从法理来讲，企业的权利和义务清晰明确。《安全生产法》第二条规定"强化和落实生产经营单位的主体责任"，明确了生产经营单位（企业）是安全生产的责任主体，企业享有安全生产的权利，其安全生产经营行为能够为企业带来利益，同时企业承担依法依规履行安全生产主体责任的义

---

① 《现代汉语词典（第七版）》，商务印书馆，2016，第 1637 页。
② 罗云等：《落实企业安全生产主体责任（第二版）》，煤炭工业出版社，2018，第 3~4 页。

务，而在未能履行主体责任义务而导致生产安全事故的情况下，企业承担事故的直接责任。

从体制机制来讲，我国安全生产总体运行机制实行的是生产经营单位负责、职工参与、政府监管、行业自律和社会监督的机制，这是对安全生产工作经验的总结，反映了安全生产工作的特点和规律。企业是生产经营活动的主体，因此企业的主体责任是安全生产工作的根本。职工是生产经营活动的直接参与者，对安全生产工作享有参与权、知情权、监督权和建议权，同时应积极配合安全生产工作需要，承担遵章守纪、按章操作等义务。职工的行为规范同时受企业的约束，是企业主体责任落实的支撑和延伸。政府、行业和社会从外部对企业安全生产行为进行约束，是企业落实主体责任的监督和补充。

从风险控制来讲，企业有直接管控和降低事故风险的义务，也应具备相应的能力。管控风险，需要企业落实安全责任、安全投入、安全培训、安全管理和应急救援等方面的相关工作，而这些工作必须也只能由企业来完成。只要企业重视安全生产工作，严格依法依规组织生产经营活动，风险就能够得到管控。企业需要追求经济效益，同时要对员工健康和生命安全、生态环境保护负责。为防止生产安全事故导致的经济损失、人员伤亡和环境破坏，企业也有义务管控风险。而企业对风险的成功管控就是企业落实安全生产主体责任的表现。

从事故规律来讲，事故的根源和事故的直接受害者都是企业。企业"人、机、物、法、环"的任一环节出现问题，即人员不安全行为、设备工艺故障失效、原料产品固有风险、安全管理欠缺、外部灾害影响五个方面的任一因素，均有可能导致事故发生，即使企业周边的外部灾害导致的企业事故，也是因为受企业选址缺陷及外部风险控制不足等主观原因影响。换句话讲，导致事故发生的五个因素的根源都在企业，控制事故风险、预防事故发生的责任也都在企业，事故导致的任何后果的直接承担者也是企业。

从经济规律来讲，安全生产工作是推动生产力进步的手段。从表面看，企业的目的是创造价值，而其承担的安全生产主体责任会在一定程度上制约生产力的发展。例如，企业要配备与创造价值"无关"的安全监管人员，要提高建构筑物防火、抗震等级，要使用更安全但更昂贵的生产设备装置和安全仪表，要合理规划防火间距"浪费"土地资源，要对新项目充分论证评估、实验试车而不能直接上马，诸多因素大大增加了企业的支出成本，降低了企业能够创造的价值，看似制约了生产力发展。而实质上，降低企业创造的价值、制约生产力发展的从来不是安全，而是不安全状态导致的事故。无论是可能日常发生的人员轻微伤害、设备跑冒滴漏等小微事故导致的生产临时中断，还是十年一遇、百年一遇的爆炸火灾事故导致的企业永久破坏或关停，企业损失的物料和产品、员工损失的工时、装置设备寿命损失、建构筑物维修、人员伤亡补偿、生态环境恢复、政府监管惩处、企业信誉影响等，导致的直接和间接经济损失将远远超出为维持生产安全支出的成本。安全与生产力发展是相辅相成的，在其相互促进发展的过程中推动企业创造力、竞争力不断提升，因此企业为创造更多余价值，必定要承担安全生产的主体责任。

综上，企业承担安全生产的主体责任是客观要求所决定的，这是毋庸置疑的。

（三）企业安全生产主体责任的内容

企业是生产经营活动的主体，是安全生产工作责任的直接承担主体。企业安全生产主体责任，是指企业依照法律法规和标准规范要求，应当履行的安全生产法定职责和义务。《安全生产法》规定："生产经营单位应当具备本法和有关法律、行政法规和国家标准或者行业标准规定的安全生产条件；不具备安全生产条件的，不得从事生产经营活动。"可以认为，企业落实主体责任的表现，就是企业具备法律法规和标准规范要求的安全生产条件，即企业的各个系统、各生产经营环境、所有的设备和设施以及与生产相适应的管理组织、制度和技术措施等，能够满足保障安全的需要，在正常情况下不会导致人员的伤亡或者财产损失。以下简要梳理企业安全生产主体责任的 16 条内容（其逻辑关系见图 3 - 1）。

1. 建立、健全安全生产责任体系

企业安全生产责任制涵盖本单位各岗位职责及岗位责任人应承担的安全生产责任，这是推动安全生产精细化管理、增加生产经营单位和企业职工的责任感、调动全员安全生产积极性的有效手段，其责任核心是企业主要负责人。

安全生产责任制需要明确各岗位的职责范围，厘清各岗位之间的责任边界，并形成具体、清晰且科学合理的职责内容；明确岗位责任人员，是

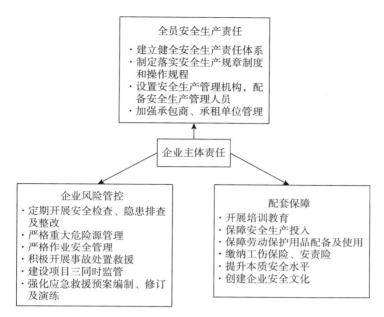

图 3-1 企业主体责任逻辑关系架构

指将责任落实到具体个人，防止责任主体不明确而导致无人负责，实行全员的安全生产责任制。只有从上到下建立起严格的安全生产责任制，责任分明、各司其职、各负其责，将法规赋予生产经营单位和企业的安全生产责任由大家来共同承担，安全工作才能形成一个整体，才能让各类生产中的事故隐患无机可乘，从而避免或减少事故的发生。

此外，企业应建立相应的评估考核机制，制定与岗位职责和岗位人员对应的考核标准，对其履行责任的程度和效果进行评估，以此方式强化责任制的落实。因此，生产经营单位和企业在实行中，应按照责、权、利相结合的原则，对安全工作采用目标管理的方法，并与奖惩制度紧密结合，建立安全生产绩效考核制等制度。这种做法将生产安全所要达到的目标事先制定，并层层分解，落实到部门、各班组，在规定的时间内完成或达到目标；达标则予以奖励，未达标则予以惩处。

2. 制定、落实安全生产规章制度和操作规程

无规矩不成方圆。制定安全生产规章制度和操作规程，是本单位安全生产管理方面非常重要的基础性工作。企业的安全生产规章制度，是企业与劳动者在共同劳动工作中所必须遵守的劳动行为规范的总和。依法制定规章制度，是企业内部的"立法"，是企业安全生产责任制得到执行落实的重要保障和依据，能够规范企业经营行为、增强企业竞争力，同时规范员工行为、提高管理效能。操作规程是对特定岗位的工艺、操作、安装、检定、维修等具体技术要求和实施程序的统一规定，完善的岗位操作规程不仅能够规范生产过程、提高工作效率和产品质量，同时便于企业实施标准化管理，有效避免违规操作导致的安全事故，减少不必要的财产损失和人员伤亡。

安全生产规章制度和操作规程的根本在于执行，需要强有力的组织保障和推动才能顺利完成。因此，《安全生产法》要求企业的主要负责人负责组织制定本单位安全生产规章制度和操作规程，目的是强化执行落实。

3. 设置安全生产管理机构，配备安全生产管理人员

生产经营单位作为市场主体，其内部机构设置和人员配备应自主决定。但是，安全生产涉及社会公共安全和公共利益，对企业安全生产管理机构的设置和安全生产管理人员的配备有必要进行强制要求。《安全生产法》规定，危险性较高的企业及从业人员数量较多的企业，"应当设置安全生产管理机构或者配备专职安全生产管理人员"。"生产经营单位的主要负责人和安全生产管理人员必须具备与本单位所从事的生产经营活动相应的安全生产知识和管理能力。"危险性较高的企业应依法配备注册安全工程师。

企业的安全生产管理机构以及安全生产管理人员履行下列职责：组织或者参与拟订本单位安全生产规章制度、操作规程和生产安全事故应急救援预案；组织或者参与本单位安全生产教育和培训，如实记录安全生产教育和培训情况；督促落实本单位重大危险源的安全管理措施；组织或者参与本单位应急救援演练；检查本单位的安全生产状况，及时排查生产安全事故隐患，提出改进安全生产管理的建议；制止和纠正违章指挥、强令冒险作业、违反操作规程的行为；督促落实本单位安全生产整改措施。

4. 加强承包商、承租单位管理

企业应依法做好承包商、承租单位管理工作。承包商和承租单位不是企业的固定组成部分，其从业人员也不是企业的固定员工，因此需要企业建立明确的管理制度、落实安全管理责任，同时加强日常监管。

企业应严格审查承包商和承租单位有关资质、安全业绩和安全生产条件，严格相关作业人员入厂安全培训教育，与承包商和承租单位签订安全管理协议，或在承包合同、租赁合同中约定各自的安全生产管理范围与责

任。无论相关协议中的安全生产管理职责如何划分，发包方或出租企业对承包商、承租单位的安全生产管理都应当统一进行协调、管理。企业应定期对承包商、承租单位进行安全检查，发现问题及时督促整改。承包商和承租单位在企业发生的事故应纳入企业事故管理，造成他人损害的，企业应承担连带赔偿责任。

5. 定期开展安全检查、隐患排查及整改

开展安全检查和隐患排查，是为了对生产过程及安全管理中可能存在的缺陷、漏洞、问题和违规行为进行查找，及时发现生产薄弱环节和安全隐患，评估安全风险，寻求隐患整改和消除的技术方法和管理措施以消除事故隐患。

企业主要负责人、企业安全生产管理人员要对本单位的安全生产状况进行经常性检查，及时处理发现的问题。企业应当建立健全生产安全事故隐患排查治理的专门制度，对隐患排查治理作出全面、合理的安排，并抓好督促落实。要制订详细的计划，明确隐患排查治理的责任人、责任范围以及基本要求和目标。要采取技术、管理措施，及时发现并消除事故隐患。同时，对事故隐患排查治理情况应当如实记录，建立事故隐患排查治理信息档案。记录内容应当包括排查时间，事故隐患的具体部位或者场所，发现事故隐患的数量、级别和隐患具体情况，参加隐患排查的人员，事故隐患治理情况、复查情况、复查时间、复查人员等，不得不记、漏记，更不得虚假记录。记录要向从业人员通报，使从业人员及时了解工作岗位上存在的事故隐患，采取相应的防范措施。

6. 严格重大危险源管理

《危险化学品重大危险源辨识》（GB18218－2018）规定，重大危险源是指长期地或者临时地生产、储存危险化学品，且危险化学品的数量等于或者超过临界量的装置、设施或场所。企业对重大危险源应当登记建档，内容包括重大危险源的名称、地点、性质、可能造成的危害等，登记建档应当注意保证完整性、连贯性；对重大危险源应当进行定期检测、评估、监控，制定应急预案并向地方主管部门备案，以便企业和政府监管部门更好地了解和掌握重大危险源的基本情况，及时发现事故隐患，采取相应措施，防止生产安全事故的发生。

重大危险源所在企业应建立健全安全监测监控体系，配备紧急切断装置和自动化控制系统、泄漏检测报警装置，温度、压力、液位、现场视频

等要有远传和连续记录，按照我国相关政策文件要求提高从业人员准入门槛。企业应当在重大危险源所在场所设置明显的安全警示标志，提供应急处置办法，制定重大危险源事故应急预案，建立应急救援组织或者配备应急救援人员，配备必要的应急处置装备和个体防护设备。

7. 严格作业安全管理

实现作业安全管理的根本，是要求从业人员严格按照企业规章制度和岗位操作规程开展作业。作业安全管理的重点，是特种作业安全管理和危险作业安全管理。

企业必须按照有关规定，对从事特种作业的职工进行专门的安全技术培训，经过有关机关考试合格并取得操作合格证或驾驶执照后，才准予其进行独立操作；特种作业人员必须接受与本工种相适应的、专门的安全技术培训，经安全技术理论考核和实际操作技能考核合格，取得特种作业操作证后，方可上岗作业；未经培训或培训考核不合格者，不得上岗作业。爆破、吊装、动火、受限空间等危险作业，必须按照相关要求进行作业前危险评估，取得作业审批，保障相关安全措施，在有专门人员现场安全监管的前提下开展作业。

8. 积极开展事故处置救援

企业应及时、如实报告生产安全事故。按照《生产安全事故报告和调查处理条例》等有关行政法规的规定，及时、如实报告生产安全事故，是企业及企业主要负责人的法定义务。"及时"，要求主要负责人在事故发生后，依照相关规定在最短的时间内向政府和有关部门报告，不得迟报。"如实"，要求在报告事故的情况时要做到全面、真实、准确和客观，不得谎报、漏报。

在发生生产安全事故时，企业应立即组织救援。控制事故灾害的最关键时期是事故初期阶段。科学精准地判断事故原因、事故规模和危险因素，有效地组织事故应急处置，尽快救治伤员，对控制事故规模、减少事故损失有关键作用。若事故规模较大，企业还应全力配合国家、地方政府和其他专业应急救援力量的事故救援工作，提供关键的情报信息和协同处置，并配合事故调查及处理工作，妥善处理环境恢复、损害补偿等事故善后工作。

9. 依法实施建设项目安全设施"三同时"

建设项目安全设施，是指生产经营单位在生产经营活动中用于预防生产安全事故的设备、设施、装置、构（建）筑物和其他技术措施的总称。企业是建设项目安全设施建设的责任主体，应当依法将新建、改建、扩建工程项目的安全设施与主体工程同时设计、同时施工、同时投入生产和使用，并将安全设施投资纳入建设项目概算。同时设计，是为了确保建设项目的原始设计没有缺陷，减少投入建设后因安全设计不达标而导致重新设计建设；同时施工，是为了保证安全设施安装后能够按照预期发挥功效，也便于在施工过程中优化布局和合理安装；同时投入生产和使用，是为了发挥安全设施的功效，不投入使用的安全设施就失去了其预防事故的意义。

安全设备的设计、制造、安装、使用、检测、维修、改造和报废，应当符合国家标准或者行业标准，企业必须对安全设备进行经常性维护、保养，并定期检测，保证正常运转。矿山、金属冶炼建设项目和用于生产、储存、装卸危险物品的建设项目，应当按照国家有关规定进行安全评价。

10. 强化应急救援预案的编制、修订及演练

生产安全事故应急救援预案，是企业预先制定的在发生紧急情况或生产安全事故时的应对措施、处理办法和响应程序，对如何抢救人员、控制事故规模、减少事故损失等所作出的应对计划和安排。企业应急救援预案包括总体预案和专项预案，预案中应明确应急组织机构及其职责，评估对象事件的风险等级和本单位应急处置能力[1]，明确预警及信息报送的流程和对象，制定清晰明确、可操作的应急响应及处置程序，后期处置要点等，以及必要的联系方式、各类图纸、物资装备清单等附件。应急预案编制完成后，应进行评估并适时修订，企业应定期针对应急预案进行演练。

应急预案编制是应急救援工作的基础支撑和处置依据，预案编制应注重与政府组织制定的预案相衔接；预案的评估、修订是对预案的不断优化和完善；预案演练则是对预案编制的合理性、可行性进行检验，完善应急准备和应急响应流程，锻炼应急处置人员的能力水平，并针对预案中存在的问题进行修订，这是《安全生产法》明确规定的企业的法定义务。企业主要负责人、相关管理人员和从业人员都应参与预案编制、修订和演练工作。

11. 开展培训教育

人的不安全行为是导致事故发生的重要因素之一。加强安全生产教育

---

① 杨芳、储胜利：《企业应急预案编制的难点及对策研究》，《中国安全生产科学技术》2011年第 1 期。

和培训，是提高从业人员安全生产意识、安全生产知识和技能的关键所在，其目的有两个：一是通过培养和提升员工安全意识和安全素质，让员工真正认识到安全生产是为了保护自己、保护他人，养成自觉遵守国家法规标准、遵守企业规章制度、严格依照岗位职责和操作规程开展工作的良好习惯，减少和杜绝违章指挥、违规作业和违反劳动纪律的现象，同时明确自身在安全生产方面的权利和义务；二是提升员工的知识储备，强化作业技能，让员工能够自主辨识其岗位存在的固有风险及风险控制手段，具备完成岗位本职工作所要求的专业技能，取得岗位所必需的从业资质或执业证书，降低人为失误导致的不安全因素，同时提升员工的应急处置、自救和救援能力。

开展企业培训教育，一般包括新员工的入厂培训、部门培训及岗位培训三个层级，以及现有员工的定期复训。做好安全生产教育和培训，需要有明确、合理的计划安排，以保证培训和教育有序实施并切实取得实效。由于制定和实施安全生产教育和培训计划涉及本单位整个生产经营活动的布局安排、资金保障、人员调度等重大问题，有必要由企业主要负责人组织推动。

12. 保障安全生产投入

生产经营单位要具备安全生产条件特别是持续具备安全生产条件，必须有相应的资金投入。《安全生产法》规定，生产经营单位应当具备的安全生产条件所需的资金投入，由生产经营单位的决策机构、主要负责人或者个人经营的投资人予以保证。

安全生产费用的提取比例应按照《企业安全生产费用提取和使用管理办法》予以保证，主要用于应急救援器材配备和维护保养支出、第三方安全技术服务、隐患整改、人员安全防护用品、安全生产宣传和培训教育、安全设施及特种设备检验等的支出，以及其他涉及安全生产的直接支出。安全生产投入涉及生产经营单位的直接利益，在一般情况下只有主要负责人才可以作出决策。同时，主要负责人不仅要保证安全生产投入足额、到位，还要加强对已投入资金使用情况的监督检查，确保资金管好用好，切实达到保障安全生产的目的。

13. 保障劳动防护用品配备及使用

劳动防护用品是指由生产经营单位为从业人员配备的，使其在劳动过程中免遭或者减轻事故伤害及职业危害的个人防护装备。《安全生产法》

和《劳动者权益保护法》都规定，企业必须为从业人员提供符合国家标准或者行业标准的劳动防护用品，并安排用于配备劳动防护用品、进行安全生产培训的经费。

从实践中发生的生产安全事故来看，即使企业依法配备了符合要求的劳动防护用品，也有相当一部分导致人身伤害的事故是从业人员不佩戴或错误佩戴劳动防护用品所导致的。因此，企业在提供劳动防护用品的同时，还应采取切实措施，监督、教育从业人员按照使用规则佩戴、使用劳动防护用品。

14. 依法缴纳工伤保险、安全生产责任保险

企业应依据《安全生产法》《工伤保险条例》的相关要求，为全部职工或雇工缴纳工伤保险费，并在本单位内进行公示。工伤保险作为社会保险制度的组成部分，是国家通过立法强制实施的，是国家对职工履行的社会责任，也是职工应该享受的基本权利。企业缴纳工伤保险，对维护因工作遭受事故伤害或患职业病的职工获得医疗救治和经济补偿、分散用人单位的工伤风险、妥善处理事故和恢复生产、维护正常的生产和生活秩序具有重要的现实意义。

《安全生产责任保险事故预防技术服务规范》（AQ9010－2019）规定，安全生产责任保险是保险机构对投保单位发生生产安全事故造成的人员伤亡和有关经济损失等予以赔偿，并且对投保单位提供生产安全事故预防服务的商业保险。《中共中央　国务院关于推进安全生产领域改革发展的意见》（中发〔2016〕32号）指出："建立健全安全生产责任保险制度，在矿山、危险化学品、烟花爆竹、交通运输、建筑施工、民用爆炸物品、金属冶炼、渔业生产等高危行业领域强制实施，切实发挥保险机构参与风险评估管控和事故预防功能。"发展安全生产责任保险，用责任保险等经济手段加强和改善安全生产管理，是强化安全事故风险管控的重要措施。

15. 提升本质安全水平

本质安全是指通过设计等手段使生产设备或生产系统本身具有安全性，即使在误操作或发生故障的情况下也不会造成事故的功能。国务院安全生产委员会发布的《全国安全生产专项整治三年行动计划》，对危险化学品、矿山、消防、港口、工业园区等行业或领域提出了提升本质安全水平的要求。

企业应运用本质安全化原则，强化高风险产品和高危工艺替代，强化

源头治理以减少危险源，深化自动化、智能化改造，加强保护层设计，将风险控制重点向风险源头转移，从根源上消除和减少生产过程中的固有危险。

16. 创建企业安全文化

安全文化就是安全理念、安全意识以及在其指导下的各项行为的总称，是企业基于满足法律法规和标准规范的安全生产条件，根植于企业社会环境和全体员工意识深层次的安全思维方式、安全行为准则、安全价值观等。

企业安全文化的概念起源于核安全领域，之后逐渐推广到化工、能源、电力等高技术含量、高风险领域。企业安全文化创建并不是法律法规强制要求的，但由于其能很好地激发企业全员安全自觉自主性，增强企业凝聚力，在提升企业安全管理水平方面所起到的作用，要比法律法规强制要求更加优越高效。在创建企业安全文化方面，除了要求企业具备完善的安全生产条件以外，还需要具备良性的经济基础、高素质员工人才储备、优越的管理理念以及多年企业文化积淀。

（四）企业主体责任落实途径

企业是社会经济活动中的建设者和受益者，是安全生产中不容置疑的责任主体，在社会生产中负有不可推卸的社会责任。增强安全生产主体责任，实现安全生产，是企业追求利益最大化的基础保障，是实现物质利益和社会效益的最佳结合。从企业的角度来看，需要企业以全员的安全生产责任制为核心，以落实规章制度为抓手，以安全生产投入为手段，以绩效考核和奖惩机制为保障，落实安全生产主体责任。

1. 以全员的安全生产责任制为核心

全员安全生产责任制实施的根本在于企业主要负责人，落实和执行则在于企业员工的每一个个体。企业主要负责人是指企业法定代表人或对本单位的生产经营决策起决定性作用的实际控制人。"安全责任重于泰山。"安全生产工作涉及企业经营活动的方方面面，生产经营安排、资金保障、人员调度等所有重大决策都需要经由主要负责人决策。因此，只有企业主要负责人知责、履责，安全生产工作才能具备执行和落实的基础保障。

《安全生产法》专门明确了企业主要负责人七个方面的职责。企业主要负责人履行安全生产职责，不只是了解自己承担的法律责任，还要求具备安全理念的正确立场、观点和方法，将企业员工、承包商等所有从业人员生命健康和环境保护放在首位，树立安全生产的红线意识。企业各部门管理者作为企业中具有一定影响力的管理骨干，需要具备与本部门业务相匹配的安全知识和安全责任意识，要树立"一岗双责"的理念，在管业务的同时必须管安全。基层从业人员是安全生产责任的直接承担者和落实者，只有每个岗位都做到安全，企业才能实现整体安全。同时，生产安全事故往往在具体操作中发生，基层人员也是受到事故伤害的最直接人员，因此基层员工履行安全生产义务既是履行岗位职责，也是对自己的生命健康负责。

2. 围绕核心提升强化

规章制度落实、安全生产投入和绩效考核奖惩机制是相互作用、相互支撑的。只有明确各项安全生产规章制度，安全生产的资金、技术和人力投入才有依据和方向，才不会出现盲目投入或投入不足的问题，安全绩效考核和奖惩措施才会有明确的标准和指标；以安全生产绩效对员工进行考核，对遵章守纪、发现隐患、解决安全生产重大问题的员工进行奖励，对违章指挥、违规作业、导致生产安全事故的责任人进行惩处，才能保证企业的各项规章制度得到执行，从而实现企业的良性运行。

任何一个方面出现问题，都可能导致措施执行不到位：规章制度建设出现漏洞，全员依规行为规范就会出现漏洞，资金投入、考核奖惩就会缺乏依据；安全生产投入不到位，隐患整改、安全设备设施维护、必要的安全保障工作就得不到保障，规章制度的落实和安全行为绩效考核也就无从谈起；绩效考核和奖惩机制缺失，所有工作的贯彻执行就无从监督和管理，制度的落实缺乏约束力，人员的内生动力缺乏有效的支撑，落实也就无从谈起。

二　"3·21"事故中企业主体责任落实存在的问题剖析

（一）事故单位情况介绍①

1. 天嘉宜公司设立情况

事故单位天嘉宜公司成立于 2007 年 4 月 5 日，位于江苏省盐城市响水

---

① 以下有关"3·21"事故企业天嘉宜公司单位情况介绍，主要引自《江苏响水天嘉宜化工有限公司"3·21"特别重大爆炸事故调查报告》和课题组调研收集的资料。

生态化工园区（见图 3 - 2），东南部占地面积约为 14.7 万平方米，注册资本为 9000 万元，员工为 195 人，主要产品为间苯二胺（17000 吨/年）、邻苯二胺（2500 吨/年）、对苯二胺（500 吨/年）、间羟基苯甲酸（500 吨/年）、3, 4 - 二氨基甲苯（300 吨/年）、对甲苯胺（500 吨/年）、均三甲基苯胺（500 吨/年）等。这些产品主要用于生产农药、染料、医药等。

图 3 - 2　天嘉宜公司位置及邻近企业分布

资料来源：课题组调研收集的资料。

　　天嘉宜公司的股东为江苏倪家巷集团有限公司（以下简称倪家巷集团）和连云港博昌贸易有限公司，分别占 70% 和 30% 的股份。其中，倪家巷集团成立于 1987 年 1 月 23 日，注册地为江阴市周庄镇倪家巷村倪家巷，注册资本为 2.508 亿元，主要生产经营范围包括精毛纺织、涤纶短纤、发泡性聚苯乙烯、棉布印染、精梳棉纺、精细化工、纺织机械、新型建材、商贸等。连云港博昌贸易有限公司成立于 2011 年 4 月 7 日，注册地为灌云县临港产业区海滨新城，注册资本为 500 万元，主要经营范围包括化工产品、矿产品、机械设备销售。天嘉宜公司主要负责人由倪家巷集团委派，重大管理决策须由倪家巷集团批准。

2. 事故相关工艺情况

天嘉宜公司 2007 年入驻响水生态化工园区，2009 年建成 3000 吨/每年间苯二胺装置，其中原料间二硝基苯从外购买，生产过程中会产生无硝化废料。

天嘉宜公司 2008 年申报 17000 吨/年间苯二胺、2500 吨/年邻苯二胺、500 吨/年对苯二胺技改项目（以下简称技改项目），新建硝化工段自行生产混二硝基苯，作为混苯二胺的原料。自 2010 年起，项目两次申请设备及工艺变更：2010 年申请了 17000 吨/年间苯二胺、2500 吨/年邻苯二胺、500 吨/年对苯二胺项目设备变更及工艺变更项目，2015 年申请了 17000 吨/年间苯二胺、2500 吨/年邻苯二胺、500 吨/年对苯二胺技改项目，以及废酸浓缩工段装置、废气污染防治措施及平面布置变更项目。2017 年申请了硝化工段物料回用方式调整。

天嘉宜公司混二硝基苯的生产及废水处理工艺（见图 3-3）为：浓硫酸和浓硝酸与苯发生一级硝化反应制取硝基苯，硝基苯再次与浓硫酸和浓硝酸发生二级硝化反应生成主产物二硝基苯酸性硝化液，在中和水洗釜经热水水洗排水后加液碱中和，充分搅拌后静置将水排去，再加热水进行二次水洗，底部排出二硝基苯产品；中和及水洗的废水中除混合硫酸盐、硝酸盐外，还含有部分溶于其中的产物二硝基苯及一定量的副产物，包括三硝基二酚（在碱性条件下为三硝基二酚钠盐）、三硝基一酚（在碱性条件下为三硝基一酚钠盐）等。硝化废水均自流至废水地槽中缓冲收集，再泵至物料回收搅拌冷却釜内，经冷却沉淀分离后废水流入过滤槽过滤回收废水中的硝化废料（每天产生 600~700 千克），最后废水流入车间废水池缓存后，送至污水处理单元；车间废水池每半年也清理出一批硝化废料。硝化废料均以吨袋（可装 1 吨货物的包装袋）形式包装。此外，在生产过程中还会产生焦油、污泥以及废催化剂等其他废料。硝化废料由天嘉宜公司收集后进一步处置。

（二）事故单位主体责任不落实的违法违规行为

企业落实主体责任的最根本表现，就是依法依规进行安全生产。响水 "3·21" 事故单位天嘉宜公司却存在大量违法违规行为。由于事故的破坏作用，天嘉宜公司在正常生产经营活动中的行为活动已难以考证，本部分

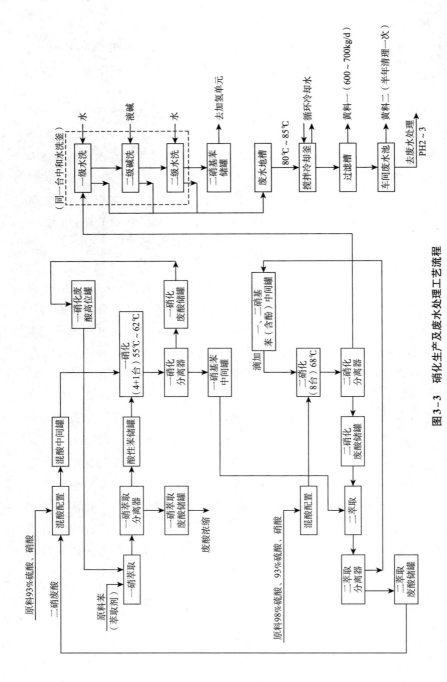

图3-3 硝化生产及废水处理工艺流程

资料来源:《江苏响水天嘉宜化工有限公司"3·21"特别重大爆炸事故调查报告》,应急管理部网站,https://www.mem.gov.cn/gk/sjgcc/tb zdsgdcbg/2019tbzdsgcc/2019年11/P02019111556511182909069.pdf,最后访问日期:2020年12月20日。

重点围绕事故暴露出的企业违法违规行为进行论述，对其以往涉及的违法违规行为会提及但不进行重点论述。

研究发现，响水"3·21"事故暴露出天嘉宜公司主要违法违规行为如下。

1. 企业违法变更废物处理工艺

自 2011 年 9 月天嘉宜公司硝化装置投产试用，其间经历过两次工艺变更改造，但从未按照相关设计的物料回收及废水处理工艺运行，违法变更废物处理工艺。[①]

在硝化装置的原始设计及 2010 年、2015 年的两次工艺变更中，设计为：硝化产物在水洗锅中进行两级水洗后将废水经由废水收集罐送至汽提塔，再沸回收水及废水中溶解的二硝基苯产品，剩余废水送至废水处理中心。

2011 年硝化装置投入使用后，天嘉宜公司曾在试运行时尝试按照设计工艺将废水气提回水和溶解的二硝基苯，但发现回收后的二硝基苯中三硝基苯二酚杂质含量较高，无法作为产品回收，因此企业不再通过气提工艺回收二硝基苯，而是将硝化工艺废水通过企业污水处理中心不经处理用管道直接排放至周边灌河（违法）。在排放过程中企业发现，工艺装置送出的热的废水在流经管道、污水处理中心的逐渐冷却过程中，在管道口、管道内壁、污水处理中心的污水池中有黄色结晶（硝化废料，企业称为黄料）析出甚至堵塞管道，需定期将污水池中硝化废料捞出存放，并疏通管道。企业分析发现，硝化废料在热水中溶解度较高，水温降低时析出，因此于 2012 年对废水处理工艺进行了私自改造：在硝化车间建设加装了废水地槽、搅拌冷却釜、过滤槽和废水池（见图 3-4），使废水产生后在硝化车间缓冲收集，经冷却、降温，硝化废料开始析出，冷却后的废水排放至污水处理中心，在过滤槽和废水池析出的硝化废料集中收集并作为废物填埋、焚烧或委托处理。该工艺变更未经任何申请、工艺设计或验收。

2017 年 5 月 12 日，盐城市环保局对天嘉宜公司在 2015 年申请的工艺

[①] 《环境影响评价法》第二十四条规定："建设项目的环境影响评价文件经批准后，建设项目的性质、规模、地点、采用的生产工艺或者防治污染、防止生态破坏的措施发生重大变动的，建设单位应当重新报批建设项目的环境影响评价文件。"

图 3 - 4　硝化车间废水处理设施

资料来源：《江苏响水天嘉宜化工有限公司"3·21"特别重大爆炸事故调查报告》，应急管理部网站，https://www.mem.gov.cn/gk/sgcc/tbzdsgdcbg/2019tbzdsgcc/201911/P020191115565111829069.pdf，最后访问日期：2020年12月20日。

变更进行竣工验收的现场检查期间，发现其硝化车间的废水处理工艺与原环境影响评价有较大变化，要求天嘉宜公司按照《关于加强建设项目重大变动环评管理的通知》（苏环办〔2015〕256号）要求，编制建设项目变动环境影响分析，判断是否属于重大变动。天嘉宜公司于2017年7月20日委托苏州科太环境技术有限公司编制了《江苏天嘉宜化工有限公司建设项目变动环境影响分析》，其中关于废水及物料回用方式调整的说明是："原有项目废水收集后，气提回收冷凝水用于中和分层以及水洗分层工段。主要的目的是，回收废水中的混二硝基苯物料，在生产实践中发现，气提回收的混二硝基苯物料很少，同时消耗大量的蒸汽，浪费能源。现在改为将中和水洗废水经二硝物料回收釜冷却结晶回收混二硝基苯物料，回用到生产系统。原二硝化部分中和、水洗用水改为苯二胺项目氢化工段蒸汽冷凝水。根据实际生产情况，混二硝基苯有机物未能达到原有工艺的回收效果，而现有冷却结晶回收混二硝基苯物料能够达到原有效果，故产污情况基本不变。"该报告还认为，这一变化不属于重大变动。该报告对冷却结晶获得的硝化废料仍描述为"二硝基苯物料"（其实含有大量三硝基苯二酚等杂质），后续处理仍描述为"回收"。盐城市环保局予以验收通过。

综上所述，天嘉宜公司从未按照工艺设计对硝化废料通过气提或冷却结晶进行回收处理，而是违法变更工艺进行收集后作为废物处理。

2. 企业相关设施未经设计、审批、正规施工及验收，违法运行

发生事故的储存设施旧固废库未经设计、审批、正规施工及验收。① 天嘉宜公司焚烧炉车间未经环境保护部门验收。②

天嘉宜公司共有新、旧两个固废库，发生事故的是旧固废库。旧固废库是由原有固废堆场改建而来的，2 米以下为砖砌墙体，2 米以上采用压型钢板结构，棚顶为彩钢板结构。库长为 48 米、宽为 24.8 米、总高约为 4.5 米，面积为 1190.4 平方米，仅南面设有一个宽 3.5 米、高 3.0 米的出入通道，供物料进出，未安装大门；库内无动力、照明电源及机械通风设施。

在 2013 年 12 月 12 日天嘉宜公司技改项目（盐环评估环评〔2013〕111 号）相关材料中，尚未出现 1190.4 平方米的固废仓库或堆场。在 2014 年 3 月天嘉宜公司固废焚烧项目的可行性研究报告总平布置图建筑物一览表中，包含 "44#固废堆场，24.8 米×48 米" 建筑，面积计算为 1190.4 平方米，为已有设施；环境影响评价报告中指出："天嘉宜公司现有两个固废堆场，分别位于厂区东北侧和西侧，面积分别为 313.2 平方米、1190.4 平方米。" 在安全评价报告中，也明确了该 1190.4 平方米的固废堆场。据此推测，天嘉宜公司在 2013 年 12 月至 2014 年 3 月之间私自建设了面积为 1190.4 平方米的固废堆场，且未见任何固废堆场相关设计、规划、审批、评估、验收材料。

2016 年 4～10 月，天嘉宜公司为配套固液焚烧项目，拟建设 2292 平方米的固废仓库（建设新、旧两个固废库），并取得了投资项目备案、建设工程规划许可证、安全鉴定报告、建筑工程施工许可证。由于未及时建

---

① 《城乡规划法》第四十条规定："在城市、镇规划区内进行建筑物、构筑物、道路、管线和其他工程建设的，建设单位或者个人应当向城市、县政府城乡规划主管部门或者省、自治区、直辖市政府确定的镇政府申请办理建设工程规划许可证。"《建筑法》第七条规定："建筑工程开工前，建设单位应当按照国家有关规定向工程所在地县级以上人民政府建设行政主管部门申请领取施工许可证；但是，国务院建设行政主管部门确定的限额以下的小型工程除外。"《建筑工程施工许可管理办法》（建设部令第 71 号）第二条规定："工程投资额在 30 万元以下或者建筑面积在 300 平方米以下的建筑工程，可以不申请办理施工许可证。"《安全生产法》第二十四条规定："生产经营单位新建、改建、扩建工程项目（以下统称建设项目）的安全设施，必须与主体工程同时设计、同时施工、同时投入生产和使用。"

② 《建设项目竣工环境保护验收管理办法》第九条规定："建设项目竣工后，建设单位应当向有审批权的环境保护行政主管部门，申请该建设项目竣工环境保护验收。"

设导致建筑施工许可证过期，天嘉宜公司对固废仓库建设项目进行了变更，2017 年 8 月补办了 1078.37 平方米固废仓库（新固废库）的建设工程规划许可证、安全鉴定报告、建筑工程施工许可证，变更后的建设项目未包括 1192.4 平方米的旧固废库。可以推测，天嘉宜公司原计划建设 2 座固废仓库（1078.37 平方米的新固废库，以及将原 1190.4 平方米的固废堆场改建为固废仓库），但某些原因导致企业最终仅申报、审批、建设了新固废库，堆场改建的工作未进行规划、审批和施工。

2017 年 11 月，天嘉宜公司固体废物污染防治专项论证报告中明确其 58 米 ×18.2 米 ×6 米仓库（新固废库）为 1 号危险废物仓库，48 米 ×24.8 米 ×4 米仓库（旧固废库）为 2 号危险废物仓库。据此推测，天嘉宜公司在建设新固废库的同时，私自将原固废堆场改建成固废仓库，即旧固废库。

2016 年 5 月，天嘉宜公司焚烧炉车间建成，但由于固废台账不完善、危险废物标志不规范、焚烧炉配料间脏乱差等问题，未通过环境保护部门验收。在此情况下，天嘉宜公司仍私自将焚烧炉投入使用，未按响水县环保局对该项目环评批复核定的范围，以调试、试生产名义长期违法焚烧硝化废料，每个月焚烧 25 天以上。①

综上所述，天嘉宜公司对旧固废库的建设未经规划、设计、审批、正规施工及验收，对焚烧炉未经环保验收直接投入使用，属于违法行为。

3. 企业违法贮存、超期贮存危险废物

天嘉宜公司存在违法贮存、超期贮存危险废物的情况。②

---

① 《建设项目竣工环境保护验收管理办法》（国家环境保护总局令第 13 号）第十条规定："进行试生产的建设项目，建设单位应当自试生产之日起 3 个月内，向有审批权的环境保护行政主管部门申请该建设项目竣工环境保护验收。对试生产 3 个月确不具备环境保护验收条件的建设项目，建设单位应当在试生产的 3 个月内，向有审批权的环境保护行政主管部门提出该建设项目环境保护延期验收申请，说明延期验收的理由及拟进行验收的时间。经批准后建设单位方可继续进行试生产。试生产的期限最长不超过一年。核设施建设项目试生产的期限最长不超过二年。"

② 《固体废物污染环境防治法》第七十九条规定："产生危险废物的单位，应当按照国家有关规定和环境保护标准要求贮存、利用、处置危险废物，不得擅自倾倒、堆放。"第五十八条规定："收集、贮存危险废物，必须按照危险废物特性分类进行。禁止混合收集、贮存、运输、处置性质不相容而未经安全性处置的危险废物。贮存危险废物必须采取符合国家环境保护标准的防护措施，并不得超过一年；确需延长期限的，必须报经原批准经营许可证的环境保护行政主管部门批准；法律、行政法规另有规定的除外。"《关于进一步加强危险废物和医疗废物监管工作的意见》（环发〔2011〕19 号）第三条规定："规范产生单位危险废物管理。……加强危险废物贮存期间的环境风险管理，危险废物贮存时间不得超过一年。"

天嘉宜公司硝化工段废水处理过程中每天产生 600～700 千克硝化废料（经国务院事故调查组委托鉴定为危险废物①），以吨袋包装。自 2011 年 9 月硝化车间开工至事故发生前，天嘉宜公司先后将硝化废料暂存在污水处理车间、硝化车间、煤堆场、新固废库、旧固废库等处，以上储存场所均不属于法律法规允许的危险废物贮存场所。在旧固废库内堆存时，硝化废料以吨袋形式集中堆放在库内北半部，堆高 2～3 层，堆垛紧密且通风不良，无相关消防喷淋及安全监测设施，存在严重的安全隐患。

天嘉宜公司曾将硝化废料堆放于污水处理车间、硝化车间及其他公司仓库。2016 年 7 月因将危险废物贮存在其他公司仓库造成环境污染，天嘉宜公司受到环境保护部门行政处罚。天嘉宜公司在新建固废和废液焚烧项目焚烧炉后，将硝化废料吨袋集中堆放于贮存燃料煤和秸秆颗粒的煤棚和新、旧固废库。2018 年 4 月，响水县环境保护局在执法检查中对堆积在煤棚的硝化废料进行了查处。天嘉宜公司称，该硝化废料吨袋中存放的是间苯二胺回收废料，属于生产过程中的半成品，仍需回收利用。响水县环保局执法人员责令天嘉宜公司将硝化废料转移至专门的贮存场所，因此天嘉宜公司将硝化废料转移至其新、旧固废库集中堆放。经过不断焚烧、转移和处置，到事故发生时，硝化废料全部存放于旧固废库内。

自 2011 年 9 月硝化车间开工至事故发生前，天嘉宜公司对硝化废料的贮存管理混乱。企业将已经产生一段时间的硝化废料称为"老料"，将新近产生的硝化废料称为"新料"。据证人证言，企业对硝化废料以转移、焚烧等方式进行处置时，并未优先处理"老料"，而是随机选择"新料"或"老料"进行处置，无周密管理规划，因此贮存的硝化废料有的存放时间已达五年左右，部分可能超过七年。因此，天嘉宜公司对硝化废料的贮存方式不符合相关法规标准要求，且存在超期贮存等严重违法行为。

综上所述，天嘉宜公司将硝化废料存放于污水处理车间、硝化车间、煤堆场、新固废库、旧固废库等严重不符合相关标准规范要求②的贮存场所的行为违法。

---

① 经南京大学环境规划设计研究院股份公司司法鉴定所鉴定，该硝化废料具有腐蚀性、毒性和反应性，属于危险废物。
② 《危险废物贮存污染控制标准》（GB18597－2001）第四条规定："所有危险废物产生者和危险废物经营者应建造专用的危险废物贮存设施，也可利用原有构筑物改建成危险废物贮存设施。"

4. 企业违法填埋、焚烧、转移危险废物

自 2011 年 9 月硝化车间投产以来，天嘉宜公司曾私自填埋、焚烧、转移硝化废料。①

天嘉宜公司由江阴搬迁至响水，对江阴的环境情况比较熟悉。2012 年，天嘉宜公司分 3 次将 124.8 吨危险废物偷运至江阴并私自填埋，被江阴环境保护部门查处。天嘉宜公司曾在企业内煤棚、硝化车间周边等 5 个地点私自挖坑填埋硝化废料，以水泥预制板覆盖回填。2014 年 10 月，因雨天降水渗透，部分硝化废料溶解渗出，地面出现黄色积水，天嘉宜公司遭到举报。属地园区环保分局对天嘉宜公司进行了行政处罚，并监督企业进行了清理，清出的硝化废料以吨袋包装临时存放。

2016 年 5 月前，天嘉宜公司曾私自将硝化废料与煤掺杂，置于导热油炉中进行焚烧；2016 年 5 月，焚烧炉车间建成投入运行，该项目相关申报、审批等均未涉及硝化废料焚烧作业，天嘉宜公司却私自将部分硝化废料与污泥、焦油、木屑、秸秆等混合后进行焚烧处置。

2018 年 11～12 月，天嘉宜公司曾分 2 批将部分硝化废料和污泥约 480 吨混合，假冒"萃取物"的名义委托宜兴固废处置机构（宜兴市凌霞固废处置公司）代为处置。

自 2014 年以来，天嘉宜公司先后 8 次因违法处置固体废物被响水县环保局累计罚款 95 万元。

综上所述，天嘉宜公司私自填埋、焚烧、转移硝化废料的行为严重违法。

5. 企业刻意隐瞒存在危险废物的事实

天嘉宜公司曾多次刻意隐瞒存在危险废物的事实。②

---

① 《固体废物污染环境防治法》第八十一条规定："收集、贮存危险废物，应当按照危险废物特性分类进行。禁止混合收集、贮存、运输、处置性质不相容而未经安全性处置的危险废物。"第八十二条规定："转移危险废物的，应当按照国家有关规定填写、运行危险废物电子或者纸质转移联单。"《安全生产法》第三十六条规定："生产、经营、运输、储存、使用危险物品或者处置废弃危险物品的，由有关主管部门依照有关法律、法规的规定和国家标准或者行业标准审批并实施监督管理。生产经营单位生产、经营、运输、储存、使用危险物品或者处置废弃危险物品，必须执行有关法律法规和国家标准或者行业标准，建立专门的安全管理制度，采取可靠的安全措施，接受有关主管部门依法实施的监督管理。"

② 《固体废物污染环境防治法》第七十八条规定："产生危险废物的单位，应当按照国家有关规定制定危险废物管理计划；建立危险废物管理台账，如实记录有关信息，并通过国家危险废物信息管理系统向所在地生态环境主管部门申报危险废物的种类、产生量、流向、贮存、处置等有关资料。"第七十七条规定："对危险废物的容器和包装物以及收集、贮存、运输、利用、处置危险废物的设施、场所，应当按照规定设置危险废物识别标志。"

根据证人证言，天嘉宜公司主要负责人、车间主任、仓库管理人员、其他相关员工均知晓硝化废料燃烧爆炸、有毒有害的特性，却从未对硝化废料进行危险废物鉴定①，也从未按照危险废物对硝化废料进行管理，即未建立硝化废料管理计划，未建立管理台账，未向地方生态环境主管部门申报硝化废料的种类、产生量、流向、贮存、处置等有关信息。

如前文所述，天嘉宜公司在 2018 年 4 月响水县环境保护局对堆积在煤棚的硝化废料进行查处时，谎称该硝化废料属于生产过程中的半成品，仍需回收利用。天嘉宜公司将硝化废料堆放在污水处理车间、硝化车间、煤堆场、新固废库、旧固废库等处时，从未依法设置危险废物识别标志。尤其是 2018 年 10 月，为加快复产，在堆放于新固废库、旧固废库的硝化废料堆垛前摆放"硝化半成品"的牌子，打印"硝化粗品"的标签张贴在硝化废料吨袋上，刻意隐瞒存在危险废物的事实，以期逃避环境保护部门的日常监管监察。

2017 年，天嘉宜公司在委托第三方机构编写《固体废物污染防治专项论证报告》的过程中再次弄虚作假。在报告初稿完成后，天嘉宜公司的总工程师耿某发现硝化工段的硝化废水收集池有固废析出物（硝化废料），而报告中未评估此项内容，存在漏评。耿某曾提供此项内容的相关资料，并要求按照实际情况进行修改，即将硝化废料的产生事实写入该报告。报告编制人员提醒企业，在硝化工段建设项目、多次技改项目的环评中，均采用废水回用到生产系统中、不产生废料的表述，所以如果硝化废料作为废物并未回用，属于重大工艺变更，按照要求需要重新开展环评、审查和竣工验收，询问是否要将相关内容加入。因此，耿某决定将"漏项"问题忽略，不再列入报告；天嘉宜公司安全环保负责人杨某通知报告编写人，按照耿某最终确定的数据（不含"漏项"内容）进行编写。至此，在天嘉宜公司的授意下，最终报告中硝化废料存在的事实被删除。

综上所述，天嘉宜公司未对硝化废料开展危险废物鉴定，未按照危险废物管理和申报，并多次刻意隐瞒存在危险废物的事实。

---

① 《国家危险废物名录》（环境保护部令第 39 号）第八条规定，对不明确是否具有危险特性的固体废物，应当按照国家规定的危险废物鉴别标准和鉴别方法予以认定。经鉴别具有危险特性的，属于危险废物，应当根据其主要有害成分和危险特性确定所属废物类别。

6. 企业安全生产管理混乱

天嘉宜公司安全生产管理混乱①，曾多次受到安全监督管理部门处罚。

天嘉宜公司曾多次发生起火事件，其中多起与硝化废料有关。根据证人证言，曾经有天嘉宜公司硝化车间工人在清理车间废液池的过程中，部分废液溅落在地面上，蒸发干燥后有硝化废料析出，之后有工人拖动铁锹等工具路过时，因摩擦撞击的机械火花导致地面硝化废料起火；也曾经有工人在拆除回收硝化车间某旧工艺管线时，因管线内有残留硝化物及硝化废料结晶，焊工进行动火切割作业时发生起火爆炸。此外，煤棚、新固废库也曾先后发生火灾。2019年2月（"3·21"事故前一个月），堆放于焚烧炉外等待焚烧的废催化剂吨袋与硝化废料吨袋混合堆放，因吨袋未清洁干净，风干后起火自燃。天嘉宜公司发生的多次起火事故，未能引起安全管理机构的足够重视，未开展针对硝化废料的鉴定、强化管理、培训和风险告知工作。公司主要负责人、安全管理人员和公司技术团队对硝化废料着火爆炸、中毒的危险特性有足够了解，但对大量硝化废料长期贮存可能引发的严重后果认知不充分，不具备相应的安全监管能力。

2018年4月，由于环保、安全问题突出，响水生态化工园区多家企业全面停产整顿，地方环境保护部门提出了相关企业应将积存的固体废物（包括危险废物）全部处置完毕等要求，地方安全监管部门提出89项事故隐患整改要求。2018年8月，天嘉宜公司在固废仓库尚存有大量硝化废料，在89项事故隐患未全部完成整改的情况下提交复产申请并恢复生产。

天嘉宜公司日常安全巡查检查存在严重弄虚作假的行为，主要表现为

① 《安全生产法》第二十二条规定："生产经营单位的安全生产管理机构以及安全生产管理人员履行下列职责：……（五）检查本单位的安全生产状况，及时排查生产安全事故隐患，提出改进安全生产管理的建议；（六）制止和纠正违章指挥、强令冒险作业、违反操作规程的行为；（七）督促落实本单位安全生产整改措施。"第二十四条规定："生产经营单位的主要负责人和安全生产管理人员必须具备与本单位所从事的生产经营活动相应的安全生产知识和管理能力。"第二十五条规定："生产经营单位应当对从业人员进行安全生产教育和培训，保证从业人员具备必要的安全生产知识，熟悉有关的安全生产规章制度和安全操作规程，掌握本岗位的安全操作技能，了解事故应急处理措施，知悉自身在安全生产方面的权利和义务。未经安全生产教育和培训合格的从业人员，不得上岗作业。"第四十三条规定："生产经营单位的安全生产管理人员应当根据本单位的生产经营特点，对安全生产状况进行经常性检查；对检查中发现的安全问题，应当立即处理；不能处理的，应当及时报告本单位有关负责人，有关负责人应当及时处理。检查及处理情况应当如实记录在案。"

未进行实际检查就提前填写检查结果。"3·21"事故发生于2019年3月21日14时48分许，但事故调查组在事后检查企业安全监管资料时发现，企业已经提前填写完成3月21日当日的重大危险源日常检查表，检查结果为"正常"。

天嘉宜公司隐患管理制度不健全，隐患上报、整改及复查工作未闭环落实。"3·21"事故的直接原因是硝化废料自燃起火。自燃过程不是一蹴而就的，而是温度逐渐积累的过程。据证人证言，在事故发生前一个月，旧固废库作业人员刘某在爬上硝化废料堆垛作业时，发现堆垛上面"热腾腾的"。该问题曾汇报给仓库管理负责人倪某、安全环保主要负责人杨某，但未引起相关人员重视，天嘉宜公司未对所反映的问题进行复核，也未采取任何整改措施消除隐患。

天嘉宜公司对员工及第三方作业人员培训教育和应急演练严重不足。调查发现，从天嘉宜公司从业人员的文化程度来看，初中以下约占七成，硝化车间、焚烧炉相关作业人员以及长期在固废仓库从事叉车搬运作业的第三方承包人员对硝化废料的危险性认识严重不足，不了解硝化废料爆炸特性，且不具备专业应急处置能力，在起火至爆炸约3分钟的时间内，未能有效开展紧急上报、疏散、避险程序，导致特别重大的人员伤亡。

此外，天嘉宜公司硝化废料等危险废物管理、旧固废库建设项目"三同时"、岗位风险告知、安全检查和隐患排查整改等工作严重不到位。2017年，因安全生产违法违规，天嘉宜公司3次受到响水县安监局的行政处罚。

综上所述，天嘉宜公司安全生产管理混乱，不具备法律所要求的安全生产条件。

7. 主要负责人履职严重不到位

天嘉宜公司企业法定代表人随意变更，主要负责人未经考核合格，对企业安全管理履职严重不到位。

天嘉宜公司多次随意变更企业法定代表人。2014年10月，因天嘉宜公司将危险废物非法偷运至江阴填埋，时任天嘉宜公司法定代表人、公司总经理张某被江阴公安局依法采取刑事措施，无法继续担任法定代表人职务，此后天嘉宜公司销售科长倪某、硝化车间主任陶某等先后担任天嘉宜公司法定代表人。倪某分管公司销售事务，严重不具备生产经营活动相应的安全生产知识和管理能力。因此，在担任一段时间的公司法定代表人后，改由陶某继任法定代表人，同时负责公司安全生产工作。陶某曾以不具备安全管理经验为由，拒绝担任公司法定代表人，倪家巷集团直接以文件形式任命陶某为天嘉宜公司分管安全管理的副总经理，并由天嘉宜公司实际负责人张某提出，给陶某每月增加1万元工资，因此陶某继续担任公司法定代表人，直至"3·21"事故发生。

天嘉宜公司原法定代表人、企业实际负责人张某在担任企业主要负责人期间，曾长达11个月未取得安全生产知识和管理能力考核合格证，严重违反《安全生产法》的相关要求。天嘉宜公司历任主要负责人均未严格履行多项安全生产职责，如未组织制定针对硝化废料的相关安全生产规章制度和操作规程，未组织制定或实施针对硝化废料的安全生产教育和培训，对硝化废料的爆炸特性认识不到位，对曾经多次发生的硝化废料起火事故未加以重视，没有采取有效预防事故的措施。

综上所述，天嘉宜公司主要负责人对安全生产管理重视不足，履职严重不到位。

（三）天嘉宜公司主体责任落实不到位原因剖析

"3·21"事故暴露出的天嘉宜公司严重违法违规行为，体现出该企业安全生产主体责任落实严重不到位。

1. 对安全工作重视程度不够

天嘉宜公司主体责任落实不到位的根本原因，是天嘉宜公司及其母公司倪家巷集团管理层对安全工作重视程度不够，片面追求经济效益。

天嘉宜公司私自处理硝化废料的偷埋、焚烧、转移等种种违法行为，就是出于成本控制考虑。危险废物委托处理费用颇高，硝化废料等热值不高的危险废物处理价格在每吨几千元至上万元不等，具体价格根据危险废物的特性确定。天嘉宜公司仅硝化废料的产量就达每日600～700公斤，按每吨5000元计，每年新产生的硝化废料的处理费用就高达上百万元；企业投产超过15年，累计计算的处理费用直接支出将超过1000万元。因此，天嘉宜公司之所以敢于铤而走险，直接违法处置危险废物，利益驱动是其根本原因。

2. 时间成本控制

时间成本控制，是天嘉宜公司主体责任落实不到位的另一个主要诱因。以天嘉宜公司将旧固废堆场私自改建为旧固废库为例，除考虑建设成本以外，建设项目需要委托具有相关资质的设计单位进行规划设计，取得建筑设计许可证、施工许可证，建成后还需要进行一系列评估鉴定及相关部门验收工作，这些都将导致整个建设项目经历较长时间，远不及企业私自搭建节约时间成本。又如，天嘉宜公司在 2018 年 4 月的环保整治工作中，在积存的危险废物未完全处理完毕、安全隐患尚未整改完成的情况下仓促复工复产，也是控制时间成本的结果。控制时间成本，从根本上来说，仍然是追求经济利益的结果。

3. 安全管理工作的惰性和侥幸心理

安全管理工作的惰性和侥幸心理是导致事故发生的间接原因之一。天嘉宜公司原厂搬离江阴到响水落户的直接原因之一，就是企业为规避苏南地区日益严格的环保、安全监管，反映出企业主要负责人对安全和环保监管的投机取巧心理。

企业随意更改硝化废料回收工艺，但未经专门安全评估论证、未经重大环境变更评估，提供虚假信息影响相关评估工作准确性，也是出于相关变更手续繁杂，不去变更也不会被发现的投机心态。硝化工艺的危险性及屡次事故的警醒，仍未能引起天嘉宜公司主要负责人和安全管理人员的足够重视，未对硝化废料开展危险特性鉴定，未对相关操作人员开展风险告知和培训，抱着不会发生大事故的侥幸心理，继续违法违规运行，存在严重的安全管理不作为现象。政府监管部门的多次以罚代管，更是助长了天嘉宜公司的这种管理惰性。

三 基本结论与政策建议

落实企业安全生产主体责任，是党中央、国务院对安全生产工作提出的要求，也是法律要求企业履行的责任和义务。企业作为生产经营活动的主体，直接承担安全生产工作的主体责任。

(一) 基本结论

为了落实安全生产主体责任，企业应当依照法律法规和标准规范要求，履行安全生产的法定职责和义务，即具备法律法规和标准规范要求的安全生产条件，企业各个系统、各生产经营环境、所有设备和设施以及与生产相适应的管理组织、制度和技术措施等，要能满足保障安全的需要，避免事故发生。企业应建立健全安全生产责任体系，制定并落实安全生产规章制度和操作规程，开展培训教育，保障安全生产投入，设置安全生产管理机构或配备安全监管人员，定期开展安全检查、隐患排查及整改，强化应急救援预案的编制、修订和演练，严格重大危险源管理，严格作业安全管理，保障劳动保护用品的配备及使用，积极开展事故调查及处置，保障建设项目安全设施"三同时"，加强承包商和承租单位安全管理，依法缴纳工伤保险和安全生产责任保险，在此基础上提升企业本质安全水平，创建企业安全文化，落实企业安全生产主体责任。

"3·21"事故的发生，既是偶然的，也是必然的。任何事故都是人们在生产经营过程中想要极力避免的，但由于认知缺失、措施不足、操作失误或外部因素影响，事故的发生无法被预测，存在一定的偶然因素。但是，"3·21"事故的发生则是天嘉宜公司主体责任落实严重不到位导致的必然结果。海因里希法则认为，当一个企业有300起隐患或违章，那么非常可能要发生29起轻伤或故障，另外还会有1起重伤、死亡事故。天嘉宜公司的事故正是这一法则的完整体现。在事故发生前，天嘉宜公司有多次纠正积存硝化废料的机会，却均未把握整改：企业对一而再、再而三出现的硝化废料起火事故视而不见，尤其是事故前43天在固废库前发生了火灾事故，天嘉宜公司却从未深入挖掘导致火灾发生的管理原因，既没有进行硝化废料危险特性鉴定、风险告知或应急培训，也没有对固废库采取有效的安全管理和风险防控措施；对政府屡次行政处罚和整改要求置若罔闻，尤其是在2018年4月的停产整顿过程中，在没有按照地方环境保护部门的要求将积存的硝化废料全部处置完毕的情况下就复工复产；对企业隐患视而不见，尤其是在事故发生一个月前，相关旧固废库工作人员发现硝化废料堆垛上"热腾腾的"，并将相关问题上报，但未引起天嘉宜公司重视，企业没有复核硝化废料积热问题，也没有采取任何整改措施消除隐患。

以上一系列迹象和示警，只要任何一处关卡起到作用，"3·21"事故的惨痛后果都有可能避免。而天嘉宜公司一再出现的忽视、投机行为，为事故的发生创造了必然条件，这正是企业主体责任严重不落实所酿成的苦果。我们希望，这种血的教训能够为规范企业主体责任落实，推动安全生产工作有序运行，保障人民群众生命和财产安全，促进经济社会持续健康发展，提供足够的警示教育作用。

（二）对策建议

落实企业主体责任，既是企业保证平稳有效运行的需要，也是法律要求企业履行的责任和义务。发生生产安全事故造成重大影响和损失的，相关责任人要接受法律的惩处。习近平总书记曾指出："对责任单位和责任人要打到疼处、痛处，让他们真正痛定思痛、痛改前非，有效防止悲剧重演。"① 企业在吸取历年来多起生产安全事故的惨痛教训的同时，也要看到相关事故责任人受到的法律制裁，并引以为戒，落实安全生产的主体责任。

为进一步落实企业安全生产主体责任，我们提出以下三个方面的建议：建立健全全员安全生产责任制、加强企业风险管控、优化完善安全配套保障措施。

1. 建立健全全员安全生产责任制

企业应建立健全覆盖全员的安全生产责任体系。企业主要负责人要以身作则，践行自身肩负的使命，依法依规履行安全生产职责，建立覆盖企业各级管理人员、安全监管人员、全体职工以及承包商和承租单位等的安全生产责任体系。

企业应建立健全安全生产责任体系，进行精细化的岗位职责划分，理清各岗位之间的责任边界，并形成具体清晰且科学合理的职责内容；明确岗位责任人员，将责任落实到具体个人，防止责任主体不明确而导致无人负责，实行全员的安全生产责任制；制定落实安全生产规章制度，并通过相应的评估考核和奖惩机制激励制度加以落实，对其履行责任的程度和效果进行评估，以此方式强化责任制的落实。

2. 加强企业风险管控

企业应采取一系列措施，加强对风险的管控。应建立健全风险辨识、隐患排查的相关制度，并严格遵照执行，对发现的问题和隐患及时记录并采取必要的管控措施，整改完成后进行必要的复核。企业应制定严格的作业安全管理规定，加强对动火、有限空间等特殊作业、特种作业、危险品装卸作业的安全监管，强化作业场所风险辨识和人员监护；从业人员应严格按照操作规程和企业规章制度进行作业。矿山、危险化学品等高风险企业应加强建设项目"三同时"监管和重大危险源安全管理，依法依规保障安全设备设施的完好性，按照要求安装各类传感器、自动控制、视频监控

---

① 《习近平：党政同责 一岗双责 齐抓共管 失职追责》，新华网，http：//www.xinhuanet.com/politics/2015－08/17/c_1116281206.htm，最后访问日期：2020 年 12 月 20 日。

等设施。

企业应加强应急救援能力建设，各岗位员工应明确各自岗位突发状况应急处置措施；企业应制定综合性及专项应急救援预案，定期开展预案演练并对演练效果进行评估，以此对预案内容进行修订；在发生突发事件的情况下，企业应积极组织事故救援处置，控制事故规模，并积极配合开展事故调查工作。

3. 优化完善安全配套保障措施

企业应加强安全相关配套保障。新入职员工要开展岗前三级培训教育，全体员工每年应参与安全生产培训，企业主要负责人和安全管理人员应通过相应的安全管理考核。企业应依法保障必要的安全生产投入，安全生产专用资金不得挪作他用；应为全体员工配备必要的劳动保护用品，对相关用品的使用方法进行培训，同时监督员工是否按照要求进行个体防护。企业应依法为员工缴纳工伤保险，高危行业应主动购买安全生产责任险，鼓励所有企业购买安全生产责任保险。

鼓励企业进行科技创新，开发本质更安全化的工艺、技术和产品，缓和工艺过程中高温、高压等工艺条件，以低毒、低危物质替代高毒、高危物质，减少危险物质存量，提升企业本质安全水平。鼓励企业创建安全文化，定期组织安全主题周（月）、安全知识竞赛、应急演练比武、安全有奖征文等活动，通过自媒体等方式加大宣传力度，评选安全生产先进个人、先进团队等；组织企业开放日，邀请政府机关、职工家属、相关企业、周边群众和在校学生等近距离参观现代化企业，了解企业正常运行和管理的流程，参与企业应急演练活动，架起与广大群众沟通的桥梁，同时强化企业员工的荣誉感、认同感、归属感，让员工无后顾之忧，进一步提升安全生产全员参与的内生动力。

第四章 应急处置与救援

应急处置与救援是在突发事件发生后，依法及时采取各项措施，控制事态发展，防止事态扩大和发生次生、衍生事件，努力减轻和消除其对生命财产造成损害的过程。① 应急处置与救援要求决策者在紧急情况下迅速收集信息，研究对策，果断作出重要决策应急，既考验党委政府的决策力、执行力、协调力等，也是前期社会应急准备能力建设的集中体现。"3·21"事故具有爆炸总能量巨大、人员伤亡多、现场涉及危险有害化工原料多、环境污染压力大等特点，应急处置与救援难度大。本章构建了一个"任务－响应"评估框架，从政治要求、法律要求、专业要求三个维度，梳理应急处置与救援的主要任务，从主体应对和任务完成两个维度复盘响应情况，在总结经验、吸取教训的基础上，就有效防范化解危险化学品重特大安全事故提出建议。

一 引言

生命周期理论将突发事件分为事前、事发、事中、事后四个阶段。我国《突发事件应对法》遵循全过程管理的理念，将全过程突发事件应对活动分为预防与应急准备、监测与预警、应急处置与救援、事后恢复与重建四个阶段。相对于其他三个阶段，应急处置与救援阶段的工作环境最复杂、任务最紧迫、决策难度最大，既考验党委政府的决策力、执行力、协调力等，也是前期社会应急准备能力建设的集中体现。

与预防与应急准备等可以在固定的场所开展相比，应急处置与救援工作多数需要在事发现场展开，工作环境复杂。从物理空间来看，事发现场一般没有完备的工作设施与条件，且面临二次灾害的危险；从组织角度来

---

① 钟开斌：《公共场所人群聚集安全管理——外滩拥挤踩踏事件案例研究》，社会科学文献出版社，2016，第 37 页。

看，事发现场聚集了来自多个层级和多家单位的救援人员和工作人员，他们要形成救援的合力，需要磨合；从个体角度看来，事发现场有受到伤害的人、受到威胁的人、实施救助的人等，他们有紧急而不同的需求，需要调和。

与预防与应急准备等可以按照有序的计划开展工作相比，应急处置与救援工作需要根据现场情况及时调整，在时间上要迅速，越快越好。① 从具体任务来看，主要包括对受伤人员、受到威胁的人员的救助，对危险源的控制，对次生、衍生事件的防治，对损坏的公共设施进行抢修等；这些任务事关人民生命财产安全、事关社会稳定，必须争分夺秒。

与预防与应急准备等决策可以遵循科学流程进行相比，应急处置与救援的方案决策是非常规决策状态。② 从决策导向来看，应急处置与救援的决策在尽快控制危机事态蔓延的目标导向下，发扬民主受到时间限制；从约束条件来看，应急处置与救援的决策时间紧迫、信息有限、资源紧缺；从决策程序来看，应急处置与救援的决策只能是非程序化决策，流程只能简化。③

化工事故灾变路径复杂，极易引发次生灾害和环境污染，其应急处置与救援专业性强，媒体与民众对此类事故的关注度高。例如，2013 年青岛"11·22"中石化黄潍输油管线泄漏，因现场处置人员采用液压破碎锤在暗渠盖板上打孔破碎，产生撞击火花，引发暗渠内油气爆炸，造成 62 人遇难、136 人受伤，直接经济损失达 75172 万元。④ 2015 年天津港"8·12"瑞海公司危险品仓库火灾，在现场侦察不到位的情况下，消防队员全部进入灾害现场，因现场情况复杂，接连发生二次爆炸，造成 165 人遇难。以上事故迅速成为社会以及媒体关注的焦点。

"3·21"事故同样面临复杂的处置环境：一是爆炸发生在化工园区，危险有害化工原料品种多、数量大。在救援过程中，仅事故爆坑内就形成了约 1.8 万立方米的含酸废水，新丰河 2 号土坝和 11 号土坝之间形成了约 2 万立方米重污染水；在事后进行园区清理时，需要转移的危化品涉及 30

---

① 刘铁民：《重大事故应急处置基本原则与程序》，《中国安全生产科学技术》2007 年第 3 期。
② 张磊、王延章、陈雪龙、王宁：《面向突发事件应急决策的情景建模方法》，《系统工程学报》2020 年第 33 期。
③ 曹杰、朱莉：《现代应急管理》，科学出版社，2011，第 295 页。
④ 张俊斌：《油气管道与基础设施之间安全距离的探讨》，《山东化工》2020 年第 12 期。

家企业，共 77 项，177 种物料。二是爆炸规模大，影响范围广。经测算，此次事故爆炸总能量约为 260 吨 TNT 当量，相当于 2.2 级地震。① 冲击波造成严重受损（建筑结构受损）区域面积约为 14 平方千米，中度受损（建筑外墙及门窗受损）区域面积约为 48 平方千米（见图 4-1）。三是现场着火点多，处置难度大。爆炸后，发生明火点有 8 处，其中天嘉宜公司储罐区有 3 处，江苏华旭药业有限公司等 5 家化工企业各 1 处。现场救援涉及灭火防爆、人员疏散搜救、医疗救治、环境监测、污染物处置、信息公开等多项工作，相关工作开展空间重叠，时间交错，处置难度大。四是爆炸发生在工作时间，现场人员多，伤员救助任务重。事故造成 78 人死亡、76 人重伤，住院治疗人数超过 600 人。

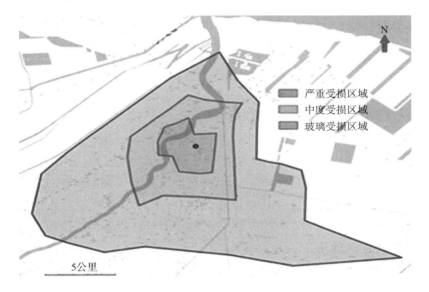

图 4-1　爆炸冲击波波及区域示意图

资料来源：《江苏响水天嘉宜化工有限公司"3·21"特别重大爆炸事故调查报告》，应急管理部网站，https://www.mem.gov.cn/gk/sgcc/tbzdsgdcbg/2019tbzdsgcc/201911/P020191115565111829069.pdf，最后访问日期：2020 年 12 月 20 日。

"3·21"事故发生在应急管理新体制磨合期，一方面，随着机构改革持续推进，各级应急管理部门陆续成立，机构、职能整合不断加速，过去

---

① 由爆炸科学与技术国家重点实验室（北京理工大学）和中国兵器工业集团第二一七研究所采用经验公式和数值模拟的方法，对爆炸能量进行分析计算。

各部门"九龙治水""各扫门前雪"等难题正在逐步破除。① 另一方面，一些新矛盾开始显现，部分高风险岗位专业人员流失，在某些领域，人员与事权难以匹配，部门职责分工边界不够明确，地方机构重建能否从"物理相加"走向"化学融合"亟待检验。② 同时，"3·21"事故是在天津港"8·12"事故之后发生的又一起重特大化工事故，也是昆山"8·2"事故发生后江苏近几年里再次发生的重特大事故。对此，此次事故调查报告多处指出，江苏省及有关单位没有深刻吸取天津港"8·12"事故、昆山"8·2"事故等特别重大事故教训，推动安全生产不力。因此，针对"3·21"事故应急处置与救援进行评估研究，有利于领导干部提高红线意识，提高化工园区和危险化学品企业安全管理水平，有效应对及防范危险化学品重特大安全事故。

二 分析框架：应急处置与救援的"任务－响应"模型

从宏观来讲，针对应急处置与救援的评估属于政府治理评估。对于治理评估的模型框架，丹尼尔·考夫曼（Daniel Kaufmann）和阿尔特·克莱（Aart Kraay）指出："使用与具体任务相适合的指标。与所有的分析工具一样，不同类型的治理指标适用于不同的目的。"③ 马得勇、张蕾在总结众多治理评估模型后指出："这些价值从政治、行政的输入、过程和输出三个环节对治理的要素进行了概括，为测量治理奠定了基本的理论方向。"④ 本章结合应急处置与救援评估理论基础和"3·21"事故应急处置与救援的特点，建立了"任务－响应"评估框架，从政治要求、法律要求、专业要求三个维度梳理任务，从主体应对和任务完成两个维度复盘相应情况。

（一）应急处置与救援工作分析评估分类

对突发事件应急处置与救援工作进行分析评估，可以从方法维度、主体维度、任务维度进行分类（见表4－1）。

---

① 《"三个方程式"促机构改革"化学反应"》，《机构与行政》2019年第10期。
② 《机构改革磨合期，应急部门能否应大急》，《半月谈》2019年第16期。
③ Daniel Kaufmann and Aart Kraay, "Governance Indicators: Where are We, Where Should We be Going?" *The World Bank Research Observer*, No. 1, 2008, pp. 1－30。
④ 马得勇、张蕾：《测量治理：国外的研究及其对中国的启示》，《公共管理学报》2008年第4期。

表 4 - 1　应急处置与救援工作分析评估分类

序号	大类	小类	主要特点
1	方法维度	定性分析评估	综合性强，可以考虑到诸多因素
2		定量分析评估	结论具有可比性
3		定性与定量相结合的分析评估	体系建构相对复杂
4	主体维度	针对不同层级的分析评估	注重分析各层级事权的划分与落实
5		针对不同部门的分析评估	注重分析不同部门的职责及履职尽责情况
6	任务维度	总体效果分析评估	注重宏观效果
7		专项效果分析评估	注重专业措施的科学性

从方法维度可分为定性分析评估、定量分析评估及定性与定量相结合的分析评估。定性分析评估是指对应急处置与救援的特征进行描述和分析，得出描述性的结论。其优点是综合性强，可以考虑到诸多因素，充分发挥分析人员的专业判断；其缺点是结果因不同评估者存在差异，且不易进行比较。定性分析评估的具体方法包括因果分析、比较分析、矛盾分析等，问卷调查、访谈、观察、资料分析、座谈等是定性分析评估常用的手段。定量分析评估是指对应急处置与救援的数量特征、数量关系与数量变化进行分析，制定量化指标，得出数量化的结论。其优点是结论具有可比性；其缺点是结论与模型及数据处理的尺度相关性大，其数量化的结论对内涵的表达不清晰。定性与定量相结合的分析评估，是将两者融合，将定性作为定量的依据，将定量作为定性的具体化，但其体系建构相对复杂。

从主体维度可分为针对不同层级的分析评估和针对不同部门的分析评估。针对不同层级的分析评估以层级为分类标准，针对不同层级党委政府在事件应急处置与救援中的行为进行分析评估，注重分析各层级事权的划分与落实。针对不同部门的分析评估以部门为分类标准，针对同一层级不同部门和单位在应急处置与救援中的行为进行分析评估，注重分析不同部门的职责及履职尽责情况。生产安全事故调查的报告多从这两个维度展开分析，对各主体的行为进行合法、合理、合规性审查，并对不作为、乱作为等行为进行问责。

从任务维度可分为总体效果分析评估和专项效果分析评估。总体效果分析评估遵循"人民安全是国家安全的基石"的理念，对突发事件处置与救援的任务完成总体效果进行分析评估，注重宏观效果。专项效果分析评估按照专业应急要求，针对处置与救援具体的救援任务、医疗任务、信息处理任务等完成情况进行专业分析评估，注重专业措施的科学性。

（二）"任务－响应"模型的基本内容

根据突发事件分级标准，"3·21"事故属于特别重大生产安全事故，它的应急处置与救援，是一个多主体、多部门参与，覆盖多阶段重点任务的复杂体系。从应急处置与救援参与层级来看，中央、省、市、县、开发区、乡镇都参与。就中央层面而言，习近平总书记作出重要指示，李克强总理作出批示，王勇国务委员赶赴现场。从应急处置与救援参与部门单位来看，应急管理部门、环保部门、工业和信息化部门、公安部门、生态环境部门、卫生健康部门、工会和宣传部门、武警部队、消防队伍、医疗队伍、民兵队伍等聚集现场开展工作，救援人员多达几千人。从应急处置与救援的阶段任务来看，有灭火防爆、人员疏散搜救、医疗救治及善后处置、环境监测与污染物处置、信息公开与舆情引导等多个环节。对这起事故应急处置与救援的评估，从主体、效果等单一维度都不能完整窥其全貌。因此，本章基于定性分析评估的技术路线，建立了"任务－响应"分析评估模型（见图4－2）。

基于三个维度的分析，建立任务清单：一是政治要求维度，即党中央、国务院对此类事故处置的具体要求，构成了应急处置与救援的"必须作为"；二是法律要求维度，即法律法规对此类事故处置的相关规定，构成了应急处置与救援的"应该作为"；三是专业要求维度，即梳理应对化工事故灾情演变可能要进行的动作，构成了应急处置与救援的"能够作为"。在此三个维度分析的基础上，结合"3·21"事故实际，形成应急处置与救援任务清单。

基于应急处置与救援任务清单，分两个层面剖析针对事故的响应情况：一是各个层级主体的应有举措，主要从国家、省级、市级、县级、园区级展开，回顾各主体应急处置与救援过程；二是主要任务的完成情况，重点从灭火防爆、人员疏散搜救、医疗救治及善后处置、环境监测与污染物处置、处置与救援保障等任务完成情况进行回顾，主要分析任务完成的过程与效果。

最后，进行"任务－响应"匹配，给出评估结论，分析经验与不足，并提出针对性的建议。

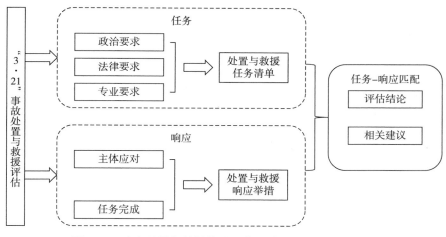

图 4 - 2　应急处置与救援的"任务 - 响应"分析评估模型

三　任务清单："3·21"事故应急处置与救援主体行为和要点分析

（一）政治要求：应急处置与救援的"必须作为"

党的十八大以来，以习近平同志为核心的党中央高度重视安全生产工作。习近平总书记就安全生产相继作出了一系列重要论述，深刻揭示了我国现阶段安全生产的规律特点，提出了安全生产工作的基本原则与具体要求。就事故应急处置与救援而言，要坚持党对应急处置与救援工作的绝对领导，始终把人民群众生命安全放在第一位，以总体国家安全观为指导，依法科学有序开展相关工作。

1. 坚持党对应急处置与救援工作的绝对领导

党的领导是做好党和国家各项工作的根本保证，应急处置与救援工作必须坚持党总揽全局、协调各方的领导核心地位。习近平总书记强调："要坚持党对国家安全工作的绝对领导，实施更为有力的统领和协调。"① 坚持党对应急处置与救援工作的绝对领导，必须坚持党政同责、一岗双责、失职追责，发挥党委的领导作用和政府的主导作用，做到守土有责、守土尽责；必须坚持应急救援队伍政治建设、作风建设，牢记救民于水

---

① 《习近平谈治国理政》第 3 卷，外文出版社，2020，第 218 页。

火、助民于危难、给人民以力量的使命，对党忠诚、纪律严明、赴汤蹈火、竭诚为民；必须坚持统筹协调，发挥应急管理部门的综合优势、综合性消防救援队伍的力量优势、各部门的职能优势、专家学者的专业优势，统筹谋划应急处置与救援各项工作。

2. 始终把人民群众生命安全和身体健康放在第一位

始终把人民群众生命安全和身体健康放在第一位，是中国共产党全心全意为人民服务宗旨的体现，是以人民为中心的发展思想的具体实践。习近平总书记强调："在保护人民生命安全面前，我们必须不惜一切代价，我们也能够做到不惜一切代价，因为中国共产党的根本宗旨是全心全意为人民服务，我们的国家是人民当家作主的社会主义国家。"[1] 坚持以人民为中心，做好应急处置与救援工作，就必须坚持人民至上、生命至上。

山东省青岛市"11·22"中石化黄潍输油管道泄漏爆炸特别重大事故发生后，习近平总书记作出指示："山东省和有关方面组织力量，及时排除险情，千方百计搜救失踪、受伤人员，并查明事故原因，总结事故教训，落实安全生产责任，强化安全生产措施，坚决杜绝此类事故。"[2] 在天津港"8·12"瑞海公司危险品仓库特别重大火灾爆炸事故发生后，习近平总书记作出指示："天津市组织强有力力量，全力救治伤员，搜救失踪人员；尽快控制消除火情，查明事故原因，严肃查处事故责任人；做好遇难人员亲属和伤者安抚工作，维护好社会治安，稳定社会情绪；注意科学施救，切实保护救援人员安全。"[3] "3·21"事故发生后，习近平总书记在出访途中要求江苏省和有关部门全力抢险救援，搜救被困人员，及时救治伤员，做好善后工作。

3. 坚决贯彻落实总体国家安全观

习近平总书记强调："全面贯彻落实总体国家安全观，必须坚持统筹发展和安全两件大事，既要善于运用发展成果夯实国家安全的实力基础，又要善于塑造有利于经济社会发展的安全环境；坚持人民安全、政治安全、国家利益至上的有机统一，人民安全是国家安全的宗旨，政治安全是国家安全的根本，国家利益至上是国家安全的准则，实现人民安居乐业、

---

① 习近平：《在全国抗击新冠肺炎疫情表彰大会上的讲话》，人民出版社，2020，第 13 页。

② 《习近平对中石化黄潍输油管线爆燃事故作出重要指示》，《人民日报》2013 年 11 月 23 日。

③ 《要求尽快控制消除火情 全力救治伤员 确保人民生命财产安全》，《人民日报》2015 年 8 月 14 日。

党的长期执政、国家长治久安；坚持立足于防，又有效处置风险。"①

事故应急处置与救援是公共安全管理的重要内容之一，做好应急处置与救援工作要高度领会总体国家安全观所蕴含的系统思维，既要抓重点，也不能顾此失彼；既要看到眼前的灾情，也要看到风险的聚集演变；既要关注事故发生地，也要看到对周边区域的影响；既要做好利益相关者的工作，也要关注非利益相关群体的需要；既要做好应对处置工作，也要注重舆论引导。针对"3·21"事故，习近平总书记特别要求："要加强监测预警，防控发生环境污染，严防发生次生灾害。要尽快查明事故原因，及时发布权威信息，加强舆情引导。"②

4. 坚持依法开展应急处置与救援工作

法律是治国之重器，良法是善治之前提。坚持全面依法治国，是中国特色社会主义国家制度和国家治理体系的显著优势。习近平总书记指出："要善于运用法治思维和法治方式进行治理，要强化法治意识。"③ 坚持事故应急处置与救援依法进行，要发挥法律的社会作用，维护人民利益、维护社会公共利益；要发挥法律的指引作用，在维护大多数人利益的前提下，限制特定群体的权利；要发挥法律的评价作用，衡量政府有关部门、相关人员的行为是否合法或有效。

（二）法律要求：应急处置与救援的"应该作为"

从应急处置与救援的相关法律法规来看，《突发事件应对法》（2007年）、《安全生产法》（2014年）、《生产安全事故应急条例》（2019年）、《国务院安委会关于进一步加强生产安全事故应急处置工作的通知》（2013年）、《危险化学品安全管理条例》（2019年）等法律、法规、政府文件明确了处置与救援中各主体的责任，明确了应急处置与救援中可采取的措施，明确了应急处置与救援中的相关权力，并规定了相关信息公布和上报的流程，是做好应急处置与救援工作的法律遵循。

1. 明确了应急处置与救援中各主体的责任

生产经营单位必须落实安全生产主体责任。在发生事故后，生产经营

① 《习近平谈治国理政》第 3 卷，外文出版社，2020，第 218 页。
② 《习近平对江苏响水天嘉宜化工有限公司"3·21"爆炸事故作出重要指示 要求全力抢险救援深刻吸取教训 坚决防范重特大事故发生》，《人民日报》2019 年 3 月 23 日。
③ 《习近平谈治国理政》第 2 卷，外文出版社，2017，第 424～425 页。

单位应当迅速采取有效措施，组织抢救，并配合政府做好应急处置与救援工作。《安全生产法》第七十六条规定："重点行业、领域建立应急救援基地和应急救援队伍，鼓励生产经营单位和其他社会力量建立应急救援队伍，配备相应的应急救援装备和物资，提高应急救援的专业化水平。"第七十八条规定："生产经营单位应当制定本单位生产安全事故应急救援预案，与所在地县级以上地方政府组织制定的生产安全事故应急救援预案相衔接，并定期组织演练。"第八十条规定："在发生事故时，生产经营单位应当迅速采取有效措施，组织抢救，防止事故扩大，减少人员伤亡和财产损失。"

地方政府负责本行政区域内事故应急处置。《突发事件应对法》第四十八条规定："突发事件发生后，履行统一领导职责或者组织处置突发事件的人民政府应当针对其性质、特点和危害程度，立即组织有关部门，调动应急救援队伍和社会力量，依照本章的规定和有关法律、法规、规章的规定采取应急处置措施。"《安全生产法》第七十七条规定："县级以上地方各级人民政府应当组织制定生产安全事故应急救援预案，建立应急救援体系。地方政府负责制定与实施救援方案，组织开展应急救援。"

参与事故抢救的部门各司其职。《安全生产法》第八十一条规定："负有安全生产监督管理职责的部门接到事故报告后，应当立即按照国家有关规定上报事故情况。负有安全生产监督管理职责的部门和有关地方人民政府对事故情况不得隐瞒不报、谎报或者迟报。"第八十二条规定："有关部门的负责人应当按照生产安全事故应急救援预案的要求立即赶到事故现场，组织事故抢救；参与事故抢救的部门和单位应当服从统一指挥，加强协同联动，根据事故救援的需要采取措施，防止事故扩大和次生灾害的发生，减少人员伤亡和财产损失；任何单位和个人都应当支持、配合事故抢救，并提供一切便利条件。"

单位及个人有序参与。《突发事件应对法》第五十七条规定："突发事件发生地的公民应当服从人民政府、居民委员会、村民委员会或者所属单位的指挥和安排，配合人民政府采取的应急处置措施，积极参加应急救援工作，协助维护社会秩序。"

2. 明确了应急处置与救援中可采取的措施

关于此类事故应急处置与救援的具体措施，《突发事件应对法》《安全生产法》《生产安全事故应急条例》《国务院安委会关于进一步加强生产安全事故应急处置工作的通知》《危险化学品安全管理条例》等法律法规和政府文件从宏观到具体明确了相关规定。就此类事故而言，依法处置的措施与要求主要包括以下几个方面。

一是做好人员救助伤员救治，要组织营救和救治受害人员，疏散、撤离并妥善安置受到威胁的人员；实施医疗救护和卫生防疫；通知可能受影响的单位和人员，以及采取其他救助措施。

二是做好现场控制灭火防爆，要迅速控制危险源，标明危险区域，隔离事故现场，划定警戒区，实行交通管制；研判事故发展趋势，请求邻近的应急救援队伍参加救援，采取控制和防止事故危害扩大的其他措施。

三是防止环境污染及次生灾害发生，及时处置对环境造成的危害，采取防止发生次生、衍生事件的必要措施；关闭或者限制使用有关场所，中止人员密集的活动或者可能导致危害扩大的生产经营活动，以及采取其他保护措施。

四是做好应急保障，要立即抢修被损坏的交通、通信、供水、排水、供电、供气、供热等公共设施；向受到危害的人员提供避难场所和生活必需品，保障食品、饮用水、燃料等基本生活必需品的供应。

五是做好经济社会稳定工作，要做好伤亡人员赔偿和安抚善后、救援人员抚恤和荣誉认定、应急处置信息发布及维护社会稳定等工作；要依法从严惩处囤积居奇等扰乱市场秩序的行为，维护市场秩序；要依法从严惩处干扰破坏应急处置工作等扰乱社会秩序的行为，维护社会治安。

3. 明确了应急处置与救援中的相关权力

突发事件发生是特殊状态，为使应急处置与救援活动顺利开展，法律对公民的相关权利进行了限制，并赋予政府相关部门要求单位、个人等配合应急处置的权力。《突发事件应对法》第五十二条规定："履行统一领导职责或者组织处置突发事件的人民政府，必要时可以向单位和个人征用应急救援所需设备、设施、场地、交通工具和其他物资，请求其他地方人民政府提供人力、物力、财力或者技术支援，要求生产、供应生活必需品和应急救援物资的企业组织生产、保证供给，要求提供医疗、交通等公共服务的组织提供相应的服务。"《突发事件应对法》第五十六条等规定：突发事件发生地的公民应当服从人民政府、居民委员会、村民委员会或者所属单位的指挥和安排，配合政府采取的应急处置措施，积极参加应急救援工作，协助维护社会秩序；突发事件发生地的其他单位应当服从人民政府发布的决定、命令，配合人民政府采取的应急处置措施，做好本单位的应急救援工作，并积极组织人员参加所在地的应急救援和处置工作。

4. 规定了相关信息公布和上报的流程

在突发事件发生后第一时间上报信息，以尽快获得上级的指导和支持，直接关系到地方的应急响应能力，进而决定了突发事件应对的整体效果。[1] 同时，及时、准确发布信息，可以为应急处置与救援活动创造良好的舆论氛围。[2]《安全生产法》第八十条规定："生产经营单位发生生产安全事故后，事故现场有关人员应当立即报告本单位负责人；单位负责人接到事故报告后，按照国家有关规定立即如实报告当地负有安全生产监督管理职责的部门，不得隐瞒不报、谎报或者迟报。"《安全生产法》第八十一条规定："负有安全生产监督管理职责的部门接到事故报告后，应当立即按照国家有关规定上报事故情况。"《突发事件应对法》第四十六条规定："对即将发生或者已经发生的社会安全事件，县级以上地方各级人民政府及其有关主管部门应当按照规定向上一级人民政府及其有关主管部门报告，必要时可以越级上报。"《突发事件应对法》第五十三条规定："履行统一领导职责或者组织处置突发事件的人民政府，应当按照有关规定统一、准确、及时发布有关突发事件事态发展和应急处置工作的信息。"

（三）专业要求：应急处置与救援的能为

化工行业是我国国民经济中不可或缺的重要组成部分。对化工行业生产安全事故的应急处置与救援，需要从化工行业和化工事故的特点出发，梳理应急处置与救援的要点，科学处置。

1. 化工行业与化工事故的特点

一是化工行业涉及原料种类多、数量大，且多数高危有毒。在不同类型的化工企业生产中，涉及化工材料的种类及数量不尽相同，但所涉及的大多数中间体、成品、半成品、副产品等都具有易燃、易爆、腐蚀性或者有毒有害等特点，同时，部分原料和废料的储量比较大。在"3·21"事故中，起火爆炸的硝基废料就有600吨之多。在进行化工事故应急处置与救援时，需要掌握企业储存了什么化工材料、量有多大等信息。

---

① 钟开斌：《应急管理十二讲》，人民出版社，2020，第173页。

② 唐励、唐善云：《如何加强公共危机中的舆论治理》，《学习时报》2020年4月1日。

二是化工生产设施密集紧凑。不同企业、不同产品的生产装置不尽相同，即使是同一种产品的生产线，如果是在不同时期建造的，其装置也不尽相同。但是，总体而言，化工装置的共性特点是各种塔、釜、槽、罐、阀门比比皆是，各种设施高度密集、紧凑排列，管道（线）纵横交错、上下串通、左右贯穿。在进行化工事故应急处置与救援时，需要掌握企业生产线的大致情况，特别是要重点了解高压、高毒反应釜、管道等。

三是生产工艺连续性强且多为高温高压。化工生产工艺的特点是工艺过程复杂多样、工艺控制参数多，自动化生产程度高、连续性强，生产过程连续且量比较大，通常都是在高温、高压等条件下进行，且伴有复杂的化学反应。在进行化工事故应急处置与救援时，需要掌握生产工艺的相关信息，特别是要关注停产后可能引起的相关影响。

四是化工火灾爆炸剧烈反复且多伴生次生灾害。化工原料、化工装置、化工生产工艺的诸多特点，决定了化工企业的各个环节中都容易发生火灾爆炸事故。而一旦发生事故，其特点是：燃烧强度大、火场温度高、热辐射强，蔓延速度快，易形成立体火、大面积过火、流淌火，易复燃和多次爆炸，易造成重大人员伤亡和财产损失、社会影响大，易造成环境污染、治理难度大。①

2. 化工事故应急处置与救援的要点

化工行业与化工事故的特点，决定了无论是从危险程度还是从破坏程度来看，其危害都比一般生产安全事故严重得多。化工事故应急处置与救援，要讲"两点论"，不能非此即彼，要善用辩证法，找到平衡点；要讲"重点论"，不能眉毛胡子一把抓，没有主次，不加区别，要抓住应急处置与救援的重点带动总体的工作。

从工作要点来看，化工事故应急处置与救援必须尊重化工事故发生发展的机理，运用应急管理阶段理论、危机切割理论等，将复杂的灾情分解成一个一个任务，根据相关任务的重要程度，聚集人力、物力，逐一解决。其应急处置流程大致包括灾情报告、初期响应、灭火防爆、疏散搜救、医疗救治、环境监测、污染物处理、信息发布、善后处置等。其中，初期响应、灭火防爆、疏散搜救、环境监测、污染物处理是化工事故应急处置的重点环节，其要点如下。

---

① 郭斌：《化工类火灾事故的成因与特点及救援预案分析》，《广州化工》2016 年第 44 期。

初期响应是党委政府从常态管理向应急状态管理转变的过程，其显著标志就是指挥部的建立和正常运行。初期响应的主要动作有四项：一是成立组织，一般设现场指挥部和后方指挥部，指挥部下设若干个工作组。二是把握情况，主要了解遇险人员伤亡、失踪、被困情况，危险化学品危险特性、数量、应急处置方法等信息，周边建筑、居民、地形、电源、火源等情况，事故可能导致的后果及对周围区域的可能影响范围和危害程度，应急救援设备、物资、器材、队伍等应急力量情况，有关装置、设备、设施损毁情况。三是研判决策，根据现场情况，初步制定处置措施，划定警戒隔离区域，下达应急疏散指令等。四是请求外援，协调外部救援力量，请求技术、物资支持等。

灭火防爆是化工事故应急处置的难点与危险点，是应急处置工作的重要环节。灭火防爆的要领有四项：一是火灾爆炸处置，扑灭现场明火应坚持先控制后扑灭的原则，根据危险化学品特性，选用适合的灭火剂，根据现场情况和预案要求，及时决定有关设备、装置、单元或系统紧急停车，避免事故扩大。二是控制泄漏源，可以采取停车、局部打循环、改走副线、降压堵漏、转料、套装、堵漏等措施控制泄漏源，对气体泄漏可采取喷雾状水、释放惰性气体、加入中和剂等措施，对液体泄漏可采取容器盛装、吸附、筑堤、挖坑、泵吸等措施，泄漏物控制应与泄漏源控制同时进行。三是维护救援秩序，防止救援过程中发生车辆碰撞、车辆伤害、物体打击、高处坠落等事故。四是防止灾害扩大，以优先采取保障人员生命安全为出发点，统筹考虑因火灾爆炸引发泄漏中毒事故及泄漏引发火灾爆炸事故的救援措施。[①]

疏散搜救是减少人员伤亡的重要举措，疏散以及与此相关的警戒隔离，还可以为救援工作创造好的环境。疏散搜救的要点如下：一是确定警戒隔离区，设立边界警示标志，安排专人负责警戒，并根据事故发展适当进行调整。二是对通往事故现场的道路实行交通管制，清理主要交通干道，保证道路畅通，无关车辆禁入。三是合理设置出入口，除应急救援人员外，严禁无关人员进入。四是注意救援安全，应急救援人员进入现场需要有必要的安全防护措施，现场安全监测人员发现紧急情况，应立即报告指挥部，相关人员迅速撤离。五是救助安全，救援人员携带救生器材迅速

---

① 赵正宏：《危化品事故救援的原则程序方法》，《现代职业安全》2016 年第 1 期。

将遇险受困人员转移到安全区，经现场急救、登记后移交专业医疗卫生机构处置。六是疏散安全，指挥部发布疏散指令，选择安全的疏散路线，并指导疏散人员采取简易有效的保护措施。①

环境监测为应急处置与救援方案的制定提供信息支持。环境监测的要点如下：一是现场监测，对现场可燃、有毒有害危险化学品的浓度、扩散等情况进行动态监测。二是条件监测，对现场及周围的风向、风力、气温等气象数据进行动态监测。三是设施设备监测，对装置、设施、建（构）筑物已经受到的破坏或潜在的威胁进行动态监测。四是周边环境监测，对周边水系、大气等污染情况进行监测。

污染物处理的对象包括灭火防爆过程中产生的污染物以及企业储存的需处理的化工物质。污染物处理的要点：一是防止污染物扩散，要采取源头关闭、封堵、吸附、消解等方法防止水体扩散。二是救援洗消，在危险区与安全区交界处设立洗消站，使用相应的洗消药剂，对所有染毒人员及工具、装备进行洗消。三是污染物清理，对泄漏液体、固体统一进行收集处理，对空气、水源、土壤污染，应及时采取相应的应急处置措施。②

（四）"3·21"事故应急处置与救援的任务清单

综合应急处置与救援的"必须作为"（政治要求）、"应该作为"（法律要求）、"能够作为"（专业要求），形成任务清单如下（分析框架见图4-3）。

1. "3·21"事故应急处置与救援的主体行为

党委政府是突发事件应急处置与救援的主体。结合"3·21"事故应急处置与救援参与主体具有多层级的特点，针对主体行为的评估从考察园区、县、市、省各级指挥部的设立时间与组成情况的基础上展开，重点从五个层级考察各级党委政府以及本级的主要参与单位的响应情况。五个层级包括：①响水生态化工园区的响应；②响水县委、县政府的响应；③盐城市委、市政府的响应；④江苏省委、省政府的响应；⑤党中央、国务院的响应。

2. "3·21"事故应急处置与救援的重点任务

根据化工事故应急处置与救援的要点，结合"3·21"事故爆炸规模

---

① 《危险化学品事故应急救援指挥导则》，《安全》2015年第9期。
② 《危险化学品事故应急救援指挥导则（续）》，《安全》2015年第10期。

大，现场火点多，伤亡人数众，涉及化工原料品种多、数量大的特点，评估从七个方面考察重点任务完成情况。七个方面包括：①灭火防爆；②人员疏散搜救；③医疗救治及善后处置；④环境监测与污染物处置；⑤处置与救援保障；⑥信息公开与舆情引导；⑦与应急处置与救援同步开展的相关工作。

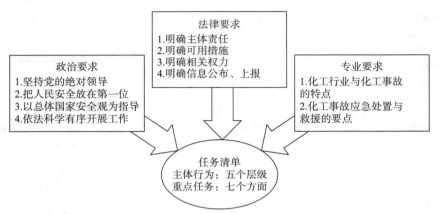

图4-3　任务清单："3·21"事故应急处置与救援主体行为与要点分析

四　响应情况："3·21"事故应急处置与救援过程分析

事故发生后，在党中央、国务院的领导及相关部委的指导下，江苏省委、省政府组织开展灭火防爆、人员疏散搜救、医疗救治及善后处置、环境监测与污染物处置、信息公开与舆情引导等相关工作。至3月22日5时，3处着火的储罐和5处着火点全部扑灭；至3月25日，事故现场的集中搜救工作基本结束，开始进行现场清理工作；至4月10日，事故遇难者善后各项事宜基本完成；至4月15日，危重伤员、重症伤员全部脱离危险，在救治过程中无一人死亡。

（一）各主体响应情况①

在危机管理实践中，科层制应急组织的死板性、非人格化决策、协调不畅等缺陷，大大降低了应急管理的效能。② 对"3·21"这一类事故，罗

---

① 本部分的资料主要来自课题组调研访谈。

② 杨乙丹：《中国应急管理组织体系的反思与重构》，《华南理工大学学报》（社会科学版）2016年第1期。

伯特·希斯（Robert Heath）认为，可以采用事故控制体系这种典型的轮形结构的任务型组织，这种结构的优点在于只有两个层级，采用统一指挥，行动计划与策略流程相对简单。① 因此，采用高层级、扁平化、统一的现场指挥部，是处置此类事故的重要组织保障，各级各主体都应在指挥部的领导下开展工作，而中央部委的作用主要是指导、支持与监督。

"3·21"事故发生后，从指挥部的角度来看，历经园区实时指挥，县级初期指挥，市级短暂的过渡指挥，到最后的省级统一指挥。下文将从园区、县、市、省及国家层面，描述各主体所开展的工作。

1. 园区响应情况

3月21日14时48分许，江苏响水生态化工园区专职消防队在爆炸发生后，立即开动4辆前挡风玻璃已经受损的消防车赶往现场，进行先期处置。园区领导随即赶到现场，启动园区应急预案。主要开展的工作有：一是向县主要领导和相关部门汇报事故简要情况；二是通知企业立即安全停车，疏散企业职工；三是要求园区消防队集合所有人员（包括轮休在家的），赶赴现场救援；四是要求园区机关未受伤工作人员赶赴现场开展伤员救治、企业员工疏散等工作；五是协调相关力量做好受伤人员救治。

2. 响水县响应情况

3月21日14时50分许，响水县委、县政府主要负责人接到事故报告，随即赶往事故现场，并通过电话向盐城市委、市政府主要负责人报告事故情况，同时启动《响水县危险化学品事故应急救援预案》。当日16时，响水县成立"3·21"事故应急救援指挥部，指挥部下设综合协调组、新闻宣传组、现场处置组、伤员抢救组、安全疏散组、专家咨询组、事故调查组、善后工作组、后勤保障组等10个工作组。县应急管理局、县消防大队、县环保局、县供电公司、县市场管理局等相关单位通过不同的渠道得知事故信息后，分别赶赴现场参加救援工作。在县级预案启动后，园区按照县级指挥部指令，积极配合、全力参与应急救援工作。

县应急管理局于当日15时20分前后赶到现场，在大和路口（距离天嘉宜公司100米远）组织疏散和指挥伤员救治工作，协助消防人员开展现场救援。现场指挥部成立后，除配合各组工作外，一是开展危险化学品事故调查处理前期工作；二是做好相关物资保障工作，为相关工作正常运行

---

① 〔澳〕罗伯特·希斯：《危机管理》，王成等译，中信出版社，2000，第283~291页。

提供及时全面的保障；三是统计督促协调相关企业转运各类物料，避免次生事故发生；四是做好相关配合工作，如配合国务院调查组实地调查取证，配合县委、县政府为国家和省市工作组提供服务保障等；五是开展全县危化品等重点行业领域安全大检查工作。

县卫生健康委接陈家港镇卫生院报告后，报经县分管领导同意，启动卫生应急预案和紧急医学救援预案，成立县卫健委"3·21"医疗救援领导小组，组织120急救站医疗救援队伍赶赴爆炸现场，组织县人民医院急救中心、卫生监督所、疾控中心、各镇区卫生院做好医疗救援各项准备工作。现场指挥部成立后的主要工作如下：一是做好组织安排，对县卫健委班子成员进行明确分工，落实责任，并要求卫健系统全部职工参与到医疗救援工作中；二是调度全县医疗力量分配到各镇区卫生院组织医疗救援工作，调度全部救护车参与救援工作；三是协调外部力量，迅速向省、市卫健委报告并提出相对明确的需求，积极配合国家、省、市专家开展工作；四是全力以赴救治伤员，安排所有伤员收治医院第一时间开通绿色通道，做好床位、人员、设备等各项准备工作，初步建立了接诊、分诊、会诊、分流的医疗体系。

县环境保护局在灭火防爆阶段，主要做好现场及周边环境的监测工作。灭火防爆工作完成后，在现场指挥部的安排下，配合相关部门开展工作。其完成的主要工作如下：一是配合开展相关现场的采样工作。例如，3月25日，对仓库内的不明物质进行采样，对陈家港污水处理厂的运行情况进行现场检查，对爆炸大坑内废水处置进行采样监测；3月26日，对园区内4个地下水监测井进行采样，利用无人机配合环保部对爆炸大坑内的废水处置进行高空巡查，对爆炸大坑及周边不明白色物质进行采样；3月27日，采集爆炸大坑内污染水体和土壤。二是配合建立现场实验室，3月26~27日，在陈家港水处理有限公司处理厂等处协助搭建临时实验室。三是协助进行周边环境检测采样，包括新民河水质处理排放不间断采样，对爆炸核心区废水和土壤进行采样等。

县公安局在现场指挥部的领导下，主要开展了以下工作：一是维护社会稳定，主要有救援活动安保，重点群体政策宣传、教育稳控，失联人员亲友咨询接待，协同县委宣传部、县外办核查和接待境内外媒体来响水采访。二是重点部位值守防护工作，采取物理隔离、划定警戒线、落实凭证进出制度，对事故现场及其周边地区实行管制，对救治医院、新闻发布会场等地点、指挥部至事故中心现场等区域路段进行值守巡护和交通维护，依托"入户走访"，安抚受灾群众情绪，排查统计财产损失、人身伤亡等情况，共排查登记受灾村民近4000户。三是危险化学品清理保障，对进入中心区域的人员、车辆严格执行"一人一证""一车一证"；清理301县道管制路段破损的车辆；会同武警力量对现场遗留的剧毒物品等严加看守，并为转运过程提供看押守护。四是服务善后处置，通过DNA生物信息比对等途径确认遇难者身份；协同相关部门做好与遇难者家属的沟通安抚、赔偿兑付；对部门人员提供身份核查服务；为伤者打印户口簿、办理身份证明。五是做好社会治安巡逻防范工作。六是网上舆情监测引导，全天候、不停步收集网上舆情，开展网络谣言查处工作。七是涉事企业人员控制。

在事故发生后，县人武部启动应急预案，成立应急救援指挥领导小组，主动了解相关情况并做好救援准备。在指挥部的调度下，担负运送伤员、填运沙包、构筑防化学品泄漏堤坝和活性炭净水池、外围警戒等任务，完成主要封堵任务如下：3月22日，对新丰闸入海口进行封堵，防止污染源入海；3月23日，赴新民河闸口筑坝截流；3月24日，在对新民河闸、新丰河闸、新农河闸截流封堵区巡查中发现新民河闸坝堤部分决口，立即加固；3月25日，对新民河闸坝堤进行加固截流封堵，构筑活性炭净水池；3月26日，对新民河闸口活性炭污水净化池和外河截流坝进行加固；3月28日，协助地方在化工园区污水处理厂门口草坪装填沙袋，搬运沙袋。

县供电公司、县市场管理局等按照指挥部要求，也开展了相关工作。

3. 盐城市响应情况

盐城市政府主要负责人接到响水县发生爆炸事故的报告后，立即向省领导报告事故情况。3月21日15时59分，盐城市委、市政府向江苏省政府报送了事故专报信息。16时50分，盐城市委、市政府主要负责人率应急、公安等部门负责人赶到事故现场，启动《盐城市危险化学品应急救援预案》。18时，盐城市政府成立临时现场指挥部。

盐城市公安局启动应急预案，在现场成立指挥部，对事故现场周边进行管制，组织疏散群众，维护交通秩序，为救援打开"生命通道"。盐城军分区抽调相邻滨海县应急民兵分队到现场参与处置，调配射阳县、阜宁县人武部各集结一个民兵应急分队，随时做好出动救援准备。盐城市卫生健康委调动全市救护车，前往事故现场参加救援，协调盐城市第一人民医院等医疗单位开通绿色通道，迅速成立由15名专家组成的医疗队伍奔赴响水，参加救援行动。盐城市中心血站立即联系响水、阜宁、滨海等县人民医院以及盐城市第一人民医院等收治病人的医院，了解血液需求情况，并安排车辆向各医院紧急送血，以备治疗需求。盐城市应急局、盐城市环保局，在开展救援工作的同时，在全市范围内开展安全生产检查、环境安全隐患排查整治专项行动。

4. 江苏省响应情况

江苏省委书记娄勤俭、省长吴政隆接到报告后，立即中止在陕西开展对口扶贫协作交流行程，联合作出三次批示：一是安排相关省领导立即赶赴响水，现场指挥救援；二是坚决贯彻落实习近平总书记重要指示精神，做好科学搜救，全力救治等工作；三是严格落实李克强总理和丁薛祥、王勇批示精神，做好相关工作。根据省委、省政府安排，江苏省迅即成立省级抢险救援指挥部，常务副省长樊金龙负责全面指挥，前方由副省长费高云、副省长、公安厅厅长刘旸负责现场指挥救援。相关分管副省长赶到现场后，于3月2日21时成立江苏省响水爆炸事故前方现场指挥部，下设现场救援组、综合协调组、医疗救治组、环境监测组、新闻宣传组、事故善后组、维稳应急组和后勤保障组等专项工作组。至此，事故应急处置与救援工作由江苏省委、省政府全面负责，盐城市、响水县按照省指挥部要求开展工作。

3月23日上午，江苏省委、省政府根据现场处置要求，相应调整成立了由常务副省长樊金龙任总指挥，副省长费高云、省消防救援总队参谋长等领导任副总指挥的现场指挥部，全面负责现场处置、伤员救治、善后处置、配合事故调查等工作，指挥部下设综合协调组、现场处置组、医疗救治组、新闻宣传组、事故善后组、环境检测组、维稳保障组、后勤保障组8个专项工作组。①

娄勤俭3月21日晚返回南京，与前方指挥部视频连线，全面部署救援处置工作；3月22日早，娄勤俭赶赴事故现场，一是与有关部委负责人以及一线指挥人员，共同分析研判情况，制订后续救援工作方案；二是到响水县人民医院，看望慰问受伤人员；三是主持召开会议，深入贯彻习近平

---

① 《关于江苏响水"3·21"爆炸事故的情况通报》，盐城市政府网站，http://www.yancheng.gov.cn/art/2019/3/22/art_49_2983810.html，最后访问日期：2020年10月22日。

总书记重要指示精神，部署后续救援和善后处置工作；3 月 23 日后，娄勤俭多次主持召开省委常委会会议，学习贯彻习中央重要指示批示精神，研究部署下一阶段工作。

吴政隆于 3 月 21 日夜赶到事故现场，传达中央领导指示批示要求，听取救援处置情况报告，研究部署救援处置工作；3 月 22 日，召开事故处置工作专题会，要求重点抓好现场搜救、现场处置、全力救治伤员、环境保护、安抚善后、社会稳定、舆情引导、信息报送、事故调查、隐患排查 10 项工作；3 月 23 日，陪同国务委员王勇赴医院看望伤员，赴事故现场研究后续处置措施，并在现场处置指挥部召开处置工作专题会议，对下一阶段抢险救援工作进行部署；3 月 24 日，主持省政府常务会议，研究布置下一阶段措施和全省安全生产工作；此后，吴政隆多次对"3·21"事故处置作出批示。其间，多位副省长相继赶赴事故现场开展工作。

江苏省应急管理厅与应急管理部、国务院事故调查组保持联系，汇报事故情况，落实指示要求，协调相关工作。一是指派专人常驻现场消防救援指挥部，负责与当地政府、消防总队、专家队伍、专业救援力量等方面的协调配合工作；二是按照现场指挥部的要求，协助成立专项工作组，展开事故现场勘察，分析事故性质和起因，研究处置对策措施等；三是参与国务院事故调查组工作；四是抽调组建危化品现场处置专家组，研究确定"一企一策"的工作方案；五是协调省内化工救援队参与救援；六是开展安全生产大排查、大整治。

江苏省卫生健康委成立省、市、县三级卫生健康部门联合工作组，建立日例会、日报告等 6 项工作制度，统一协调指挥。一是调度优质医疗资源参与救治，在事发 6 个小时内，从江苏省人民医院、东南大学附属中大医院、南京鼓楼医院、徐州医科大学附属医院和南通大学附属医院等抽调 65 名专家赶到响水和盐城指导并参与救治；二是开展心理干预，选派心理、精神科专家抵达盐城，会同当地卫生专业人员迅速建立心理危机干预小组，针对伤员、家属、参与救援人员开展心理危机干预，减少创伤后应激障碍；三是保障血液、设备、药品供应；四是开展公共卫生宣传及处置。

江苏省生态环境厅主要负责现场环境监测及污染物处置工作。一是抽调无锡、苏州、南通、连云港、扬州、泰州周边 6 个市（县）环境监测人员与设备，对事故现场上风向、下风向的空气质量和园区内地表水开展布点监测和走航监测；二是根据现场指挥部要求，协助做好园区企业停产等工作；三是自 3 月 21 日 21 时起，开始对外发布爆炸事故应急监测数据；四是参与现场污染物处置方案的制订与执行。

江苏省公安厅搭建工作专班，设立了省、市、县三级联合指挥部，明确运行机制，一位副厅长在省厅联合指挥部实时调度面上情况，另一位副厅长在现场协助指挥。省厅共召开 2 次专题厅长办公会，对救援处置、维护安全稳定等工作提出明确要求。公安机关的主要工作如下：一是进行紧急疏散转移群众，落实临时安置措施；二是对重点单位进行秩序维护；三是核实确认现场遇难人员身份，查找失联人员；四是加强现场封控；五是加快推进案件侦办，控制相关事故责任人员、冻结相关企业资金等；六是妥善化解涉稳风险；七是网上巡查监测处置；八是保障危化品转运。

江苏省民政厅主要协调善后处置工作。一是向指挥部转达民政部有关要求，研究提出民政部门的善后处置工作意见，制定"3·21"事故遗体处置应急预案等；二是遇难人员遗体处置工作，对响水、滨海、阜宁三县殡仪馆遗体存放设备设施进行更新，优化服务流程，为丧户提供免费服务；三是开展困难群众临时救助工作，简化发放程序和手续；四是遇难人员子女的关爱保护工作，做好孤儿生活保障；五是组织动员社会力量参与救援，制订社会工作者介入爆炸事故处置工作方案，组织社工及志愿者参与受事故影响的群众心理疏导和精神抚慰，动员爱心企业、个人开展慈善捐赠；六是排查治理民政服务机构安全隐患。

在应对重大突发公共事件过程中，新闻媒体的舆论引导作用十分重要。江苏省委宣传部牵头江苏省委网信办、盐城市委宣传部等，组建新闻宣传组，组织协调新闻宣传和舆论引导工作。一是建立应急协调机制，在事故发生 1 小时后，组建江苏省委宣传部、江苏省网信办工作专班，赶赴响水开展工作；向中央网信办请示汇报，争取工作支持，建立健全了中央、省、市、县四级宣传部门应急协调机制，协力开展新闻发布和舆论引导工作。二是联动持续发布动态信息，根据事故处置进展持续发布信息，形成网络纵向联动态势，扩大权威消息的覆盖面和传播面，相对有效阻止了负面舆论发酵的时间。三是通过新闻发布系统回应，连续召开四场新闻发布会，对部分场次新闻发布会进行电视直播。四是关注舆情，实施网上网下共同处置。五是设置议题，实行正面宣传引导。六是做好媒体服务管理工作，对在响水采访的媒体记者实行持证管理、凭证采访，协调通信、网络、交通、食宿等方面的服务。

江苏省水利厅按照现场指挥部要求，配合进行污染水体拦截工作。一是筑坝拦截河道，防止污染水体流入灌河。二是对事故区域进行双重筑堰封闭，防止污染水体外溢。三是构筑活性炭坝，实施新民河水体应急净化处理等。四是组织水文部门对海堤河水源地、园区内外相关河道每天进行采样监测，及时跟踪水质状况，确保饮用水安全。

武警江苏总队启动应急响应机制，并上报武警部队批准，共动用1000余名兵力、近8000件（套）装备参与救援。总队相关领导于事发当晚到达现场后，与省现场处置指挥部建立协同指挥关系，主动申请急难险重任务。一是搜救转送伤员，引导和疏散人员、车辆向安全地带转移。二是做好核心区定点警戒，会同公安民警担负重要卡口的警戒任务。三是封控爆炸区域，阻止无关人员和车辆进入爆炸区。四是开展联勤武装巡逻，维护核心区社会治安秩序。五是看护天容化工集团厂区氰化钠储存罐。六是搬运和搭设封闭区铁栅栏。七是做好防化洗消和取样化验侦毒工作。八是做好危化品转移武装押运。九是利用自有给养炊事单元及随队医护人员，为参战官兵和周边群众提供服务。

5. 党中央、国务院响应情况

在事故发生后，党中央、国务院高度重视。正赴国外访问途中的习近平总书记立即作出重要指示："江苏省和有关部门全力抢险救援，搜救被困人员，及时救治伤员，做好善后工作，切实维护社会稳定。要加强监测预警，防控发生环境污染，严防发生次生灾害。要尽快查明事故原因，及时发布权威信息，加强舆情引导。……近期一些地方接连发生重大安全事故，各地和有关部门要深刻吸取教训，加强安全隐患排查，严格落实安全生产责任制，坚决防范重特大事故发生，确保人民群众生命和财产安全。"①

3月22日，受习近平总书记、李克强总理委派，国务委员王勇率队到盐城指导工作。当日20时许，王勇到盐城市第一人民医院，代表党中央、国务院探望受伤群众，嘱托医护人员全力施救；23时，在察看事故现场后，在现场指挥部主持召开会议，要求把抢救生命放在首位，组织最好的医疗资源和医疗专家，尽最大努力救治伤员，最大限度减少因伤死亡、因

---

① 《要求全力抢险救援深刻吸取教训 坚决防范重特大事故发生》，《人民日报》2019年3月23日。

伤致残，要开展拉网式搜救遇险人员，反复排查，不留死角、不漏一人；要做好现场清理工作，抓紧处理剩余危化品和污染物，加强空气、土壤、饮用水源等环境监测，严防发生次生事故；要妥善做好伤亡人员家属安抚和转移群众安置工作，及时准确发布权威信息，回应群众关切，保持社会稳定；要抓紧开展事故调查，彻查事故原因，坚决依法追责；同时要深刻吸取惨痛教训，举一反三、立即行动，全面排查危化品安全隐患，坚决遏制类似事故再次发生。3月23日，王勇再赴事故现场部署研究后续处置措施，并到响水县人民医院看望伤员，到遇难者家中慰问家属。①

应急管理部于3月21日15时9分前后，接到中国地震局信息后，立即组织核实信息，随后接到江苏省及江苏消防总队报告确认响水爆炸，应急管理部党组书记黄明通过视频连线了解现场救援情况后，指派应急管理部党组成员、总工程师王浩水，消防救援局总工程师周天带领消防、化工专家紧急赶赴现场，并调集相关专业力量及消防救援专家赶赴现场救援。根据现场反馈情况，应急管理部启动二级响应，黄明带领副部长孙华山和有关司局负责人组成工作组，于3月22日凌晨到达爆炸事故现场指导工作：要求组织专家和技术人员对事故现场开展全面隐患排查，摸排弄清现场问题；要求技术人员定岗定位，核实弄清被困人员；要求提取现场物质，开展危化分析，查清事故原因；要求完善救援处置方案，保证搜救人员安全。与此同时，应急管理部督促各地进一步排查并消除危化品等重点行业安全生产隐患，夯实各环节的责任。

生态环境部接到事故报告后，李干杰作出批示，启动应急响应程序，副部长翟青率工作组赶赴现场，与江苏省生态环境部门共同组织处置工作。3月23日，从中国环境科学研究院、清华大学等单位调集环境监测及水、固废、土壤处理等方面的专家，协助开展工作，制订污染物处置方案。3月26日，李干杰带队赴事故现场指导。

国家卫生健康委调派国家卫生应急队伍（第一批）中的11名医疗专家组成专家分队，赶到事发地开展医学救援工作。3月21日晚又抽调上海交通大学医学院附属瑞金医院重症医学、烧伤、神经外科专家和首都医科大学附属北京安定医院心理干预专家等5人，组成国家医疗心理卫生应急专家组（第二批）赶赴响水，开展心理卫生指导。3月22日，卫生应急办

---

① 《全力以赴救治伤员 扎实做好善后工作》，《人民日报》2019年3月24日。

公室负责人带领由北京协和医院重症医学、急诊科专家和中国疾病预防控制中心中毒控制、公共卫生专家等 7 人组成的国家医疗卫生应急专家组（第三批）赶赴响水，指导现场医疗救治和公共卫生调查处置工作，统筹协调医学救援力量。

有关部委根据党中央、国务院安排指导事故处置。

（二）主要任务完成情况

1. 灭火防爆

爆炸现场建筑损坏严重，情况复杂。爆炸中心点形成了直径约为 120 米、深为 1.7 米的不规则圆形坑，坑内积水呈黄褐色。北侧距爆炸中心约 110 米的天嘉宜公司焚烧炉车间墙体全部倒塌，距爆炸中心约 310 米的江苏华旭药业有限公司一排建筑屋顶、墙体全部被摧毁；南侧距爆炸中心 210 米的盐城德力化工有限公司一单层框架结构建筑北墙全部被炸毁，南墙严重变形，整体建筑向南倾倒，距爆炸中心 240 米的钢结构建筑框架向北垮塌；西侧经三路路面严重损毁，距爆炸中心约 180 米的钢质管廊架垮塌；距爆炸中心约 210 米的一排建筑屋顶被摧毁，墙体严重变形并倾倒；东侧距离爆炸中心 150 米以内的管廊全部垮塌。爆炸现场周边有 8 处起火，包括天嘉宜公司储罐区 3 处（2 个苯罐和 1 个甲醇罐）着火点，及华旭药业、鲲鹏化工、之江化工、德力化工、富梅化工 5 处着火点。

爆炸发生后，各方救援力量陆续赶到现场。3 月 21 日 14 时 48 分，江苏响水生态化工园区专职消防队出动 4 辆车窗已破损的消防车赶往现场。14 时 50 分许，响水县消防救援大队、盐城市消防支队接警，先后调集 12 个消防中队、27 辆消防车、131 名消防队员赶赴现场救援。盐城市消防救援支队接到灾情报告后，迅速组织 41 辆消防车、188 名消防员奔赴现场；江苏省消防救援总队指挥中心接报后，经会商研判，紧急调派全省 12 个市消防救援支队前往支援。根据统计，最终参与现场救援的消防队伍共有 73 个中队、930 名指战员、192 台消防车和 9 台重型工程机械。[①] 此外，武警部队、国家化学事故应急救援技术指导中心、危险化学品应急救援扬子石化队、青岛炼化队等参加事故处置。根据现场情况，指挥部研判的基本结

---

① 《江苏盐城化工厂爆炸已致 47 人死亡》，凤凰网，https://news.ifeng.com/c/7lFECPLOS4e，最后访问日期：2020 年 12 月 20 日。

论如下：一是二次爆炸的可能性较小，主要依据是一次爆炸能量释放大，黄烟是从地上冒出的，经排查可燃可爆物质存量不大；二是爆炸发生于上班时间，周围 300 米范围内设备设施破坏严重，人员伤亡数字可能较大，及时搜救是减少伤亡的关键；三是苯罐甲醇罐火势大，有蔓延的可能，因此控制三个罐体的火势是重点任务；四是在灭火过程中，可能造成二次污染。

根据研判结果，各消防综合救援队伍赶到现场后，按照"灭搜同步、重点控制、筑堤设防、全程监护"的战术，立即展开灭火和救援行动：一是集结力量、装备、泡沫药剂，做好扑灭储罐大火的准备；二是加固罐区防火堤，设置两道围堤，防止流淌火蔓延；三是控制爆炸中心周围 5 处起火点，确保周边安全；四是安排专业人员与设备进行现场侦察。

至当日 21 时，明火已控制在天嘉宜公司厂区内，但现场火势依然猛烈，有浓烟冒出。至 3 月 22 日 5 时，经过 14 个小时的连续作业，3 处着火的储罐和 5 处着火点全部被扑灭。此后，现场工作重心转向了持续时间较长的人员搜救与污染处置，连续作战的消防员开始轮值轮息，准备长期作战。

2. 人员疏散搜救

在事故发生初期，造成爆炸区域下风向大气环境中二氧化硫和氮氧化物超标，扩散范围为 10 千米左右；在影响范围内，有园区企业职工 3000 多人，陈家港镇四港村、六港村、立礼村等地居民约为 1000 人。[①] 爆炸核心区人员伤亡严重，据事后统计，事故中遇难的 78 人和重伤的 76 人主要集中在爆炸中心 500 米范围内。

疏散工作主要针对爆炸核心区以外，目的是防止有毒气体扩散对群众造成身体损伤，也是为了防止万一发生二次爆炸造成新的人员伤亡。在事故发生之初，疏散工作相对无序，以自我疏散和赶到现场的干部随机指挥为主；在指挥部成立后，疏散工作开始有序运行。一是按照指挥部的指令，公安干警及武警部队对爆炸区外围进行警戒封控，实施严格的出入管理，无关人员只出不进。据事后统计，参加警戒封控的公安干警与武警战士超过 1000 人。二是公安、武警、地方干部、机关人员配合，对事故现场周边人员进行紧急排查疏散。三是加强疏散地区的巡逻，后期还加装了监

---

① 《全力救治伤员 严防次生灾害》，《人民日报》2019 年 3 月 23 日。

控，以确保群众财产安全。四是及时通知受影响的学校、幼儿园 22 日起临时停课；发布事故相关信息，稳定群众情绪。由于当时风较大，扩散条件较好，疏散工作相对及时，由空气污染造成的中毒事件可控。

在灭火的同时，爆炸中心周边的搜救工作就已同步开始，搜救工作以专业救援队员为主。至 3 月 21 日 15 时 50 分许，救出 12 人；至 17 时，救出 31 人。22 日 5 时，现场事态控制住后，救援人员的工作重心转移到了搜救上。此时，空气中还弥漫着各种有毒气体，地上是满地的灭火剂与各种化学品的混合物，搜救环境相当复杂。指挥部根据事故现场情况，明确了搜救工作的要点：一是摸清情况，根据不同危险化学品制订不同的处置方案，确保搜救安全；二是加强责任，划分小组，明确任务，人员实行轮班，确保搜救有效；三是将 1.2 平方千米的爆炸核心区划分为 13 个片区、65 个网格，实施网格化地毯式搜救（3 月 24 日，现场指挥部又将搜救范围扩大到周边 2 平方千米范围内）；四是加紧清查人员，摸清失踪人员情况；五是调派搜救犬和工程机械等，提高搜寻效率。

在事故当天，共疏散职工及群众近 4000 人。至 3 月 25 日 0 时，失联人员全部找到。3 月 25 日下午，现场指挥部根据现场搜救情况，宣布事故现场的集中搜救工作基本结束，开始进行现场清理工作。

3. 医疗救治及善后处置

此次事故共造成 78 人遇难，需住院治疗的伤员近 700 人，其中危重症、重症超过 100 人。事故伤亡包括如下基本特点：一是死亡人数多，且户籍分布复杂；二是住院治疗的患者多，严重超出响水县医疗能力；三是从伤情来看，伤员受到爆震和爆燃的影响，呈现复合伤和多发伤；四是从重症患者的手术类型来看，以颅脑、腹部手术为主，手术风险大，需血量大；五是部分伤员受爆炸冲击，需要进行心理治疗。

在事故初期，响水县卫生健康委启动救援预案，开展医疗救治。指挥部运行后，就医疗救治工作明确原则，确定具体方案。一是明确事故伤员救治的总体原则是"集中重症、集中资源、集中专家、分级收治"；二是明确响水县人民医院（离爆炸地点较近）作为检伤分流医院，轻伤在县人民医院和县中医院就地治疗；三是明确盐城市三甲医院作为危重症患者定点救治机构，协调南京等市三甲医院做好分流收治危重伤员的准备；四是接受专家组指导，安排国家、省级专家到一线进行诊疗；五是对危重症伤员实行"一人一方案"，进行针对性治疗，尽最大努力减少因伤死亡和因伤致残；六是协调救治用血供应；七是发挥专家及社会组织的作用，对部分伤员进行心理抚慰。

遇难者善后工作事关社会稳定，指挥部专门设立了善后工作组，重点负责死亡善后事项。一是充分运用大数据、DNA鉴定等手段，全面核实确认现场遇难人员身份；二是做好遇难人员遗体接收、暂存、火化等工作，加强安保措施，优化服务流程；三是组成安抚服务小组及时听取遇难者家庭的需求，实行"一对一"服务；四是及时把握信息，确保社会稳定。

在事故中，直接参与救治的医护人员达4500多人，救护车为116辆。包括赵继宗、陈香美、韩德民3名院士在内的近100名顶尖专家亲赴盐城、响水指导救治、参与救治。至3月24日12时，盐城市16家医院共收治住院伤员604人，其中危重症为19人，重症为98人；国家、省级专家会诊1579人次，抢救危重症伤员103人次，开展手术219台。① 至4月15日，危重伤员、重症伤员全部脱离危险，58名住院伤员伤情稳定，在救治过程中无一人死亡。参与遇难者善后工作的地方机关干部达600余人，至4月10日，各项事故善后事宜基本完成。

4. 环境监测与污染物处置

化工园区爆炸必然导致化工材料扩散，在灭火过程使用的灭火剂和消防水，也间接加剧了化工原料的扩散。事故造成的水环境污染主要集中在爆炸点周边4千米范围内的三排河、新丰河、新民河、新农河，其中污染较重的是三排河和新丰河，总量约为6万立方米，主要超标因子为苯胺类、氨氮及化学需氧量。事故造成的大气环境污染主要是二氧化硫和氮氧化物超标，影响范围约为10千米。事故造成的土壤环境污染主要集中在爆炸核心区300米范围内，主要超标因子为半挥发性有机物（SVOC）。此外，事故造成园区多家企业设备、化学品库房损坏，相关化工原料需要转运。

在事故发生后，环保部门及时开展相关环境监测工作。针对大气监测，将二氧化硫、氮氧化物、挥发性有机物作为主要监测因子，在事故点下风向1000米、2000米、3500米处开展。针对水质监测，将化学需氧量、氨氮、苯胺、挥发性有机物作为主要监测因子，将新民河闸坝口、新丰河闸坝口、新农河闸坝口、灌河入海口、厂区排污口、污水处理厂出口、新

① 《响水"3·21"爆炸事故已有59名伤员出院》，人民网，http：//society.people.com.cn/n1/2019/0325/c1008-30993512.html，最后访问日期：2020年10月20日。

民河出水口列为主要监测点。此外，还对事故核心区域的土壤进行专项采样监测。以上监测数据，由事故现场指挥部和生态环境部门根据相关规定对外发布。

（1）大气环境污染防治情况。由于 3 月 21 日风较大，扩散条件好，20 时 45 分，监测显示爆炸点下风向 4.3 千米处二氧化硫、氮氧化物浓度分别超标 0.2 倍和 5 倍，甲苯、二甲苯轻微超标；3 月 22 日后，爆炸点下风向各监测点位各监测指标均达标。因为人员疏散相对及时，由空气污染造成的中毒事件可控。

（2）水污染防治情况。为阻止事故处置中产生的污染废水进入灌河，进而通过灌河污染黄海，根据专家组意见，指挥部制订防止污染扩散方案。一是通过筑坝拦截的方式对化工园区内新民河、新丰河和新农河三条入灌河河渠进行封堵，在园区内形成方圆约 3.5 平方千米的封闭圈，防止污染废水向南部河网扩散；二是紧盯污水排口进行封堵，严密封堵雨水排口，杜绝污染废水从雨水管道进入河道；三是相关部门对前期封堵情况进行逐一排查；四是为防止黄海潮汐影响，安排人员对相关河道封堵工程进行加固。[①] 至 3 月 22 日上午，完成对新丰河闸、新农河闸、新民河闸、一排河、三排河等点位的封堵。

（3）污染水体净化处理情况。指挥部在专家会商的基础上，决定对园区污水、现场救援的消防用水加强监控，设立爆炸区、核心区、缓冲区，进行分区隔离；引进污水处理设备，并充分利用现有污水处理设施，逐级开展污水处置工作，加快推动区域水环境稳步好转，严防污水进入灌河。[②] 至 3 月 26 日上午，应急污水管道已投入使用，对爆炸大坑废水进行抽送转移，完成转移废水 4000 多吨至裕廊化工中转池内；至 3 月 30 日 12 时，经过连续抽排，爆坑内约 1.8 万立方米含酸废水已全部转至裕廊化工、之江化工二期的污水池；园区污水处理厂于 3 月 26 日投入运行，处理能力达每小时 120 吨。抽调徐矿、大屯两支专业救援队，将新丰河 2 号土坝和 11 号土坝之间的约 2 万立方米重污染水排至裕廊石化的污水池中。至 4 月 1 日，新农河及新丰河西段污水通过活性炭坝吸附或进污水处理厂处理等方式，已全部处置完毕。

---

① 范凌志、任重：《救援！聚焦响水爆炸事故最新进展》，《环球时报》2019 年 3 月 26 日。
② 《响水爆炸事故现场已连续开展六轮搜救》，《人民日报》2019 年 3 月 25 日。

（4）土壤污染处理。因为坑底相关物质取样封存检测结果显示含有浓酸等污染物，故指挥部根据专家意见决定，对其采用石灰中和固化后，与可能受污染的土壤一并取出，按危废进行无害化处理。

（5）园区企业储存化学品的处理。指挥部安排对园区内其他化工企业储存的危化品进行排查，绘制企业平面图，详细标注每个企业的危化品种类、数量、存放方式，分门别类研究制定处置措施，进行有序转移。至4月2日11时，已完成30家企业的77项177个物料的处置方案制订和审核工作。涉及的危险化学品分批装车清运，有序转移。

在环境监测方面，共有15支监测队伍、280余名监测人员、46辆监测车辆，对爆炸周边水体、大气、土壤开展应急监测。来自中国环境科学研究院、中国环境监测总站、清华大学等单位的环境监测及水、固废、土壤处理等方面的几十位专家参与处置方案设计。地方民兵及部分化工专业救援队伍等，参与了水污染及土壤污染的处置。污染物处置过程未发生次生污染情况。

5. 处置与救援保障

处置与救援保障是应急成功的基础。"3·21"事故的处置与救援保障大体可分为三大类。一是现场救援的装备保障，主要包括消防车辆、特种车辆、专业救援设备、医疗救助设备、化工防护设备、化工处理装备等。二是现场救援的物资保障，主要生活物资、油料、化学物质处理物资等。三是场所保障，主要包括救援人员住宿、指挥部办公场地、医疗场所等。以上保障任务已严重超出了响水县与盐城市的保障水平。

（1）现场救援的装备保障。指挥部根据处置工作需求，以省级统筹为主解决装备保障问题。在事发当天，江苏省消防救援总队出动全勤指挥部，调集省内13个支队、192辆消防车、930名指战员赶赴现场救援，武警江苏总队集中调配防毒面具、滤毒罐、防护服、化学事故应急检测箱、侦毒剂、有害气体检测仪等防化装备560多件（套），各类救援车辆17台，充实一线救援；国家电网调派3台应急发电车、15台大型应急照明装备参与现场救援工作。在后期的污染物处置过程中，协调调动徐矿、大屯两支专业救援队的人员与设备，承担重污染水抽排任务，协调南京化建产业（集团）有限公司、中国石油化工股份有限公司青岛安全工程研究院参与污染处置。

（2）现场救援的物资保障。在物资保障方面，以盐城市为主体，通过挖掘潜力，接受外部支援，争取上级支持综合解决。例如，安排国家电网盐城公司分别在现场应急指挥部、医院、自来水厂等重要场所进行保电值守；安排盐城电信公司等设立临时通信基站；安排响水县应急管理局做好救援的饮食保障、调运汽柴油到事故现场保障救援；接收中国红十字会总会调拨帐篷、棉被、折叠床和家庭包等；接收响水县红十字会志愿服务大队组织群众献血，至23日上午，总量超过14万毫升；接收江苏省民政厅、江苏省血液中心等单位调拨的其他物资；通过调用、采购，保障活性炭等化学污染处置物资的供应。

（3）场所保障。场所保障由响水县协调解决，以园区办公用房为主，解决指挥部办公场所问题；以周边学校等公用设施为主，解决救援人员的住宿问题；以响水县定点宾馆为主，解决事故调查组办公、专家住宿等用房问题。相关部门还加强了有关场所的安全保卫。

在处置与救援保障工作中，党委、政府在财力上给予了充分保障，群众、相关公益机构及有关企业也发挥大爱无疆的精神，给予了物资与财力支持。

6. 信息公开与舆情引导

面对突发事件，信息公开尤为关键。爆炸事故符合引起重大舆论的众多要素：现场伤亡惨重、事态发展不明确、引起事件原因复杂等。人民网舆情数据中心2019年8月份统计显示，"3·21"事故位列2019年上半年舆情热度排名前十位。在事故发生后，现场情况经各种传播手段呈刷屏式传播，仅3月21日，"江苏盐城一化工企业爆炸"等微博话题不断升温并持续占据热榜，阅读量超过6亿人次。

指挥部高度重视信息公开与舆情引导工作，及时发布权威信息，加强舆情引导。主要措施可以概括为"三个结合"：一是主线与辅线结合。作为舆情引导辅线的相关部门主动提供材料在网络发声，作为主线的主流媒体系统报道。例如，在事发后两个小时内，盐城市委宣传部"@盐城发布"就正面回应事故发生，有效回应了各种疑惑。二是速度与梯度相结合。3月21～22日，主要以事故发生情况及各部门处置为主；3月22日以后，指挥部召开了一系列新闻发布会，全面回应、系统发布事故处置情况。三是黏度与力度相结合。相关媒体重点采访报道了发生在救援现场与医院的细节，通过具体的人与事，宣传正能量，发挥正面效应；人民网"求真"栏目也大力辟谣。

相关单位的回应与媒体的报道，保障了群众的知情权，也有效引导了舆情导向，在处置过程中未发生较大的网络舆情事件。

7. 与应急处置与救援同步开展的相关工作

（1）设施及秩序恢复。此次事故造成周边房屋严重受损及周边高低压电力故障。但是，经过各方努力，至3月25日，已完成1600余户群众住房以及受损学校校舍的维修工作，相关学校准备全部复课。至3月23日17时30分，经电力部门抢修，2300余户低压电力用户已全部恢复供电，35户高压电力用户恢复供电。对事故损失保险应赔项目，相关保险公司启动24小时理赔热线，采取取消治疗医院等级限制、简化伤残认定手续等多项应急服务措施，提高了理赔效率。

（2）学习提升。在事故发生后，江苏省委、省政府启动了安全生产专项整治，全面排查重点行业领域安全生产隐患。3月25日，国务院安委会发出紧急通知，要求各地认真贯彻落实习近平总书记对"3·21"事故重要指示精神，就坚决防范遏制重特大事故作出部署，全面开展危险化学品安全隐患集中排查整治。3月23～29日，在一个星期内，共有11个省开展了相关的学习贯彻活动，绝大多数都是省委书记亲自抓，或深入企业检查指导，或专题电视电话会议传达学习，或常委扩大会议传达学习。例如，安徽省于3月25日召开省委常委会，认真学习习近平总书记重要指示精神，提出要把安全生产之弦绷得紧而又紧，把各种安全隐患化解在萌芽状态；要把安全生产举措落得细而又细，全面落实防范化解重大风险"1+8+N"方案；要落实部门监管责任，夯实企业主体责任，坚决防范和遏制重特大事故发生，确保人民群众生命和财产安全。

（3）事故调查。根据相关法律规定，3月22日，国务院决定成立以应急管理部党组书记、副部长黄明任组长的"江苏响水天嘉宜公司'3·21'特别重大爆炸事故调查组"。事故调查组成立后，立即赶赴现场接手并开展调查工作。3月23日，事故调查组在响水县召开第一次全体会议，宣布成立事故调查组的决定并宣读组成人员名单，确定事故调查的基本原则是坚持"科学严谨、依法依规、实事求是、注重实效"，坚持"四不放过"。经过近7个月的工作，事故调查组完成了事故调查报告并在国务院常务会议上通过。

（4）恢复重建计划。4月3日，江苏省委书记娄勤俭来到事故现场，与干部群众一起举行遇难者悼念活动。他强调，事故原因固然有诸多方面，但新发展理念贯彻落实不到位是深层次的原因。4 月 4 日，盐城市召开市委常委会议，经过慎重研究，决定彻底关闭响水生态化工园区，将陈家港镇列入全市改善农民群众住房条件"十镇百村"试点，加快实现乡村振兴。①

五　基本结论与政策建议

（一）主要经验

在"3·21"事故应急处置与救援过程中，中央指示彰显以人民为中心的思想，导向明确；各级领导、各部门到达现场迅速；灭火与搜救同步的方案，体现了对生命最大限度的保障；"集中重症、集中资源、集中专家、分级收治"的治疗原则，确保有限的医疗资源发挥出最大效力；以省级协调为主的装备物资保障，基本满足了现场需求；污染物处理科学有序；舆情引导及时有效；其他工作渐次展开。对照应急处置与救援的"必须作为""应该作为""能够作为"，"3·21"事故应急处置与救援工作完成较好。

1. 党对应急处置与救援集中统一领导，形成抢险救援的合力

在"3·21"事故现场，有国家部委指导组；在现场指挥部中，有省、市、县三级党委、政府及相关部门人员；在现场救援队伍中，有消防、武警、专业救援等，总人数超过 3000 人。此外，还有负责医疗救护、事故善后、事故调查、后勤保障等的相关人员。在这样一个大的"战役"中，各项工作有序推进，必须有强有力的领导。

"3·21"事故的应急处置与救援过程证明，必须践行党对安全工作的集中统一领导，形成处置的"合力"，才能保证现场处置有序有效。这是因为，党具有强大的组织动员能力，通过自上而下的强大组织网络，能够确保"一竿子插到底"，做到统一领导、统一指挥；党具有强大的宣传动员能力，在灾害面前，党员干部"人民至上，生命至上"的理念充分激发，"舍小家顾大家、舍局部顾全局"的精神全面升华；党具有自我净化、自我完善、自我革新、自我提高的能力。就应急管理而言，各级党校通过加强应急管理培训，领导干部的应急管理能力增强，管理本领提高。

---

① 包冬冬：《化工园区危险吗》，《劳动保护》2019 年第 5 期。

2. 各级党委政府响应迅速，抓住抢险救援的"先手"

化工事故发生发展的机理复杂，现场情况多变，负有突发事件应急处置领导职责的党委、政府能否快速响应，在第一时间到达现场，在第一时间进行研判，在第一时进行处置，是减少事故人员伤亡和财产损失的前提。

"3·21"事故发生当天，习近平总书记在出访途中作出指示，李克强总理作出批示，相关部委立即派出工作组赶到现场指导工作。江苏省主要领导中断外出对接工作任务，及时赶到现场，江苏省有关厅局迅速响应，赶往现场。盐城市、响水县党委政府及时启动应急预案，做好先期处置；综合消防队伍及武警部队等迅速调配力量，快速展开侦察、灭火、救人等行动。各级党委政府响应迅速、决策迅速、处置迅速，有效降低了发生次生灾害或二次爆炸的可能性，抓住了事故处置的"先手"。

3. 较早形成省级指挥机构，加大统筹协调的力度

2018 年 2 月 28 日，党的十九届三中全会通过《深化党和国家机构改革方案》，成立应急管理部，推动形成统一指挥、专常兼备、反应灵敏、上下联动、平战结合的中国特色应急管理体制，为事故应急处置与救援提供了体制保障。

事故发生后，响水县于事发 3 月 21 日 16 时成立县级指挥部；盐城市于 18 时设立现场指挥部；21 时，江苏省设立省级抢险救援指挥部和省级前方（现场）指挥部，由常务副省长负责全面指挥，分管副省长、公安厅厅长负责现场指挥。至此，以省级抢险救援指挥部全权负责后方协调，省级前方（现场）指挥部全权负责现场救援指挥的应急指挥体系完成构建，指挥部运行过程中，得到了国家部委全方位的指导。可以说，指挥主体的明确、指挥关系的确定，加大了统筹协调"力度"，是"3·21"事故相对有效处置的制度保障。

4. 充分发挥专家团队的作用，确保抢险救援方案科学有效

所谓科学处置，就是把握事故发展的规律，客观地看待环境，做到决策过程科学、处置方案科学、处置过程科学，其中的一个关键环节就是充分发挥专家团队的作用。

在"3·21"事故处置与救援过程中，国家消防总局、江苏消防总队的专家与后期赶到的化工救援专家通力协作，在现有物资装备的基础上，及时优化灭火防爆方案；近百名医疗专家现场诊断，对重症患者形成个性化治疗方案，对危重伤员进行多层级、多学科会诊，确保了救护质量；来自清华大学等单位的几十位化工专家，针对不同的化学品处理，形成了近百个处置方案，确保了处置安全科学。从"3·21"事故处置全过程来看，无论是研判、决策还是执行，都有专家团队的身影，充分发挥了专家的作用，是事故处置的重要经验。

（二）主要不足

理性分析"3·21"事故处置与救援过程，还有一些亟待提升的地方，主要表现为地方应急管理部门综合协调作用发挥不足，企业和地方党委、政府防范化解重大风险意识不足，综合救援队伍在应对化工专业救援时专业性有待加强，风险监测预警存在监管漏洞、手段缺失、力量薄弱等问题。

1. 地方应急管理部门在应急处置与救援中综合协调作用发挥不够

根据《深化党和国家机构改革方案》要求，包括国务院应急办的应急管理综合协调在内的13项职能并入应急管理部。其职责包括：建立灾情报告系统并统一发布灾情，统筹应急力量建设和物资储备并在救灾时统一调度，组织灾害救助体系建设，指导安全生产类、自然灾害类应急救援，承担国家应对特别重大灾害指挥部工作。据此，各级应急管理部门应该在信息报告和统筹协调应急处置与救援中发挥综合协调作用。

不过，在"3·21"事故发生后的信息报告中，以县应急管理局为代表的基层应急管理部门在第一时间收集信息时没有渠道，统一的应急管理信息系统作用发挥不强，纵向指导和横向协调的信息沟通渠道还多依赖于个人电话等；在事故处置过程中，县应急管理局主要从事物资保障。从相关资料来看，省、市应急管理部门也没有在应急处置过程中发挥足够的协调作用。

2. 企业和地方党委、政府防范化解重大风险意识不强

企业是生产的主体，要从保障企业安全生产的实际出发，建立健全各项安全体系；相关服务机构应按照执业准则，从事合法的、真实的中介服务，不得从事欺诈和虚假的服务。此次事故调查报告指出，天嘉宜公司无视国家环境保护和安全生产法律法规，长期违法违规贮存、处置硝化废料，导致重大风险聚集；苏州科太环境技术有限公司等中介机构弄虚作假，出具虚假失实文件，导致事故企业硝化废料重大风险和事故隐患未能及时暴露，干扰误导了有关部门的监管工作。

实行"党政同责、一岗双责、齐抓共管、失职追责",是中央提出的明确要求;健全和严格落实党政领导干部安全生产责任制,是做好安全生产工作的关键和保障。但是,这一制度在响水县形同虚设。此次事故调查报告指出,2018年响水县委常委会会议和政府常务会议都没有研究过安全生产工作,没有建立安全生产巡查工作制度,没有认真落实安全生产考核制度。江苏作为化工大省,近年来连续发生重特大事故,教训极为深刻,理应对防范化解化工安全风险更加重视,但在开展危险化学品安全综合治理和化工企业专项整治行动中,缺乏具体标准和政策措施,没有紧紧盯住重点风险、重大隐患采取有针对性的办法,在产业布局、园区管理、企业准入、专业监管等方面下功夫不够,防范化解重大安全风险停留在层层开会发文件上,形式主义、官僚主义严重。①

3. 综合性消防救援队伍在应对化工专业救援时专业性有待加强

在新一轮党和国家机构改革中,消防队伍集体转制,成为综合性常备应急骨干力量,消防救援队伍的核心职能也发生了重大转变。具体表现在:其一,职能拓展为既有火灾消防、灭火扑救,又有相关灾害和事故的人员搜救与抢险救援活动;其二,党中央对消防队伍的定位还突出了其应急救援主力军和国家队的地位,承担的是对各类自然灾害及事故灾难进行应对处置和应急救援的重任。② 石油化工事故应急处置专业性强,需要针对不同的化工物质、化工装置采用不同的灭火材料、不同的方法,如果只求灭火速度,强行出水灭火,则可能引起污染水体超量并排入江河,整个工厂的生产线全部瘫痪,大量有毒气体泄漏,甚至引发二次爆炸等。③

在"3·21"事故应急处置与救援过程中,救援现场以消防救援队伍为主,救援过程用水量过大。根据《事故技术组调查报告》,在爆炸点周边4千米范围内,受污染水量超过6万吨。同时,搜救人员自身的防护设备及防护措施不足,存在部分救援队员受伤的情况;尽管消防队员不怕牺牲,但搜救装备、侦察装备、现场轻便型伤员转运设备不足,影响救援效率。有新闻报道称:"里面气味非常刺鼻,戴着简易防护面具也不管用,

① 孙艳宁:《违法存废料 蒙骗混过关 一爆酿大祸 殃及无辜人——江苏响水天嘉宜化工有限公司"3·21"特别重大爆炸事故分析》,《吉林劳动保护》2019年第11期。

② 曹海峰:《新时期加快推进我国消防救援队伍体系建设的思考》,《行政管理改革》2019年第8期。

③ 李明:《关于石油化工灾害应急处置体系的思考》,《消防论坛》2018年第23期。

但是，没有一个消防员退缩。""消防员张海国立即把空气呼吸器摘下，把被困人员背起来便往外走。由于里面毒气太浓，他刚走出有毒区域，身体就支持不住。"① 以上问题反映了综合性消防救援队伍在应对化工事故专业救援时，专业性还有待加强。

4. 相关部门在风险监测预警方面存在监管漏洞、手段缺失、力量薄弱的现象

风险监测预警反映了安全监管水平，基于物联网等技术的多渠道监测可以及时发现致灾因子的变化，不仅可以发挥监测预警作用，也可以达到远程监管的效果，从而减轻和减弱灾害损失。②

"3·21"事故由硝化废料引发，虽然江苏省、盐城市、响水县各级政府已在有关部门安全生产职责中明确了危险废物监督管理职责，但应急管理、生态环境等部门仍按自己的理解各管一段，没有主动向前延伸一步，不积极主动、不认真负责，存在监管漏洞。企业存放硝化废料的仓库，没有管理人员、没有大门、没有照明、没有监控，硝化废料堆垛内没有温度报警，对硝化废料自热达到燃点的长期过程（事故直接原因为硝化废料持续积热升温导致自燃，燃烧引发硝化废料爆炸）而言，如果上述措施存在一条，则可阻止事故发生。响水县应急管理局、响水县生态环境局、响水生态化工园区等单位在危险化学品安全监管中都存在人才保障不足，缺乏有力的专职监管机构和专业执法队伍。对此，此次事故调查报告指出："国务院办公厅和江苏省 2015 年就明文规定到 2018 年安全生产监管执法专业人员配比达到 75%，至今江苏省仅为 40.4%，其他一些地区也有较大差距。"

5. 响水县化工园区风险聚集与应急处置与救援能力建设严重不匹配

响水生态化工园区规划面积为 10 平方千米，已开发使用面积为 7.5 平方千米。2013 年有企业 67 家，其中化工企业有 56 家，涉及氯化、硝化的企业有 25 家，构成重大危险源的企业有 26 家。对此，根据《安全生产法》等相关法律法规规定，响水县化工园区应在危险因素辨识、应急处置能力建设、应急指挥中心建设和运行、应急信息系统设置与使用、各级应

---

① 《响水爆炸后的 24 小时"生死营救"》，央广网，https://baijiahao.baidu.com/s？id=1628761002810139637，最后访问日期：2020 年 12 月 20 日。
② 陈银良：《一种基于物联网的危化品风险监测预警系统设计》，《中国科技信息》2020 年第 17 期。

急组织的联动、重大风险控制手段、应急资源准备、应急队伍等方面进行全面落实，以便能够对园区发生的突发事件进行有效应对和先期处置。

然而，正如此次事故调查报告指出，园区管委会内部管理混乱，内设机构职责不清，监管措施不落实，对天嘉宜公司长期存在的违法贮存、偷埋硝化废料等"眼皮底下"的重大风险隐患视而不见，未有效督促所属相关职能部门加强日常监管，没有建设配套的危险废物处置设施，危险废物处置能力不足等突出问题长期没有得到解决。从事后的应对来看，应急指挥中心、应急信息系统没有发挥作用，园区的消防队伍也因为化工专业救援力量及专用设施设备配置不足，使初期灭火无法有效开展，"3·21"事故中所用救援力量及设备大多从外地调集，严重影响了第一时间的处置效率。

（三）主要建议

有效应对和防范危险化学品重特大安全事故，要坚持既立足于防范又能有效处置风险，运用系统性思维，从事前、事中、事后的整体视角进行设计。

1. 全面提升化工行业风险防范化解能力，实现"源头治理"

各级地方党委和政府要牢固树立以人民为中心的发展思想和新发展理念，把防范化解重大风险作为首要任务、摆在突出位置，既要高度警惕"黑天鹅"事件，也要防范"灰犀牛"事件；既要有防范风险的先手，也要有应对和化解风险挑战的高招；既要打好防范和抵御风险的有准备之战，也要打好化险为夷、转危为机的战略主动战。[①]

具体建议包括：一是在化工园区规划中兼顾环保与安全，在高危企业之间、高危企业与其他企业及居民区之间，要有足够的安全距离。二是在高危行业准入上提高标准，提高审批层级，并严格执行。三是全面压实企业安全生产主体责任，加大处罚力度，真正让安全成为企业发展的必需品。四是加大对中介服务机构的监管，落实责任终身制，让第三方服务真正发挥"侦察兵""瞭望哨"的作用。五是理顺政府相关部门的监管职能，提升监管能力，在明确一事一部门的前提下，强化联防联控。六是优化重组国家级危险化学品安全科学技术研究机构，为解决化工安全发展中的系

---

① 李季：《健全国家应急管理体系　防范化解重大风险》，《行政管理改革》2020年第3期。

统性、前瞻性问题提供技术支撑。

2. 全面提升化工事故监测与预警能力，做到"动态管理"

提高风险监测敏感性和准确性，建立智慧化预警多点触发机制，健全多渠道监测预警机制，并根据其发展采取干预措施，是防止风险演变为事故、小事件发展为大灾害的重要一环。

具体建议包括：一是要全面排查危险化学品储罐区和仓库等重大危险源，重点监管危险化工工艺装置、特殊作业环节等重大风险点。二是要针对重大危险源、重要风险点实施动态监测、多手段监测、多点监测，做到监测信息远程备份。三是要建立监测预警信息与关键设备、重要设施的自动联动，做到在特殊情况下设备自动保护、自动停机，同时保证预警信息发布渠道畅通。四是要全面加强环保安全监测队伍建设。加强地方环保、应急部门专业监测人员配备，从企业和社会选聘既有化工专业教育背景又有一定实践经验的危险化学品专业监测人员。实施重点地区危化品专业监测人员和专家聘任制。五是要实现监测预警信息多部门联动，充分发挥应急部门综合信息系统的作用，扩充功能，做好数据挖掘、态势研判。

3. 全面提升化工事故应急处置与救援能力，做好"灾情处理"

"备豫不虞，为国常道。"[1] 事故的发生是小概率事件，但只要有发生的可能性，就应该做好相关应急准备与处置能力建设，宁可"备而不用"，不可"用而无备"。

具体建议包括：一是应急准备的规划建设要与可能出现的灾害类型、规模相匹配，对高危企业聚集的化工园区，需要同期进行应急处置与救援能力建设，不能只看发展，不看安全。二是加强化工应急处置与救援的队伍建设，消防综合救援队伍要进一步加强化工救援专项培训，各地方应根据化工风险存在状态采用自建、多地共建共享、企业建设政府资助等方式进行化工专业救援队伍建设，鼓励企业或社会组织建设非营利性质的化工专业救援队。三是扩大化工应急专家库，建立多专业、多层级的专家库体系，加强专家库日常建设与管理，让专家的作用向事前延伸，不能"平时不愿用，急时用不上"。[2] 四是加强以场景构建为基础的化工事故应急预案建设，认清风险，明确应急能力建设方向并持续推进。五是加大科技运

---

① 《习近平谈治国理政》第 3 卷，外文出版社，2020，第 73 页。

② 秦绪坤、闪淳昌、周玲、沈华、宿洁：《以能力建设为突破口做好灾害事故管理制度的顶层设计》，《行政管理改革》2020 年第 9 期。

用，鼓励应急领域装备开发，制定救援队装备配置规划，稳步推进救援装备现代化。六是发挥应急管理部信息平台在应急指挥中的枢纽作用，利用大数据、物联网、云计算、人工智能、5G 等信息技术手段，完善平台功能，实现全息信息互联、灾情自动发送，实现辅助分析、辅助研判、辅助决策和方案分析。七是做好化工应急相关物资储备工作，重点是强效降温物资、化工原料吸附物资、中和消减物资等。八是加强领导干部应急处置能力培训。

4. 完善化工事故应急处置及防范的体制机制法制，夯实"制度保障"

党的十八大以来，党中央对应急管理工作高度重视，推动应急管理工作迈入新的历史发展阶段。目前已基本形成各领域、各地方、不同层级的专门法律法规和工作机制，形成了比较完整的应急管理制度体系。

根据应急管理体系现代化的本质要求，还需在以下方面坚持与完善：一是坚持完善党对应急处置及防范工作的集中统一领导，发挥党组织的战斗堡垒作用和党员的模范作用。二是就上一轮应急体制改革进行梳理，补短板、强弱项。当前主要是解决基层应急机构成立后，职能划转与人员配置不到位、不专业的问题。三是完善风险识别与评估机制、应急处置现场运行机制、各部门各层级协作机制、应急指挥标准化体系建设以及社会化组织有序参与应急救援机制等。四是完善相关应急法规，研究制定危险化学品安全等方面的法律法规，规范应急处置过程中的权利和义务；行业主管部门、各地方应制定相关法律实施细则，确保相关法规落到实处。五是做好用法守法工作，加强领导干部依法处置及防范的意识与能力，做好应急法律法规的宣传教育，在应急处置及防范过程中营造严格执法、全民守法的良好氛围。

第五章 舆论引导与舆情管理

舆论引导是突发事件应对工作的重要组成部分，是开展应急处置与救援的重中之重。如果舆论引导工作把握不准、处置不当，忙中出错、忙中添乱，就会给政府化解危机增加难度。在全媒体时代，舆论生态、媒体格局、传播方式、受众心态发生了深刻变化，突发事件舆论引导工作面临新的挑战。"3·21"事故发生后，当地从时度效着力，事故的舆论引导和舆情管理工作取得了重大成效，同时也暴露出一些突出的短板和不足。本章依据国家出台的一系列突发事件舆论引导规范政策，以及传播学"议程设置建构理论"、政治学"信任理论"等相关理论进行分析，从"势""法""术""道"的角度，提出突发事件舆论引导的原则：坚持正确导向，维护社会稳定；坚持以人为本，满足信息需求；坚持及时准确，积极引导舆论；坚持公开透明，做到开放有序；坚持统筹协调，明确职责分工；坚持规范管理，依法公开信息（见图5-1）。在此基础上，要健全舆情预警、强化科学研判、完善信息发布，加强舆情管理协调联动，有效回应社会关切，实现突发事件应对"做"与"说"相互补充、相互促进。

一 突发事件舆论引导与舆情管理的原则与要求

（一）突发事件舆论引导与舆情管理的原则

"舆论引导"作为一个特有的、固定的概念，是胡锦涛2002年1月11日在全国宣传会议上指出的："要尊重舆论宣传的规律，讲求舆论宣传的艺术，不断提高舆论引导的水平和效果。"[①]中国特色社会主义进入新时代，舆论生态、媒体格局、传播方式发生了深刻变化，舆论引导工作面临新的挑战。党的十九大报告指出："坚持正确舆论导向，高度重视传播手

---

① 《十五大以来重要文献选编》（下），人民出版社，2003，第2217页。

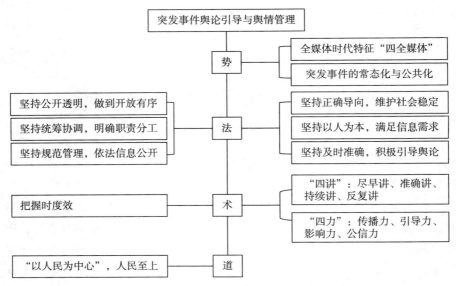

图 5 - 1　突发事件舆论引导与舆情管理的基本框架

段建设和创新，提高新闻舆论传播力、引导力、影响力、公信力。"① 党的十九届四中全会审议通过的《中共中央关于坚持和完善中国特色社会主义制度　推进国家治理体系和治理能力现代化若干重大问题的决定》强调："改进和创新正面宣传，完善舆论监督制度，健全重大舆情和突发事件舆论引导机制。"② 习近平总书记指出，新闻舆论工作"要抓住时机、把握节奏、讲究策略，从时度效着力，体现时度效要求"。③ 他在全国网络安全和信息化工作会议上，对各级领导干部提出了在信息时代履职尽责的"四种能力"："各级领导干部特别是高级干部要主动适应信息化要求、强化互联网思维，不断提高对互联网规律的把握能力、对网络舆论的引导能力、对信息化发展的驾驭能力、对网络安全的保障能力。"④ 具体到突发事件网络舆情管理工作，需要重点把握的内容包括建立机制、及时监测、科学研判、把握尺度等。突发事件舆论引导和舆情管理，成为现代政府应急管理

① 习近平：《决胜全面建成小康社会　夺取新时代中国特色社会主义伟大胜利——在中国共产党第十九次全国代表大会上的报告》，人民出版社，2017，第 42 页。
② 《中共中央关于坚持和完善中国特色社会主义制度　推进国家治理体系和治理能力现代化若干重大问题的决定》，《人民日报》2019 年 11 月 6 日。
③ 《习近平谈治国理政》第 2 卷，外文出版社，2017，第 333 页。
④ 《习近平谈治国理政》第 3 卷，外文出版社，2020，第 308 页。

能力的内在要求，也是国家治理体系的重要组成部分。

在应对突发事件的过程中，需要采取法律、行政等手段来处置事件，同时离不开与公众、媒体的信息沟通、互动。政府是一种权力组织，公众更加期待能与其平等对话，实现信息分享。尤其是在突发事件中，人们对信息的需求处于饥渴状态，信息真假难辨，同时政府希望得到公众的支持和信任。在信息传播中，要加强舆论引导，既要把事件的真相和政府的意愿告知公众，让公众最大限度地理解政府的行为，又要了解公众的真实想法和愿望，根据社情民意来调整政府的各种行为。2020 年初新冠肺炎疫情暴发后，习近平总书记强调："加强宣传教育和舆论引导。我们加大宣传舆论工作力度，统筹网上网下、国内国际、大事小事，营造强信心、暖人心、聚民心的环境氛围。""要完善疫情信息发布，依法做到公开、透明、及时、准确。……要适应公众获取信息渠道的变化，加快提升主流媒体网上传播能力。要主动回应社会关切，对善意的批评、意见、建议认真听取，对借机恶意攻击的坚决依法制止。"① 这为此次突发公共卫生事件的舆论引导工作提出了要求，明确了重点，更为重大突发事件舆论引导工作指明了方向，提供了根本遵循。

关于突发事件舆论引导工作，我国相关法律法规作出了明确规定。例如，2007 年颁布的《突发事件应对法》第五十三条规定："履行统一领导职责或者组织处置突发事件的人民政府，应当按照有关规定统一、准确、及时发布有关突发事件事态发展和应急处置工作的信息。"第五十四条规定："任何单位和个人不得编造、传播有关突发事件事态发展或者应急处置工作的虚假信息。"中共中央办公厅、国务院办公厅 2016 年 2 月印发实施的《关于全面推进政务公开工作的意见》强调："对涉及本地区本部门的重要政务舆情、媒体关切、突发事件等热点问题，要按程序及时发布权威信息，讲清事实真相、政策措施以及处置结果等，认真回应关切。依法依规明确回应主体，落实责任，确保在应对重大突发事件及社会热点事件时不失声、不缺位。"国务院办公厅 2016 年 11 月发布的《〈关于全面推进政务公开工作的意见〉实施细则》提出："对涉及特别重大、重大突发事件的政务舆情，要快速反应，最迟要在 5 小时内发布权威信息，在 24 小时

---

① 习近平：《在统筹推进新冠肺炎疫情防控和经济社会发展工作部署会议上的讲话》，人民出版社，2020，第 8、15 页。

内举行新闻发布会，并根据工作进展情况，持续发布权威信息。有关地方和部门主要负责人要带头主动发声。"2019 年修订的《政府信息公开条例》第六条规定"行政机关应当及时、准确地公开政府信息"，并把"突发公共事件的应急预案、预警信息及应对情况"列为重点公开的政府信息之一。

当今时代，"全媒体不断发展，出现了全程媒体、全息媒体、全员媒体、全效媒体，信息无处不在、无所不及、无人不用，导致舆论生态、媒体格局、传播方式发生深刻变化，新闻舆论工作面临新的挑战"。① 突发事件舆论引导是一项政治性和业务性都很强的工作，必须讲政治、讲大局、讲科学。具体而言，做好全媒体时代的突发事件舆论引导工作，要坚持如下原则。

一是坚持正确导向，维护社会稳定。信息发布与舆论引导工作要有利于党和国家及地方党委政府工作大局，有利于维护人民群众切身利益，有利于社会稳定和人心稳定，有利于事件的妥善处置。

二是坚持以人为本，满足信息需求。要尊重人民群众知情权，满足人们了解突发事件真相和处置情况的需求，通达社情民意，回应公众关切，增强群众公共安全意识，提高全社会风险防范和应对能力。

三是坚持及时准确，积极引导舆论。由宣传部授权的新闻单位要在第一时间进入现场采访，在第一时间发布权威信息，及时准确、客观全面报道突发事件动态及处置进程，把社会舆论引导到健康、理性的轨道上来。

四是坚持公开透明，做到开放有序。除涉及国家安全和国家秘密外，对突发事件，要按照公开透明的原则，及时准确地发布信息，开放有序地组织媒体采访，切实做好媒体服务引导工作。

五是坚持统筹协调，明确职责分工。各单位和相关部门要把突发事件信息发布和新闻报道工作纳入突发事件处置总体部署，坚持事件处置与新闻报道工作同步安排、同步推进，积极主动做好信息公开和舆论引导工作。

六是坚持规范管理，依法信息公开。严格遵守《突发事件应对法》《保守国家秘密法》《政府信息公开条例》等有关法律法规，按照《国家突发公共事件总体应急预案》的要求，依法开展突发事件信息发布和新闻发布，做到科学、依法、有效管理，促进工作的规范化、制度化、法制化。

---

① 《习近平谈治国理政》第 3 卷，外文出版社，2020，第 317 页。

（二）突发事件舆论引导与舆情管理的要求

在全媒体时代，做好突发事件舆论引导工作是不可回避的重要课题。舆论引导得好，往往会使事件应对事半功倍；舆论引导得不好，则很可能适得其反，致使事态恶化。"突发事件的新闻处置做得不好，往往是对我们伤害最重的。"① 它可以轻而易举地把我们的政府形象摧毁到极点，将我们平时做的大量正面宣传一笔勾销。

突发事件舆论引导贯穿突发事件事前、事中、事后全过程，其本质是对突发事件信息进行管理、及时开展公众沟通、主动塑造良好形象的过程，是争取人心、赢得信任、凝聚力量的过程。在事前，要积极做好政务公开，可以运用大数据等科技手段对全媒体进行监测，对热点问题进行分析研判，预测舆情发展趋势，并给予积极回应、引导，减少对立、消除误解。在事中，要采取授权发布、散发新闻稿、组织报道、接受记者采访、举行新闻发布会等方式，在事件发生的第一时间及时、准确、客观、全面向社会发布简要信息，做好政务舆情回应工作。在事后，要向全社会发布突发事件应对总结评估的经验教训，引导公众对学习改进过程进行监督，同时加强安全宣传教育，夯实应急管理的社会基础、群众基础。

国务院新闻办公室把突发公共事件舆论引导策略概括为"四讲"："尽早讲"，政府要尽快抢占信息发布制高点，在第一时间表明对事件的态度及应对措施；"持续讲"，向公众不断披露事件进展情况；"准确讲"，发布信息真实全面，争取公众的认可；"反复讲"，采取各种方式对公众进行答疑解惑。② 因此，为了做好突发事件的舆论引导与舆情管理，需要建立健全以下机制。

一是突发事件初始信息披露机制。《国家突发公共事件总体应急预案》要求："事件发生的第一时间要向社会发布简要信息。"《国务院办公厅关于在政务公开工作中进一步做好政务舆情回应的通知》则对回应时间进行了具体规定："对涉及特别重大、重大突发事件的政务舆情，要快速反应、及时发声，最迟应在 24 小时内举行新闻发布会，对其他政务舆情应在 48 小时内予以回应。"这就是突发事件初始信息披露机制。突发事件初始信

① 宏磊、谭震、杨同贺：《在第一时间抢占舆论制高点——国务院新闻办副主任王国庆谈新闻发言人制度》，《对外大传播》2007 年第 3 期。

② 刘涛：《公共事件传播中网络与传统媒体的议题互动》，《采写编》2014 年第 5 期。

息披露机制解决的是公众对获知突发事件知晓权的问题，旨在降低因为权威信息供给缺位而引发社会民众猜测、质疑甚至恐慌。

二是突发事件处置动态发布机制。《突发事件应对法》规定："履行统一领导职责或者组织处置突发事件的人民政府，应当按照有关规定统一、准确、及时发布有关突发事件事态发展和应急处置工作的信息。"《国家突发公共事件总体应急预案》也要求，在披露突发事件初始信息之后，"发布初步核实情况、政府应对措施和公众防范措施等，并根据事件处置情况做好后续发布工作"。突发事件处置动态发布机制解决的是突发事件应对过程中信息公开透明程度的问题，应根据事件处置进展和舆情发展变化进行不同阶段、不同目的、不同主题的信息发布和舆情回应。除此之外，突发事件处置动态还包括突发事件应急响应的终止状态。在应急响应终止时，也要向公众发布响应状态终止的信息，为突发事件信息发布画上句号。

三是突发事件信息公开机制。《政府信息公开条例》明确规定，突发事件的应急预案、预警信息及应对情况属于重点公开的政府信息。信息公开力求及时。突发事件发生后，在第一时间向公众通报事情的缘起、损失情况、应对措施等，既可安定民心、避免混乱，也能为危机应对争取更多的社会支持。信息公开力求准确。突发事件发生后，相关信息通常呈爆炸态势且公众关注度极高。在真假混杂的海量信息面前，公众很容易迷惘和无所适从。信息发布真实准确，是守住舆论阵地的重要前提。确保准确无误发布信息，要特别注重关键信息的确认，如人员伤亡情况、物资储备状况等，确保信息源头准确，如若出现信息错误应及时更正。信息公开力求有效。突发事件的信息发布确保公众能接收到。《国家突发公共事件总体应急预案》确保信息被接收的保障措施为："预警信息的发布、调整和解除可通过广播、电视、报刊、通信、信息网络、警报器、宣传车或组织人员逐户通知等方式进行，对老、幼、病、残、孕等特殊人群以及学校等特殊场所和警报盲区应当采取有针对性的公告方式。"

四是突发事件虚假信息追责机制。要依法进行舆情管理和打击谣言。《突发事件应对法》规定："编造并传播有关突发事件事态发展或者应急处置工作的虚假信息，或者明知是有关突发事件事态发展或者应急处置工作的虚假信息而进行传播的，责令改正，给予警告；造成严重后果的，依法暂停其业务活动或者吊销其执业许可证；负有直接责任的人员是国家工作人员的，还应当对其依法给予处分；构成违反治安管理行为的，由公安机关依法给予处罚。"《治安管理处罚法》第二十五条规定："散布谣言，谎报险情、疫情、警情或者以其他方法故意扰乱公共秩序的，处五日以上十日以下拘留，可以并处五百元以下罚款；情节较轻的，处五日以下拘留或者五百元以下罚款。"

二 "3·21"事故舆情演变的过程与特征

（一）舆情演变的过程

1. 事故回顾

（1）舆情初步形成。

2019年3月21日14时48分，江苏盐城市响水县陈家港镇天嘉宜公司化学储罐发生爆炸事故。从15时开始，微博、微信朋友圈陆续出现响水爆炸"现场图""实拍视频"，真假难辨。

14时50分和15时，国家地震台网官方微博"@中国地震台网速报"先后发布微博："3月21日14时48分，在江苏盐城市响水县附近（北纬34.34度，东经119.75度）发生3.0级左右地震；3月21日14时48分，在江苏连云港市灌南县（疑爆）（北纬34.33度，东经119.73度）发生2.2级地震。"

16时42分，中共盐城市委宣传部官方微博"@盐城发布"发出一条信息，这是首次官方发声。"@盐城发布"转发了"@盐城晚报"的微博《请为救援让开通道》："今天（21日）下午2：48前后，响水陈家港境内江苏天嘉宜化工有限公司生产装置发生剧烈爆炸，附近多处民用设施受损，附近多个民众受伤。厂区浓烟滚滚，伤亡不明。有关方面正在紧急处置。响水化工厂爆炸发生后，公安、消防、医疗等机构迅速派员赶往现场救援，附近居民自发组织将伤者送到医院救治。提醒市民不要前往围观，为救援让开通道。"此后，"@盐城发布"相继转发"@人民日报""@央视新闻"等媒体有关该事件的最新消息。

（2）舆情持续升温。

继官方首次发声后，消防、环境、应急管理等部门相继发声。在事发5个小时后，官方公布了伤亡情况。

17时29分，"@江苏消防"发布消防救援通报："江苏省消防救援总队指挥中心立即调派南京、泰州、盐城、连云港、淮安、宿迁、南通、常州、扬州、镇江消防救援支队、培训基地共35个中队、86辆消防车、389名指战员赶赴现场处置。目前，到场消防救援力量已救出12名受伤人员。"

17时40分，"@江苏生态环境"发布速报："江苏省生态环境厅立即启动响应程序，组织相关人员赶赴现场，生态环境部门已开展应急监测工作。"

18时12分，"@中华人民共和国应急管理部"发布微博："应急管理部党组成员、总工程师王浩水和消防救援局总工程师周天带领专家组紧急赶赴现场，协助地方做好应急处置工作。"

19时17分，"@生态环境部"发布消息称："获知情况后，生态环境部高度重视，李干杰部长迅速作出批示，启动应急响应程序。翟青副部长率领工作组正紧急赶赴事发现场，指导做好环境应急工作。"

19时22分，"@盐城发布"在微博和微信公众号同步发布《响水天嘉宜化工有限公司爆炸情况通报》："截至19：00，确认事故已造成6人死亡，30人重伤，另有部分群众不同程度轻伤。目前，现场救援还在继续进行，医疗卫生部门正在全力救治伤员，环保部门正在进行环境监测。事故原因正在调查，后续情况将及时发布。"

19时30分，"@江苏网警"转发"@盐城发布"的情况通报，呼吁广大网友不信谣、不传谣："请广大网友不要传播现场血腥视频，不要人为夸大死伤人数，对于故意制造传播谣言的，公安机关将依法处理！"

19时37分，"@应急管理部"称，应急管理部党组书记黄明率工作组紧急赶赴现场，指导应急救援等相关处置工作，同时指出："应急管理部立即派出有化工、消防专家参加的工作组赶赴现场，并要求全力开展抢险救援，确保救援人员安全，全力救治伤员，及时疏散周边群众。截至21日19时，江苏省消防救援总队已调派176辆消防车、928名消防员到场处置，后续仍将有增援力量赶赴现场。"

20时32分，"@盐城发布"发布消息："该区域为化工企业生产区，没有居民居住，周边群众也已经基本疏散。事故地点下游没有饮用水源，群众饮水安全不受影响。"

20时52分，"@健康中国"公布医学救援进展："国家卫生健康委高度重视，第一批调派国家卫生应急队伍（江苏）中的11名医疗专家组成专家分队，于21日晚赶赴事发地开展医学救援工作；第二批抽调上海交通大学医学院附属瑞金医院重症医学、烧伤、神经外科专家和首都医科大学附属北京安定医院心理干预专家 5 人，组成国家医疗心理卫生应急专家组，于 21 日晚赶赴当地驰援。江苏省卫生健康委负责人带领工作组赶赴当地指挥协调医学救援工作，并从南京、南通、徐州、无锡等地调集 30 余名省级医疗心理专家驰援。盐城市、响水县和周边县市卫生健康部门在事件发生后立即启动应急响应，迅速派出医护人员和救护车，开展现场救治和伤员转运，并组织相关医疗机构快速收治伤员，全力以赴，积极救治。"

21 时 17 分、22 时 57 分，"@江苏生态环境"连续发布微博，公布爆炸后 16 时 57 分、18 时、18 时 40 分、19 时 20 分、20 时、20 时 45 分的环境应急监测结果，苯、甲苯和二甲苯的检出浓度均未超过企业周界外浓度最高限值，并同时提醒："根据相关参考资料，甲苯、二甲苯、氯苯、苯乙烯等为低毒物质，长期接触有慢性毒性；二氧化硫和氮氧化物会引发呼吸系统疾病，大量吸入会导致窒息。江苏省环境监测中心组织盐城市和连云港市监测力量正继续开展现场应急监测。"

3 月 22 日 9 时，"3·21"事故第一次新闻发布会召开，公布了最新情况："截至 22 日上午 7 时，事故已造成死亡 44 人，危重 32 人，重伤 58 人，还有部分群众受轻伤。江苏省已先后调派 12 个市消防救援支队共 73 个中队、930 名指战员、192 辆消防车，9 台重型工程机械赶赴现场处置。截至 22 日 7 时，3 处着火的储罐和 5 处着火点已全部扑灭。天嘉宜化工有限公司在响水县负责的总经理张勤岳在事故中受伤并接受救治，相关人员均已被公安机关控制。"

10 时 35 分，"央视新闻"客户端发布消息称："事故死亡人数上升到 47 人，重伤 90 人。"

10 时 48 分，央视新闻报道称："习近平总书记对'3·21'事故作出重要指示。"

11 时 55 分，新华社微信公众平台发布消息："李克强就救援工作作出批示。随后，江苏省委书记娄勤俭、省长吴政隆对盐城化工厂爆炸事件作出批示。"

13 时 2 分，"@江苏生态环境"继续滚动发布监测最新进展："江苏省环境监测中心以及盐城、扬州、连云港、苏州、南通、泰州、淮安等地的监测机构继续对事件发生地下风向环境空气和闸外灌河地表水、闸内园区河流地表水开展应急监测。"

14 时 15 分，人民日报社发布消息："国务院成立'3·21'特别重大爆炸事故调查组。"

20 时 2 分，网上有人发帖造谣称："18 名消防员因吸入大量致癌气体而牺牲。"据"@平安江苏"核实，盐城官方确认这一说法是谣言，并正在查找谣言源头。

20 时 15 分，应急管理部官方微博发布消息称："黄明再次部署指导救援，看望慰问受伤人员。"

（3）舆情回落。

自 3 月 22 日"3·21"事故第一次新闻发布会召开后，相关舆情热度在波动中下降。22 日 10 时前后，随着国务院办公厅发布《关于调整 2019 年劳动节假期安排的通知》，大量媒体纷纷转发，针对响水爆炸事故的报道大幅下降，并迎来峰值后的首个低谷。之后，相关报道在波动起伏中降低，舆情热度随之开始回落。

3 月 23 日，"3·21"事故现场指挥部召开第二次新闻发布会介绍相关情况："截至当日 7 时，事故已造成 64 人死亡，救治的伤员中危重 21 人、重伤 73 人。"

16 时 50 分，新华社官方微博发布消息："国务院'3·21'事故调查组称，事故企业连续被查，相关负责人严重违法违规。"

3 月 24 日，"3·21"事故现场指挥部召开第三次新闻发布会。发布会通报称："截至当日 12 时，本次爆炸事故救治伤员 604 人，危重 19 人，重症 98 人，出院 59 人，留院观察 142 人。"

3 月 25 日，"3·21"事故现场指挥部召开第四场新闻发布会。发布会通报称："事故现场集中搜救工作基本结束，新发现 14 名遇难者，本次事故至此已造成 78 人死亡（其中 56 人已确认身份，22 人待确认身份）。"

3 月 27 日，"3·21"响水爆炸事故遇难者"七日祭"，当地举行集体哀悼活动。

3 月 31 日，江苏盐城官方通报"3·21"事故医疗救治最新情况："截至 3 月 31 日 16 时，各收治医院共有住院治疗伤员 245 人，重症伤员 5 人，其中危重伤员 2 人。新增出院 31 人。"江苏省生态环境厅同日 23 时许公布："3 月 31 日 10 时，爆炸事故现场继续进行消防作业和污染废水处置工作。"

11 月 15 日，国务院事故调查组公布"3·21"事故调查报告。

2020 年 8 月 5～7 日，"3·21" 事故系列刑事案件一审开庭，15 名国家机关公职人员分别构成玩忽职守罪和受贿罪。

2. 焦点议题分布

爆炸事故发生后，有关事故信息在很短的时间内呈几何速度增长。公众和媒体关注议题呈现出多元化和个性化。此次爆炸到底造成了多大的破坏？影响有多深广？爆炸发生后，中央到地方如何应急处置？如何开展救援？化工厂爆炸后当地的水、空气质量如何？涉事公司是一家怎样的公司？涉事公司该担何责？这些议题之所以能进入公众和媒体的视线，是因为不同的议题对受众具有不同的重要性。在这些议题中，公众的情绪以负面为主。"公众在接触到负面情绪后会经由自身生理唤醒和心理体验而逐渐被负面情绪控制。"① 但是，针对在事故中涌现出来的感人事迹也有正面评价（见图 5－2）。焦点议题主要集中在以下四个方面。

（1）事故伤亡情况。

随着时间推移和救援工作持续开展，伤亡人数不断更新，"伤员""重症""重伤""明火""隐患"等成为舆情的高频词。网上出现了"官方隐瞒伤亡人数"的言论，让公众对伤亡人数的真实性产生了质疑。例如，3 月 24 日，"@环球时报"发布响水 "3.21" 爆炸事故最新救治情况，引用官方通报称："截至 24 日 12 时，共救治伤员 604 人，其中危重 19 人、重症 98 人、出院 59 人、留院观察 142 人。"对此，有网友质疑："既已救治伤者总计 604 人，为何与公布救治情况的人数相加数目不相等？其余伤者情况又如何？"

（2）事故救援情况。

在事故的舆情传播过程中，"消防车""医疗""群众"等高频出现，反映了救援救助的内容。澎湃新闻《盐城化工厂爆炸 24 小时：救援再快一点，排查再严一点》、新华社《为了生命向火而行——江苏响水爆炸事故现场救援直击》受到广泛关注。同时，事故救援进展和救援过程中的"正能量"引起了广泛关注。例如，央视新闻报道《生命的礼赞——江苏响水爆炸 40 小时后救出一名幸存者》《响水县红十字会工作人员已紧急调运 340 条棉被》《网络大 V 明星参与救援》等，都受到了广泛关注。

---

① 张宝生、张庆普：《重大突发公共事件中网络虚拟社群负面情绪传染》，《情报杂志》2020 年第 9 期。

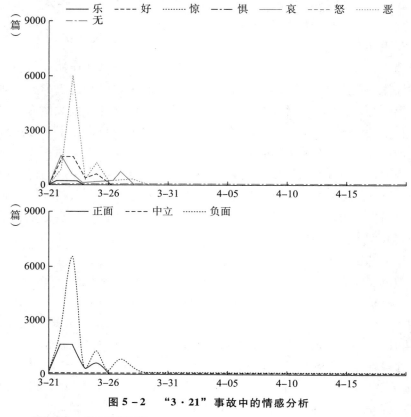

图 5 - 2　"3·21"事故中的情感分析

资料来源：鹰击舆情系统。

（3）事故对环境的影响。

此次爆炸事故是否会对爆炸点周边的水、空气造成污染，对周围百姓健康产生影响，是广大人民群众重点关注的议题。生态环境部、江苏省生态环境厅持续对大气、水源监测并发布信息。但是，公众仍然对爆炸现场周边的环境表示担心。例如，网友"@malau"就说："江苏化工厂大爆炸后，官方通报称空气已达标；但记者到现场却被呛得受不了。"

（4）事故问责情况。

公众、媒体质疑企业疏忽安全问题，认为政府监管和惩治力度不够，并期盼公布事故调查和问责结果，呼吁落实安全生产的监管和执行，以防止类似事故再次发生。事故发生后，党中央、国务院高度重视，习近平总书记作出重要指示，李克强总理作出重要批示，"吸取教训""原因"成为关键词。

（5）事故的溢出影响。

爆炸事件发生后，全国各地化工、煤矿等厂企的环保和安全问题再次被推向了舆论的风口浪尖。各地近年来发生的生产安全事故被重提，并与此次爆炸事故进行对比分析。同时，全国各地立即开展安全隐患排查整治紧急行动，全国性的环保及安全行动成为媒体和公众关注的重要话题。例如，媒体报道了山东、江苏、河北、辽宁、黑龙江、上海、北京、福建、重庆、甘肃、青海等多个省份，紧急部署危险化学品生产安全隐患排查整治工作。

3. 媒体传播趋势

对此次突发爆炸事故的报道，首先是在微博平台发布的。人民日报、央视新闻、人民网、新华社、澎湃新闻等主流媒体及其所办新媒体账号，成为此次事故信息的主要汇集窗口。主流媒体的介入报道，使灾情信息透明度大幅提升，极大地满足了公众的知情权。在灾情信息需求之下，人民网、央视、财新网等多家媒体甚至运用了无人机航拍爆炸现场，传递回了极为震撼且直观的视频、图像资料。

根据百度指数分析（见图5-3），在事故发生的前5天中，各个平台的舆情指数不断攀升。在事故发生当天和第二天，媒体大量报道、广泛介入，事故相关舆情居高不下，3月22日舆情达到了峰值，自官方召开第一次新闻发布会后，舆情逐渐回落。3月25日，第四次新闻发布会确认死亡人数达到78人，舆情指数渐趋平稳缓和。在事故发生10天后（3月31日），舆情热度基本消退。在有关此次事故的报道中，微博、网站新闻媒体和微信作为主要发酵场，占报道总数的70%以上，其中微博信息占比最大。

对此次爆炸事故，多家主流媒体、专业媒体、自媒体都参与发布"关于响水县陈家港镇爆炸事故现场"的灾情最新动态。主流媒体以人民日报、新华社、新京报、江苏本地官方媒体等为代表，进行灾情动态报道。人民日报专门派记者前往现场报道最新消息，并采用微博直播新闻发布会；新京报客户端推出专题报道，用户扫码可快速浏览最新动态新闻。专业媒体以"丁香医生""果壳网"为代表，分析爆炸后所释放的物质是否会对环境造成二次污染，代表第三方专业权威第一时间发声进行健康传播，专业答疑解惑，及时遏制谣言传播。

在主流媒体的报道中，"事故救援类"文章最多，体现出传播救灾信

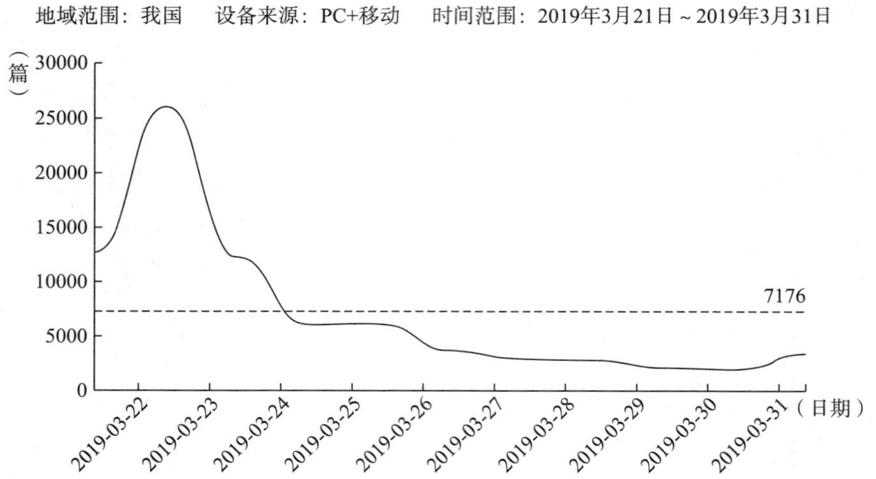

地域范围：我国　　设备来源：PC+移动　　时间范围：2019年3月21日～2019年3月31日

图 5 - 3　百度指数（2019 年 3 月 21～31 日）

息的重要性。其次是"领导指示和批示类"报道，主要为习近平总书记对爆炸事故作出重要指示以及李克强总理就救援和应急处置工作作出批示。此外，国务委员王勇率国务院有关部门看望遇难者家属和受伤群众，慰问抢险救援队伍，以及应急管理部党组书记黄明指导事故处置工作，也受到主流媒体的关注与报道。"信息辟谣类"报道则有多篇。针对网络传播热点，"18 名消防员因吸入大量致癌气体牺牲""央视报道化工厂谣言引发的新闻"等被主流媒体刊发文章予以辟谣。从整体来看，主流媒体更侧重于事故本身的事实性报道。对救援过程中社会正能量的报道，如新华社的《为了生命　向火而行——江苏响水爆炸事故现场救援直击》《为了 617 个生命的赛跑——江苏响水爆炸事故伤员救治一线实录》被多家传统媒体、新闻网站和新媒体平台转载，获得网民的大量点赞和转发。同时，从防灾角度和追责角度刊发评论文章，如《江苏响水事件敲醒警钟！》《江苏响水爆炸警示绝不能用生命交学费》等，引起了人们深刻反思。

（二）舆情演变的主要特征

此次爆炸事故网络舆情的发展具有递进式和流变性的特征，即随着时间的推移表现出不同的状态，大体呈现一个递进式的流变过程。整个过程具有三大特点：一是舆情议题来源呈现多元化。事故相关议题产生的信息来源不再局限于电视、报纸等传统媒体，而是更多来源于网络媒体。网络媒体已成为网民在第一时间获取医疗卫生类相关事件舆情信息的最主要渠道，朋友圈和自媒体也成为网民获取信息的重要渠道。值得注意的是，尽管网络媒体成为网民获取信息的最重要来源，但由于网民对网络上充斥的虚假信息以及一些意见领袖的不当言论还抱有警惕心理，因此对其的信任度远低于传统媒体。① 二是舆情议题构建呈现多向互动性。在全媒体时代，"点对点""点对多点""多点对多点"的多元化交互传播模式打破了传统媒体"点对多"的单向传播模式。舆情议题的构建主体不再只是单一的传统媒体，网络的力量衍生了一个全民构建议题的时代。② 三是舆情议题演进推动力呈现多重性。在议题的演进过程中，事件关注的广度和深度不断扩大，网民的情绪和意见不断高涨，当某种意见和观点引起网友的高度共鸣时，参与和支持的人数就会骤增，网民的个人意见便会完成向社会"共同意识"的转化，形成一定规模的舆论氛围，共同推动舆情的发展。

从信息内容来看，递进式流变过程具体体现在以下三个方面。

1. 聚集性

舆论总是伴随着突发事件本身，并随着突发事件的演变而变化，在一段时间内集中成为公众和媒体关注的主要议题。自 3 月 21 日事故发生以来，事故爆炸现场情况、伤亡及救援情况、事故原因、环境测评等，成为舆论持续的关注点在舆论场引发热议。此外，在事故处置过程中，应急管理部和生态环境部两份分别给江苏省应急管理厅、生态环境厅的函被曝光，成为舆论的焦点，被认为是两个部门互相推卸废弃危险化学品安全监管的责任。网上围绕"生态环境部门是不是行业主管部门？""负责环境保护工作是不是要负责相应的安全生产工作？"展开了讨论和热议。网友列举相关法律，分析两个部门的职责，认为："我国安全及其相关法律法规存在不少漏洞，缺乏一个框架，法律法规缺乏衔接，各自为政。"

在救援工作开展的同时，一张倡议捐款的文件截图在响水当地以及网络中流传。截图是"响水县慈善会"于 3 月 23 日发出的《倡议书》："县'3·21'爆炸事故造成重大人员伤亡……为帮助灾区人民渡过难关、重建家园，请各企事业单位和各界爱心人士，伸出援助之手，为灾区群众献上一份爱心。我们将管好用好每一分善款，严格按照救助办法，及时把大家

① 邵培仁、张梦晗：《全媒体时代政治传播的现实特征与基本转向》，《探索与争鸣》2015年第 2 期。

② 夏德元：《新媒体时代舆论引导与舆论表达的良性互动》，《当代传播》2014 年第 1 期。

捐赠的款物全部送到灾区。"这份《倡议书》在网上引发热议,由于"3·21"响水县爆炸事故被官方定性为生产安全事故,4 天后县慈善会便发起募捐,难免会造成部分公众不解。同时,记者在"慈善中国"查询慈善组织时,未能查到"响水县慈善会",也未查到相关募捐备案信息,因此舆情再次升温。

2. 辐射性

突发事件相关信息在经历舆论解读之后,事件或舆论的性质会呈现出多角度发展的态势,呈辐射性。爆炸事故发生后,网络上出现了大量爆炸现场的图片和视频,舆情的关注点从爆炸事故造成的人员伤亡情况、影响程度、救援情况等,转移到爆炸带来的化学物的致癌风险,响水爆炸工厂周边小学幼儿园所受影响,泄漏的化学品对空气、水资源的污染等,成为事故衍生的焦点议题。企业忽视安全生产备受诟病,成为媒体报道的热点。有人指出,该企业"上午开会培训,下午发生爆炸",并谴责该企业形式主义的安全生产理念。对此,中央政法委微信公众号"中央政法委长安剑"3 月 22 日刊发评论《评江苏响水"3·21"事故:是时候为形式主义送葬了!》。一时间,形式主义的话题受到热议,并引发人们反思。部分媒体评论称,切勿让形式主义成为爆炸事故的"灰犀牛"。

同时,网上出现大量谣言,混淆视听、扰乱公共秩序。例如,3 月 22 日 20 时 2 分,史某康在网络上发帖称"18 名消防员因吸入大量致癌气体而牺牲",后据"@平安江苏"核实,盐城官方确认这一说法是谣言。此外,有媒体在对此次爆炸事故进行追踪报道时,将响水爆炸案和天津"8·12"火灾爆炸事故联系在一起,反复使用"地震""火光冲天""蘑菇云"等字眼。有网友质问,天津滨海化工厂大爆炸刚刚过去几年,为什么城市中间还有这样危险的"炸弹"?还有多少真相被掩盖?"还有多少人要去陪葬?"这些言论刺激着公众紧张的神经,影响着公众的风险认知,使相关消息在网上裂变式地传播。

3. 溢出性

突发事件的原生舆情裂变出其他问题舆情,即舆论会"溢出"事件的预设框架,进而诱发新的事件或新的舆论。在对此次事故的报道中,有媒体就不断爆料事故背后的人祸痕迹。

(1)涉事企业漠视安全生产。搜狐新闻、湖南日报、澎湃新闻等媒体报道了此次爆炸事故,并指出在 2018 年中央环保督察"回头看"反馈意见中提出"盐城市响水生态化工园区等化工园区异味明显，群众反映强烈"，园区周边群众对废气污染的投诉不断，特别是化工园区周边居民信访量很大。据应急管理部官网信息，2018 年 1 月 14～19 日，国家安全监管总局曾组织督导组对江苏盐城、连云港、淮安、徐州、宿迁 5 市危险化学品安全生产工作进行督查，现场检查了 18 家化工企业，发现了 208 项安全隐患问题。其中，天嘉宜公司被发现了 13 项安全隐患问题，包括主要负责人未经安全知识和管理能力考核合格，构成二级重大危险源的苯罐区、甲醇罐区未设置罐根部紧急切断阀，动火作业管理不规范，苯、甲醇装卸现场无防泄漏应急处置措施等。2015 年 5 月、2017 年 7 月，该公司曾被当地环保局通报，该公司董事长还曾因污染环境罪获刑。同时，从 2007 年开始，该化工园区已经发生多次爆炸，但均未引起重视。

（2）当地有关部门政绩观扭曲。媒体和公众质疑，企业发生安全事故后，监管部门往往是不痛不痒地处罚一番了事，甚至还出现屡罚屡犯的怪现象；一些明明在安全方面不合格的企业，却能享受到政府部门给予的各种优惠措施和荣誉。媒体和公众谴责政府不作为、乱作为助长了一些企业漠视安全管理、敷衍了事的风气，为公共安全埋下了暗雷。有媒体披露，2007 年 11 月 27 日，响水县曾发生爆炸事故，造成 8 人死亡。事故发生后，盐城市立即启动了一套禁止记者采访的应急预案，不惜采用武力威胁、软禁记者，重金收买、色相利诱等方式收买记者，阻挠采访。

三　舆论引导与舆情管理的措施及评价

（一）舆论引导的内容

1. 事故进展

《突发事件应对法》第五十三条明确规定："履行统一领导职责或者组织处置突发事件的人民政府，应当按照有关规定统一、准确、及时发布有关突发事件事态发展和应急处置工作的信息。""3·21"事故发生后，官方一边开展应急处置一边对外发布信息，引导舆论，通过官方微博、微信公众号、召开新闻发布会等方式就现场处置情况、伤亡情况、爆炸事故起因、涉事企业、受灾民众安置善后、环境污染监测处置情况等进行了持续、动态、主动发布和回应。

2. 救援情况

对生产安全事故灾难迅速、有序、高效地实施应急救援，能够最大限度地减少人员伤亡和财产损失，尽快恢复正常的生产生活秩序。在有关救援的舆论引导方面，主要做好两个方面的工作。一是介绍现场救援情况，包括救援力量、措施、进展、困难、成效等。二是组织新华社、人民日报、中央电视台、人民网、新华网、南方网、腾讯网等著名媒体和网站，让它们各展所长，对在救援过程中反映出的激发正能量的感人事迹进行集中报道，营造"怀着'生命第一'的态度将救援进行到底"的浓厚氛围，又理性释放出"救灾很不易，我们在尽力"的心理预期，为最终宣布救援结束、转入善后工作做好充分的舆论铺垫。针对此次爆炸事故救援，在内容安排上，主动设置议题，如"紧急驰援！全力救治！不落一人！""致敬响水献血者，严惩事故责任人"被各大主流媒体报道并转发，采用立体、交叉、全方位的传播方式，及时回应公众疑问，协调媒体自采报道，起到了引导媒体议程的重要作用，从而降低舆论误解，防止舆论偏转。

3. 环境影响

随着网络围观热度的攀升，舆论对官方披露更多有关环境信息的期待也更加强烈。在爆炸事件原因并未查明之前，江苏省生态环境厅对事故现场上下风向、灌河下游、园区内河进行了布点监测，同时在爆炸点下风向敏感点对有机污染物进行监测，结果显示，现场污染物呈下降趋势，群众饮用水安全不受影响。

事故发生后，生态环境部门立即启动突发性环境事故应急预案，组织相关人员赶赴现场，开展环境监测和应急处置工作。3 月 21 日 20 时 30 分前后，"@盐城发布"在微博发布事发地的环境监测情况。数据显示，事故周边环境空气指标持续稳定达标，且爆炸点附近居民生活饮用水的水质未发现异常。然而，有一部分处在下风口城市的居民仍然担心空气中的苯系物有可能在未来污染水源和空气，对他们的生活造成威胁。针对居民的担心，当地政府主动地说、持续地说、有科学依据地说，消除了公众的疑虑和恐惧。

4. 谣言回应

突发事件中的谣言传播既是信息公开的一种推力，也是对社会稳定的冲击力量。[①] 响水爆炸事故引发各方高度关切，然而一些谣言也随即在网

---

① 陈虹：《新媒体环境下突发事件中谣言的传播规律和应对策略》，《华东师范大学学报》（哲学社会科学版）2011 年第 3 期。

络滋生。事故发生后，微博、微信朋友圈传播火光冲天的图片和视频，引发了网友恐慌。经过"@平安江苏"核查辟谣，网上疯传的视频和图片，是外省市多年前事故照片移花接木而来，与响水事故无关。

除了张冠李戴的爆炸现场图片视频，还有网友利用2011年央视刊播的新闻消息散播谣言。2011年2月11日，央视新闻曾刊播《化工厂谣言引发"恐慌"》的新闻。有网友将此新闻找出，散布为距离响水爆炸事故40天的消息。后经"@平安江苏"核实为8年前的事情。在事故救援期间，网上有人发帖造谣称"18名消防员因吸入大量致癌气体而牺牲"，这一言论在网络上被疯传。据"@平安江苏"核实，盐城官方确认这一说法是谣言，并正在查找谣言源头。之后，江苏省公安厅网络安全保卫总队官方微博"@江苏网警"转发了"@盐城发布"的情况通报，呼吁广大网友不信谣、不传谣，并提醒网民："编造谣言、传播谣言都是违法犯罪行为。广大网民要自觉遵守互联网相关法律法规，不发布传播不实、不当言论，共同维护健康的网络环境和良好的社会秩序。对网络违法犯罪行为，公安机关坚决依法严厉查处。"

5. 问责调查

3月21日14时48分爆炸发生，3月22日14时国务院成立事故调查组。国务院事故调查组的及时成立使公众相信事故原因能得到彻查，为社会敲响警钟。此后，舆情渐趋平稳。

2019年11月13日，国务院召开常务会议，听取"3·21"事故调查情况汇报和责任追究审查调查工作情况通报，部署对安全生产尤其是危险化学品生产管理等问题开展专项整治。这些信息被各大主流媒体报道。2019年11月15日，"3·21"事故调查报告公布，2020年8月5～7日，爆炸事故所涉及的一系列刑事案件进行一审公开开庭审理。总体而言，关于事故问责调查的情况，在每个重要节点都做到了有序发布，有效地引导了舆论。

（二）舆论引导的路径

1. 政务新媒体

在全媒体时代，政务新媒体成为信息发布与舆情回应的重要手段。突发事件发生后，面对汹涌的舆论，单一的政务微博、微信公众号难以抵御来自多方面、多渠道的信息冲击，需要涉事部门政务新媒体有效协同联动，形成矩阵效应，依托各级政务新媒体，传递主流声音，满足社会各界对事件的信息需求。[①]

在此次事故应急处置与救援过程中，宣传部门与处置部门密切配合、协同作战，在信息沟通、新闻发布、舆情应对等方面加强统筹协调，运用官方微博、微信公众号，从全局上把握基调，从整体上考量效果，确保事故处置与舆论引导同步部署、协调推进、良性互动。"@盐城发布""@盐城晚报""@江苏生态环境""@江苏网警""@江苏消防""@平安江苏""@平安盐城""@中华人民共和国应急管理部""@生态环境部""@健康中国""@中国消防"等政务新媒体主动回应，环境、公安、应急直属部门、地方与中央机构联动发声，展现了权威性和说服力以及政务机构更多的责任和担当。同时，政务新媒体与各主流媒体官方微博积极沟通互动，相互转发，扩大了权威信息传播的范围和影响力。

2. 新闻发布会

新闻发布会是突发事件发生后政府信息公开、满足受众知情权以及塑造政府形象的有效方式。[②] 重大突发事件的信息发布工作，往往离不开新闻发布会。新闻发布会具有权威性高、公开面广、互动性强的特点，是党委政府阐明立场态度、解释政策措施、回应公众关切的重要形式。在此次爆炸事故发生后，官方在 3 月 22～25 日密集召开了关于天嘉宜公司爆炸事故的 4 场新闻发布会，回应媒体和公众关切。

（1）第一场新闻发布会。3 月 22 日，官方召开了第一场新闻发布会。首先向事故的罹难者默哀，并公布了最新伤亡情况："截至 22 日 7 时，事故已造成死亡 44 人，危重 32 人，重伤 58 人，还有部分群众受轻伤。"然后介绍了现场救援情况："江苏省已先后调派 12 个市消防救援支队共 73 个中队、930 名指战员、192 辆消防车、9 台重型工程机械赶赴现场处置。截至 3 月 22 日 7 时，3 处着火的储罐和 5 处着火点已全部扑灭。"还介绍了追责情况："天嘉宜化工有限公司在响水县负责的总经理张勤岳在事故中受伤并接受救治，相关人员均已被公安机关控制。"

（2）第二场新闻发布会。3 月 23 日，官方召开了第二场新闻发布会。首先公布了最新伤亡情况："截至 23 日 7 时，事故已造成 64 人死亡，在救

[①] 李春平、和涛：《突发公共事件中政务新媒体舆情应对研究》，《传播力研究》2020 年第 1 期。

[②] 张迪：《突发事件新闻发布会探析——以"深圳 12·20 滑坡事故"新闻发布会为例》，《新闻研究导刊》2016 年第 3 期。

治的伤员中危重 21 人、重伤 73 人。"然后介绍了环境情况："持续进行的环境监测数据表明，目前各项检测指标已处于正常范围内，群众饮水未受影响。"接着介绍了善后安置情况："目前已部署对损坏较轻的房屋进行修缮，对损毁严重的农村平房准备实施拆除，将对相关农户进行货币补偿，或安置到新型农村社区。同时，家属安抚工作也已开展，并完成事故发生地附近 10 所学校校舍门窗测量和定制工作，预计 3 月 24 日受损门窗安装到位，确保 3 月 25 日陈家港地区学校全部复课。"另外，还公布了失联人员的救助方式及联系地址和电话等。

（3）第三场新闻发布会。3 月 24 日，官方召开了第三场新闻发布会。发布会没有公布最新伤亡情况。首先介绍了最新事故处置、救援和医疗救治情况："消防救援力量连夜开展'抢抓 72 小时黄金救援期攻坚搜救行动'，并将搜救范围从 1.1 平方千米扩大到近 2 平方千米，涉及近 20 个企业；指挥部召集相关工作组和化工园区负责人，专题研究事故现场处置清理和水环境治理，确保不产生二次污染；省卫健委调集周边县市医护人员、救护车等医疗力量和资源驰援，直接参与救治的医护人员达到 4500 多人，救护车有 116 辆。截至 3 月 24 日 12 时，盐城市 16 家医院共有住院治疗伤员 604 人，其中危重症 19 人、重症 98 人。"然后介绍了善后工作进展："响水县成立'3·21'事故死者善后工作小组，对已确定身份的遇难者，上门与家属见面开展安抚慰问。妥善安排遇难者家属食宿，事故现场周边受损房屋已修好 1600 余户，计划一周内将门窗破损等轻微受损房屋修复到位。3 月 24 日下午，受损学校校舍维修工作基本完成。"还介绍了心理干预工作："目前有 10 支心理干预小分队来开展工作，已经对将近 500人进行心理干预，下一步我们还会组织更多专家以及人员参与。"

（4）第四场新闻发布会。3 月 25 日，官方召开了第四场新闻发布会。发布会指出："本次事故已造成 78 人死亡（其中 56 人已确认身份，22 人待确认身份）；截至今天 12 时，全市医院共有住院治疗伤员 566 人，其中危重伤员 13 人、重症伤员 66 人，当天出院 38 人。""对事故现场周边 15个村庄进行了卫生状况排查，目前各村庄卫生状况良好。同时，对爆炸发生地周边医疗机构进行了疾病监测，了解疑似化学中毒病例情况，未发现中毒症状人员。""对所有已确认身份的遇难者家庭实行'一对一'服务，全面做好与遇难者家属的沟通安抚、情绪疏导、赔偿兑付等工作，并已经与部分遇难者家庭签订善后协议。""对不同程度损坏的房屋有不同的赔偿安置策略；受损学校已完成校舍维修、质量监测和教室布置，今天上午已经全部复课。"

在 2019 年 3 月 22～25 日官方举行的 4 场新闻发布会上，盐城市政府、江苏省应急管理厅、江苏省生态环境厅、江苏省卫健委、响水县政府相关负责人、参与现场救援专家等出席了发布会，从事故处置最新进展、伤员救治、人员疏散、秩序维护、事故处置现场环境监测、善后处置等方面进行情况通报并回答记者提问。整体来说，新闻发布会起到了权威发布官方信息、有效回应公众关切、保持社会秩序平稳的作用。

3. 政府网站

政府网站是政府信息公开的重要平台。在突发事件发生后，应该积极发挥政府信息发布平台及时、准确、公开透明的作用，在网络领域传播主流声音。[①]

在此次事故发生后 24 小时内，相关部门就陆续发布了与爆炸事故相关的重要信息（见表 5-1）。响水县政府网站、江苏盐城市政府网站、江苏省政府网站、中国政府网等相继就事故发生情况、救援进展、处置结果等进行了动态通报，与政务微博、微信公众号和主流媒体的信息发布形成联动和呼应，增强了信息公开实效和政府公信力。但是，地方政府网站互动功能不强，主要是信息的单向发布，对公众关注的热点、反映的情况通过网站仍然难以解决，同时缺乏地方特色的信息公开以及政策解读。

表 5-1　事故发生 24 小时内相关部门信息发布情况

序号	时点	单位	内容	备注
1	14:50～15:00	国家地震台网"@中国地震台网"	响水县境发生 2.2 级地震（疑爆）	—
2	16:42	盐城市委宣传部"@盐城发布"	正面回应事故发生，并提醒市民不要前往围观，为救援让开通道	在"黄金 2 小时"内，盐城官方首次发声，确认事实
3	17:29	江苏省消防救援总队"@江苏消防发布"	救援力量调配及现场人员救助情况	—

---

① 李明：《政府网站在突发事件中的舆论引导策略》，《新闻前哨》2019 年第 7 期。

续表

序号	时点	单位	内容	备注
4	17:40	江苏省生态环境厅"@江苏生态环境"	现场火势已得到初步控制，应急监测工作已开展	—
5	19:17	生态环境部"@生态环境部"	已启动应急响应程序，工作组正紧急赶赴现场，指导应急工作	—
6	19:22	盐城市委宣传部"@盐城发布"	江苏省、盐城市、响水县已启动应急预案，开展工作。截至19时，确认事故已造成死亡6人，重伤30人，后续情况将及时发布	此时，群众最关心的问题就是伤亡人数。在事故发生5个小时后，官方回应具体伤亡数字，回应网民关切焦点
7	19:30	江苏省公安厅网络安全保卫总队"@江苏网警"	呼吁广大网友不信谣、不传谣：请广大网友不要传播现场血腥视频，对于故意制造传播谣言的，公安机关将依法处理	网上流传的各类消息、视频让舆论场恐慌不止，网警的回应有效制止了谣言的传播
8	19:37	应急管理部"@中华人民共和国应急管理部"	工作组紧急赶赴现场，指导处置工作，并通报现场情况	—
9	20:32	盐城市委宣传部"@盐城发布"	盐城市生态环境局《关于"3·21"响水天嘉宜公司爆炸事故环境监测情况》指出：现场风速较大，扩散条件较好，同时该区域为化工企业生产区，没有居民居住，周边群众也已经基本疏散。事故地点下游没有饮用水源，群众饮水安全不受影响	—
10	20:52	国家卫生健康委员会"@健康中国"	第一批调派11名医疗专家组成专家分队，于21日晚赶到事发地开展医学救援工作；第二批抽调专家5人，组成国家医疗心理卫生应急专家组，于21日晚赶赴当地驰援。江苏省卫生健康委协调30余名省级医疗心理专家驰援。周边县市启动应急响应，开展现场救治和伤员转运，全力以赴，积极救治	就网友关心的救援、环境监测等问题，消防、环境等部门均发布动态，在一定程度上消解了网友的紧张情绪
11	3月22日9:00	江苏响水县天嘉宜爆炸事故新闻发布会	截至22日7时，事故已造成死亡44人，危重32人，重伤58人，还有部分群众受轻伤。截至22日7时，3处着火的储罐和5处着火点已全部扑灭。相关人员均已被公安机关控制	针对多家媒体，系统回应

续表

序号	时点	单位	内容	备注
12	09:45	江苏省委	省委书记娄勤俭、省长吴政隆立即作出批示，对救援处置提出要求，并立即返苏指挥抢险救援工作	—
13	11:20	党中央、国务院（新华网等）	习近平总书记作出重要指示，李克强总理作出批示，国家部委响应	—
14	13:02	"@江苏生态环境"	继续滚动发布监测最新进展：江苏省环境监测中心以及盐城、扬州、连云港、苏州、南通、泰州、淮安等地的监测机构继续对事件发生地下风向环境空气和闸外灌河地表水、闸内园区河流地表水开展应急监测	—

（三）舆论引导与舆情管理的评价

1. 时：时间性——从及时到全时

（1）主动性。在全媒体时代，面对突发事件，快速反应、及时发声尤为关键，这样有助于遏制谣言的产生，在很大程度上降低舆论误解，防止舆论偏转。

爆炸事故发生后，网上流传的各类消息、视频让舆论场恐慌不止，多地网友牵挂着受伤人员的安危。3月21日16时42分，即爆炸事故发生的两个小时内，中共盐城市委宣传部通过官方微博"@盐城发布"及时发布信息，确认事实并提醒市民不要前往围观，为救援让开通道。针对群众最关心的问题，也就是伤亡人数，在事故发生将近5个小时后，官方回应了具体伤亡数字。

江苏省2019年1月4日出台的《江苏省全面推进政务公开工作实施细则》（苏政办发〔2017〕151号）指出："对涉及特别重大、重大突发事件的政务舆情，要力争在3小时内、最迟不超过5小时发布权威信息，24小时内举行新闻发布会，并根据工作进展，持续发布权威信息，主要负责人要带头主动发声。"此次爆炸事故发生后，在舆情产生的"黄金2小时"内，相关部门及时主动公开信息，高效回应社会关切，在一定程度上挤压了谣言传播空间，减少了无谓的猜测、质疑，为事件处置营造了良好的舆情环境。此后，"@盐城发布"相继转发"@人民日报""@央视新闻"

等媒体有关该事件的最新消息，同时根据工作进展情况，持续发布权威信息，并多次及时辟谣，有效安抚群众。除当地政府以外，消防、生态环境、应急管理、卫生健康等多个部门也接连发声，公布事件最新进展，就网友关心的救援、环境监测、健康等问题及时予以回应，消除公众疑虑。

可见，多部门面对突发性舆情的响应速度显著提升，对舆情早期传播的预警、干预能力也有较大的提高，"快速反应，及时出击"为减缓事态恶性发展发挥了重要作用。

（2）权威性。政府能够提供真实全面的信息和数据，是突发事件中的权威信息源。真实的信息和数据是构建话语权的首要条件，也是树立威信、保持公信力的重要支撑。虚假的、敷衍塞责的信息，经不起时间和事实的检验，也无法为公众的判断和行动提供指导意见，只会引发更多的混乱。突发事件发生后，政府应该积极调动各种资源，与各方及时沟通，尽可能快速全面地掌握突发事件的情况，通过官方微博或新闻媒体进行信息发布，保证政府成为权威的、可信度高的信息源，避免网络谣言替代真相在网上大肆传播。

官方在此次事故信息的发布方面，发声迅速、透明公开；不实信息在第一时间得到遏制，失去了发酵的时间和空间，公众最为关注的实质性问题得到了回应，权威声音清晰，舆论场清朗。在官方的多次通报中，没有过分强调"领导重视"，而是将伤亡数字、事故进展、救援情况、后续措施等对公众来说最关注、最有价值的信息及时予以公布，在舆论引导中占得了先机。

（3）连续性。公众对突发事件信息的需求是持续不断的，官方应该随着事故处置的进展，就公众关心的问题连续作出解释和回应。在此次爆炸事故发生后两个小时，"@盐城发布"首次发声；在事发5个小时后，官方公布伤亡数字；在事发第二天，官方召开首次新闻发布会，之后连续召开四场新闻发布会；同时，官方微博实时更新事故最新进展，有力地主导了媒体报道议程，让公众在第一时间获得公共部门的信息。在连续发布信息时，除了对事实要作出客观介绍和呈现外，还要发布反映观点、立场、情感的信息，用这样的信息影响人、感染人，达到引导舆论的效果。

2. 度：多"维度"——从拿捏分寸到精心把控

度，是做好突发事件舆论引导工作应当把握的一种哲学思维、科学方法和艺术层次。① 在实践中，强调舆论引导要精准、适中、稳妥，根据事件性质、舆情热度、议题偏向、趋势发展，统筹网上网下、国内国际、大事小事、风险效果，把握基调、掌握分寸、恰当发力，避免简单粗放、事实失真、言辞失当、渲染失节、迎合失态，陷入舆论引导的被动局面。

（1）准度。信息发布要确保实事求是，发布要全面、客观、准确、平衡，既不能把大事说小，也不能把小事说大。个别不是一般，一般也不是个别。同样，局部不是全局，全局也不是局部。要防止以点代面、以偏概全，把个别现象说成普遍问题，把意外孤立事件上升为制度问题，把不该褒奖的渲染拔高，把应该贬抑的炒热放大。经验表明，观察舆论不从事实出发，分析舆论不从全局出发，澄清问题不用事实说话，引导舆论不将事实的本质逻辑与公众的切身利益和正确的价值导向结合起来，就难以增强可信度、说服力，也难以掌握舆论引导的主动权。

在此次爆炸事故的信息发布过程中，官方媒体力求准确、客观，将灾情的严重程度、救援情况、问责进展等信息有力有序地对外发布，对公众最为关注的伤亡救治情况、环境污染情况、群众安置情况等，随着救援行动的开展在接连召开的新闻发布会上及时予以公布，收到了良好的社会效果。同时，在吸取"3·21"爆炸事故深刻教训的基础上，江苏省在全省开展了安全生产隐患排查，向社会公布进展和结果，接受社会监督，以点带面，让公共安全问题再次引起了全社会重视。

（2）态度。在信息发布方面，要做到态度诚恳。在突发事件发生后，官方要以平和、坦诚、客观、友善的态度来面对媒体，遵循"三多三少"的发布原则。一是"多讲现在，少讲未来"。在接受采访的过程中，领导干部要多讲到目前为止突发事件的进展，少谈今后的计划。这是因为，新闻报道的重点是"现在"，而"将来"不是主要内容，讲多了就会给公众留下领导干部不务实、说空话的印象。二是"多讲措施，少讲原因"。在突发事件发生后，公众关注的焦点是政府如何应对处置。领导干部要多讲政府妥善处理事件的积极态度以及坚定的决心和信心，稳定公众的情绪。要尽量少讲原因。这是因为，突发事件发生突然且原因复杂，准确判断原因需要时间，急于公布往往会出现失误，影响政府的公信力。三是"多讲主观，少讲客观"。突发事件都会造成一定程度的损失，记者的提问往往

---

① 曹劲松：《把握舆论引导中的"度"》，《现代传播》2014 年第 4 期。

非常尖锐，被访领导要实事求是，多讲政府履行职责过程中的缺陷，勇于面对现实，敢于承担责任，争取社会各界的谅解和支持。此时，如果过多讲客观原因，就会让公众感觉政府在推卸责任，引来公众不满，进一步激化社会矛盾。

从此次政府信息发布来看，基本遵循了"三多三少"的发布原则，舆论引导比较有效，在一定程度上缓解了公众的不满、焦虑、恐惧等情绪。在第一次新闻发布会上，新闻发言人全体起立向遇难者表示哀悼，表达了应有的人文关怀。在接下来的新闻发布过程中，表达了对遇难者的同情、对受伤者全力救治的承诺、对涉事企业依法问责和对有关政府部门工作失误严厉追责的坚决态度，用自然朴实的基调充分满足了公众的信息需求，同时不渲染、不煽情、不拔高，稳妥地把握了舆论导向。

（3）温度。舆情回应内容要有温度。对事故处置救援过程中涌现出来的积极向上、温暖人心、阳光美善的舆论热点，要主动设置议题，进行信息发布。例如，"响水爆炸案发生后，市民凌晨排队献血""盐城爆炸获救者哽咽，借消防手机报平安"等这些在救援过程中体现出人文关怀的事实被报道后，激发了社会的正能量，救援过程中表现出的温暖和关爱也缓解了公众的负面情绪。

3. 效：影响力——从共事到共识

（1）议题设置，精准引导。议程设置理论认为，在议程设置上应该着眼于认知层面的传播效果，告诉人们"想什么"，把受众的关心和注意力引到特定的问题上。媒介是从事"环境再作业"的机构，媒体对外部世界的报道不应该是"镜子"式的反映，而应该是一种有目的地进行取舍的活动。政府要借助媒体的作用，赋予各种"议题"不同程度的显著性，影响人们对议题重要性的判断。①

生产安全事故发生后，在事故的不确定性和环境的复杂性影响下，信息会呈井喷之势，带来各种情绪与声音的蔓延。在事故舆情不断升温的情况下，官方应该主动设置议程，强化舆论话语权。在此次事故中，官方媒体、环保部门、消防等部门之间形成了矩阵，以较为统一的口径对外通报消息。在信息发布方面，基本上能够结合政府关注、公众关切和媒体关注三个方面设置议题、确定口径，从而有效降低了负面影响。

---

① 王欢：《如何做好突发事件报道中的议程设置》，《新闻世界》2012 年第 8 期。

（2）秉承公开，坚持透明。信息的公开透明有助于消除网络噪音，让事件处理进程与媒体发布、公众见证同步。政府应该从"把关人"转换成"开门人"，把专家、媒体和公众请进来，坦诚相见，让各方知道"错在何处""对在哪里"。

这种公开透明的做法，实际上是通过"摆事实、讲道理"，让民众觉得自己不是事故的受害者或旁观者，而是齐心协力摆脱困境的参与者。政府在发布有关此次事故的信息时，尊重事实，通过自身的媒体平台或借助于主流媒体及时公开准确地对外发布信息，有效地进行了社会动员，为事故处置提供了有力的舆论支持。

（3）心理抚慰，心理干预。爆炸事故往往会带来重大的人员伤亡和财产损失，给公众心理带来影响。因此，要恰当评估事件带来的后果，正确判断事件发展的走向，适度地干预公众心理。如果干预过度，则可能高估事件的影响力和范围，采取过激的应对措施，这样必然导致公众心理失衡和失控；反之，如果缺乏干预，低估事件的影响力，则会导致政府公信力下降，传言或不实的媒体信息就可能左右公众的判断和行为，造成公众心理社会影响扩大，社会混乱加剧。传播学理论认为，有效的信息传播不仅要"打中人"，而且要"打动人"。因此，在事故处置过程中，还需要观照公众心理，避免"解决了问题，失去了人心"情况的出现。

灾难事件的亲历者在应激期会出现情绪、行为以及生理方面的应激反应。在情绪方面，表现为紧张、恐惧害怕、抑郁等；在行为方面，则表现为回避、退缩、过度警觉等。"生理应激反应常见为失眠、被噩梦惊醒、心动过速等。"人们普遍认为，自然灾害属于不可抗力所致，"是老天爷的责任"，但事故灾难则不同，其中有更多的人为因素。因此，在进行心理干预时，部分伤员对周围的人会表现出更强烈的不信任。媒体在关注伤员救治的同时，也要报道当地开展心理干预的情况，针对伤员、家属、参与救援人员，心理干预专家和医疗专家要同步开展工作，努力减少伤员和亲属的心灵创伤，并对外公布如何获取心理救助的方式。

四　基本结论与政策建议

舆论引导与舆情管理，是突发事件应对工作中的重要内容。全媒体的不断发展，导致舆论生态、媒体格局、传播方式发生了深刻变化，突发事件舆论工作面临前所未有的挑战。在应对突发事件的过程中，必须守好新

闻舆论这个重要阵地，把握新闻发布主导权，掌握舆论引导的主动权。时
度效是检验突发事件新闻舆论工作水平的标尺，突发事件的新闻发布、舆
情回应要从时度效着力、体现时度效要求，及时准确、公开透明地对外发
布信息，形成有利于突发事件应急处置与救援的舆论导向和氛围。同时，
要高度重视突发事件舆情管理工作，通过加强舆情预警、强化科学研判、
完善信息发布、加强协调联动、发挥"第三方"作用，有效回应社会关切。

（一）加强舆情预警

网络突发事件预警机制是管理者对危机预测、预判、预防的一系列管
理方法。英国著名危机公关专家迈克尔·里杰斯特（Michael Regester）在
《危机管理》一书中明确指出："不管对危机的警戒和准备是自发的，还是
法律所要求的，危机管理的关键都是危机预防。"① 与线下突发事件的处置
一样，面对网络突发事件，也要迅速启动预警机制。而鉴于网络应用的新
媒体特性，可能要比线下突发事件的应对更快速、更及时。提高网络突发
事件的预见性和处置的适当性，加强网络舆情的监测预警，全面、详尽、
及时地获取网络舆情信息，是有效防范和处置网络突发事件的前提和基
础。预警阶段是突发事件风险识别、判断和前置处置的重要阶段。在这个
阶段，要充分掌握网络舆情的内容、性质和走向，做好信息的分类识别，
保证舆情信息的真实性、连续性和完整性，从而做出准确、科学的决策。

要确保这一环节顺利有效地进行，必须处理好以下环节：一是确定专
门机构和专职人员。在网络信息处理工作方面，要根据人员编制、技术实
力、经费额度等安排岗位和人员，将责任落实到具体部门和具体人员，才
能更有效地开展工作。二是建立网络突发事件的信息库，将各类突发事件
的规律、特征、走向，媒体的观点、意见领袖的看法、公众的态度等进行
分类整理和总结，为下一步分析和应对类似事件做好充分准备。三是完善
各级网络突发事件的信息系统。突发事件应对策略从本质上来讲是非程序
化决策，信息的准确性和完整性是保证决策科学的基础。要建立流程化、
智能化的信息整理与利用系统，确保网络突发事件的信息能够被有关部门
及时、准确、全面采集，在相关部门之间流动，实现信息共享。四是加强
信息整理和报送工作。詹姆斯·马奇（James March）和赫伯特·西蒙

---

① 〔英〕迈克尔·里杰斯特：《危机公关》，陈向阳译，复旦大学出版社，1995，第45页。

（Herbert Simon）认为，世界上稀缺的资源不是信息，而是信息处理的能力。① 网络突发事件的信息监测和收集是预警的基础和前提，而信息的整理和报送也是预警机制中不可或缺的环节。在信息报送方面，要在"快、精、准、全"上下功夫，变被动为主动，给应急决策指挥者当好参谋助手。

（二）强化科学研判

快速回应的前提和基础是科学研判，需要建立网络舆情信息的风险分析与研判机制。在应对突发事件的过程中，舆情形势研判应遵循"定性－分析－定位"的系统性过程。

首先，定性。定性包括三个方面的内容：一是事件的性质是什么。不同性质的事件管理主体不同，公众先入为主的认知不同，媒体参与的动力也不同。二是事件和舆论参与的重要主体有哪些。涉事主体与舆论参与的重要主体的相互作用，在舆论形成之初发挥着举足轻重的作用，只有分析与核实不同主体及其身份特点，才能有效判断舆论发展的动力和演化程度。三是事件的责任主体。事件责任主体指的是造成突发事件产生的第一责任者，并不完全等同于事件的处置主体。事件责任主体及其公信力将决定舆论的发展方向。

其次，分析。定性环节三个方面的内容都是相对容易作出定论的。在分析环节，则需要更深层次地挖掘，甚至借助于先进的技术手段，如大数据技术，对网络舆情信息进行深入解析。从分析的内容来看，至少有三个方面是需要重点关注的。一是网络舆情形成的关注程度。这是网络舆情信息研判和引导的起点，需要科学精准研判，包括参与的主要媒体有哪些、网络传播的平台有哪些、网络转发和评论量有多大等等。二是网络舆情的主要焦点有哪些。舆论的焦点随时都可能发生变化，需要作出准确分析。三是内外部舆论环境如何。舆论环境包括内部环境和外部环境，是舆论引导决策的重要依据。内部环境指的是除了当前正在"发酵"的事件之外，涉事主体是否还有其他事件为网络所关注。外部环境是指事件发生时整体的网络舆情环境，需要对自身事件在整个舆论环境中所占的分量作出比较分析。

---

① 〔美〕詹姆斯·马奇、赫伯特·西蒙：《组织》，邵冲译，机械工业出版社，2008，第56页。

最后，定位。定位是基于定性和分析所作出的用于网络舆情引导决策的基础性依据，包括三个方面的核心要素。一是确定网络舆情引导的主体。网络舆情引导的主体可能是个人、组织，也可能是政府或企业。不同主体在进行网络舆情引导时的目标、导向和方法都不同，需要根据定性和分析的结果加以明确。二是确定网络舆情引导的渠道。是需要进行线上公开引导，还是只需要进行线下沟通引导，在不同事件、不同舆论发展阶段，或针对不同舆论焦点，都需要基于分析而加以明确，盲目地进行网络舆情引导可能把事情搞砸。三是确定舆论沟通的对象。沟通的对象是当事人、利益相关方，还是媒体或公众，也要进行明确定位。针对不同的沟通对象，所采取的引导方法和渠道也不同。

（三）完善信息发布

突发事件发生后，公众对政府充满期待。公众对政府的权威和公信力的认可，对减轻事件所造成的社会影响至关重要。保持公众对政府的信心和信任，在突发事件发生、发展与处置过程中，政府向社会公众准确、及时、透明地传递声音和发布信息，不仅可以满足公众知情权，也有助于消除由信息盲区带来谣言所引起的社会恐慌。知情权对现代的受众而言已不再陌生。"它是在现代民主法治社会中公民享有的一项基本权利，是公民实现和维护自身其他权益的重要条件。""政府信息公开，是指政府部门通过多种方式公开其政务活动。公开有利于公民实现其权利的信息资源，允许公民通过查询、阅览、复制、下载、摘录、收听、观看等形式，依法利用这些信息。"[①] 公众对政府的要求，其实就是希望政府相关部门能够合格地承担起告知责任。在突发事件处置过程中，知情权主要体现在两个方面：一是作为信息接受主体的受众，具有了解事件有关情况的权利；二是事件当事方有了解事件完整、真实情况和细节的权利。如果说普通受众只是从较远的心理距离和较为宏观的层面来看待一个事件，那么对当事人来说，他们则是以亲身的感受和关乎现实、具体利益的得失来面对事件。

《国家突发公共事件总体应急预案》规定，信息发布形式主要包括授权发布、散发新闻稿、组织报道、接受记者采访、举行新闻发布会等。突发事件发生后，根据信息发布利用的平台和渠道，分为传统信息发布和新

---

① 郑淑荣、赵培云：《"数字政府"信息如何公开》，《信息系统工程》2003 年第 3 期。

媒体信息发布。传统信息发布指的是利用电视、广播、报刊等传统媒体进行信息发布；新媒体信息发布指的是利用微博、论坛、手机短信等进行信息发布。在全媒体时代，政府更有必要、有责任依照法定程序采取多种发布形式，全方位地、立体式地、及时主动地将其在应急管理过程中获知的信息向公众公开。

（四）加强协调联动

舆情应急处置联动机制，是指网络管理部门及其他相关职能机构，按照《突发事件应急预案》要求，调动各方积极性，形成各部门广泛参与，共同应对突发事件，最终化解危机的工作机制。为防范和应对舆情热点事件，应急联动机制必须做到快速反应、有效处置，须遵循以下原则：一是统一领导，分级负责。坚持"谁主管谁负责""谁经营谁负责""谁审批谁负责""谁办网谁管网"的原则。二是系统联动，快速反应。根据舆情演化的特点，建立快速反应机制，确保预警、发现、报告、指挥、处置等环节紧密衔接。三是区分性质，依法处置。严格区分和正确处理不同性质的矛盾，做到合情合理、依法办事，切实维护广大人民群众的利益。在处置过程中，要自觉维护法律法规的权威性和政策的严肃性，注意工作方式方法，避免矛盾扩大化。舆情管理协调联动主要是做好以下三个方面的工作。

一是现实中的协调联动，建立横向到边、纵向到底的跨区域、跨部门的协调联动机制。针对突发事件炒作问题，切实加强国家和地方之间、地方和地方之间、部门和部门之间的协调配合，即时预警、同时处理、资源共享，避免各自为战，产生冲突矛盾进而引发次生舆情，确保形成处置工作合力。

二是网上网下协调联动，实现网上网下协同跟进，加强突发事件化解机制。"网上问题网上处置"只能治标，"网上问题网下解决"才能治本。突发事件的根源在于现实社会，网络只是起到了传播、放大、裂变的作用。因此，在事件处置过程中，要注重网上工作与现实工作的互联互通、协同跟进，做到信息及时共享，这样有利于及时化解突发事件。

三是跨部门信息共享。当前我国的政府组织结构是条块分割的二维结构，即纵向层级制和横向职能制的矩阵结构。相比而言，政府信息的纵向共享强于横向共享，应急管理信息也是如此。跨部门信息共享模式有两种：一是参与式，即参与各方地位相当，以共同协议来保证责任与权利。二是主导式，即通过行政权威，以一个部门为主导，其他机构配合的方式来实现信息有效传递。[①] 前一种方式缺少相应的激励与监督，效果较差，后一种方式比较适合应急管理。

（五）发挥"第三方"作用

突发事件发生后，往往会引发公众对信息的极度饥渴和各类媒体的信息爆炸，新媒体的兴起更是有可能使新闻信息在迅速传播的同时发酵、放大、变形。良莠杂陈、鱼龙混杂的信息让公众难辨真伪，因此，查明真相，发布"澄清性新闻"，政府有关部门责无旁贷。当事政府机构出面进行解释，与媒体、公众沟通，是解决事件的重要一环，但是仅凭借其自身力量，在大多数情况下是不够的。传播者决定着信息的内容，但从宣传或说服的角度来说，即便是同一内容的信息，如果来源于不同的传播者，人们对它的接受程度也是不一样的。"第三方"人士或者机构处在舆情危机之外，在政府和网民双方处于舆论对立状态时，其言论往往更容易被网民所接受，从而显现出化解舆情危机的巨大优势。"第三方"具有相对的独立性和较高的社会公信力，由其出面解疑释惑，更容易让人觉得真实、公正。因此，恰当引入政府之外的"第三方"成为"权威发布"的重要补充。

在舆情管理中，要重视意见领袖的作用和影响力，充分发挥其积极作用。要通过与意见领袖建立良好的关系，尊重和保障他们针砭时事、监督政府的合法权利，引导他们成为建设和谐网络环境的中坚力量。政府应积极主动与意见领袖进行沟通，尤其要在应对突发事件的过程中主动为他们提供信息；政府可以从意见领袖那里获取信息，以便快速、广泛地了解、汇集民意；通过分析意见领袖与普通网民的交锋，把握矛盾焦点，有针对性地进行回应与处理，及时化解民怨；积极听取意见领袖的建议，为科学合理决策提供参考。[②] 要建立常态化的沟通机制，与意见领袖保持长期有效的沟通，通过与意见领袖开展不定期的活动，如论坛、研讨会、沙龙等，搭建交流平台。

[①] 曾润喜：《网络舆情信息资源共享研究》，《情报杂志》2009 年第 8 期。
[②] 蒋成贵、李春华：《网络意见领袖的现状及培养》，《思想教育研究》2016 年第 7 期。

　　同时，可以培养体制内的意见领袖。他们应该具备以下几个方面的素养：一是具有正确的价值观和政治责任感，熟悉网络传播规律和语言，掌握网络传播应用，能把政府的政策和立场传递给网民，强化主流舆论，引导民意。同时，能就社会话题与公众交流沟通，解疑释惑，形成良性互动。二是具备深厚的知识储备，见多识广，对网络舆论态势有敏锐的洞察力，能够及时发现网络突发事件的苗头，并且对网上的质疑和责难能够坚持正确的立场并积极主动回应，为网民作出判断提供参考。三是能够把握网络热点，针对网友关心的问题，主动设置议程，将网民的注意力引导到政府的主张和意志上来，同时能够利用公共议程引导舆论。四是具有一定的创新能力，善于把官方话语体系转化为民间话语体系，能够运用原创性评论和个性化语言与网民探讨社会热点问题。

第六章　事后恢复与重建

　　事后恢复与重建（简称"恢复重建"）是突发事件应对的一个重要环节，起着承上启下的重要作用。本章以响水"3·21"事故为例，依据系统理论，从事后恢复与重建过程中依据的法律法规、参与主体、主要内容、价值目标、方法手段、组织保障等多个维度，构建恢复重建工作的分析框架；在肯定响水"3·21"事故恢复重建工作的同时，也指出其中的不足：法制体系初步建立，但总体制度供给不足；多元主体参与恢复重建格局基本形成，但合作机制匮乏；主导性政治力量与权力运行整体平稳有序，但思想观念有待进一步强化；资源保障落实有力，但融资方式需进一步拓宽；等等。在此基础上，本章提出进一步做好恢复重建工作的对策建议：提高认识，把恢复重建工作摆在更加突出的位置；加强制度建设，健全法律法规政策体系；扩大社会参与渠道，健全全社会共治格局；完善工作程序，提高工作的规范化、制度化水平。

一　引言

　　恢复重建是指在应急处置与救援阶段基本完成之后所进行的各种恢复生产、重建家园、整改学习的活动。恢复重建是突发事件应对的最后一个阶段，处在承上启下的位置，是推动非常态管理转向常态管理的关键。突发事件应急抢险救援阶段基本结束后，事发地政府或责任单位应组织专业人员评估重建能力和可利用资源以及突发事件造成的损失情况，制订恢复重建计划，落实重建物资和技术保障，迅速开展恢复重建工作。

　　响水"3·21"事故造成了重大人员伤亡、经济损失和社会影响。事故发生后，伤亡人员及相关受灾民众的补偿或救助等善后工作引起了社会各界的高度关注，这项工作的成功与否直接影响着地方经济社会的有序发展以及公众对地方政府信誉形象的评价。

事故发生后，事发地各级政府采取了多种措施，尽快恢复正常的社会生产生活秩序，尽最大努力救助受灾民众。例如，爆炸危险基本控制之后，地方政府组织消防救援力量对事故现场风险点逐一进行排查，并采取有针对性的消险措施；根据现场水体受污染情况，地方政府聘请相关知名专家研究清理方案，同时加强空气质量监测；对事故现场周边村庄进行卫生状况排查，并对爆炸发生地周边医疗机构进行疾病监测，做好疑似化学中毒病例情况统计与治疗救助工作。地方政府及相关部门全面做好与遇难者家属的沟通安抚、情绪疏导、赔偿兑付等工作，并对其他受影响的人群给予不同形式的帮助与补偿，提供各项具有针对性的服务。

不过，响水"3·21"事故的恢复重建工作面临重大挑战，在工作推进过程中仍不同程度地存在诸多问题。为此，有必要系统总结响水"3·21"事故恢复重建工作取得的主要成绩、面临的重大挑战和需要研究解决的问题，在此基础上提出相应的对策建议。

二 恢复重建工作的主要内容和指导原则

（一）主要内容

恢复重建处在承上启下的位置，既是应急处置与救援过程的结束，又是新一轮预防与应急准备的开始。恢复重建是一项复杂的系统工程。"做好恢复重建，要求我们科学规划，精心组织实施，建设更加美好的家园，提高全社会的韧性，实现长远可持续发展。"[①]

根据《突发事件应对法》，恢复重建的主要内容包括：一是采取或继续实施防止发生次生、衍生事件的必要措施；二是评估损失，制订恢复重建计划，修复公共设施，尽快恢复生产、生活、工作和社会秩序；三是上一级人民政府应当根据损失和实际情况，提供资金、物资支持和技术指导，组织其他地区提供资金、物资和人力支援；四是受突发事件影响地区的人民政府应当根据本地区遭受损失的情况，制订善后工作计划并组织实施；五是查明原因，总结经验教训，制定改进措施，评估突发事件应对工作，并报上一级人民政府。

---

① 钟开斌：《应急管理十二讲》，人民出版社，2020，第 286 页。

（二）指导原则

1. 化危为机

法国经济学家弗雷德里克·巴斯夏（Frédéric Bastiat）于 19 世纪 50 年代提出了"破窗理论"，认为破坏也可以创造财富。这是因为，自然灾害在产生破坏的同时，也创造了修复破坏的需求，从而创造了满足需求的供给。一方面，事故的发生给社会经济秩序带来了破坏，使社会发展暂时失去平衡，引发众多潜藏已久的社会问题，导致社会的失序；另一方面，它也给社会的重新整合与更高层次上的协调重构带来了机遇。政治主义指出，灾难性事件的出现为政治运作提供了机会，为实施危机管理提供了机会，是进行政治重建与走向前台的大好契机。它将灾难性事件看成一种不证自明的基础，一种政治和官僚冲突塑造出来的社会基础。①

问题的凸显往往会给人们以新的契机，来重新审视发生问题的根本原因，使改革更加具有针对性，更容易从根本上解决问题，使社会要素得以重新整合，社会运行系统得到优化，进而促进社会和谐持续发展。化危为机作为一种理念与指导原则，必须贯彻恢复重建工作的始终，以倒逼深化政府改革力度和程度，推进职能转变和责任落实。

2. 标本兼治

事故灾难直接导致社会物质财产损失与人员伤亡，政府进行恢复重建的直接目的正在于对物质损失和人员伤亡实施救助。这只是从表面上挽回了危机造成的直接后果，而更重要的是政府应透过危机发生的表面现象与过程，由表及里、由此及彼，从中发现矛盾冲突的深层次原因，并在深入认识问题本质的基础上，努力采取一切措施，从根本上把矛盾彻底解决。

例如，"3·21"事件的始末不只是简单的企业操作失误引发的爆炸灾难，它更能反映出一个区域乃至整个经济社会转型过程中失衡、失调、失序等问题的存在，反映出政府信誉形象与合法性认同的危机，这些深层次的经济社会发展矛盾不断积累并达到一定程度后，必定会以某一事故灾害事件为导火索而爆发。

3. 立足国情

地方政府在恢复重建的过程中，应把握新时代中国特定的经济社会发

---

① 郭太生：《灾难性事故与事件应急处置》，中国人民公安大学出版社，2006，第 45 页。

展背景。中国有特定的国情，包括政治体制、经济体制、社会体制、文化体制等，处于特定的发展阶段，地方政府在借鉴国际社会恢复重建经验的基础上，必须立足中国特殊的国情，秉持正确的指导思想，客观审视中国特色社会主义的经济社会发展阶段，深入剖析经济社会发展深层次矛盾性问题，把握经济体制的转变、社会结构与运行机制的转化、文化价值观念的转变以及政治行政体制的调整等方面的变革要求，以满足人民群众对美好生活的需求为根本目标，积极发挥服务职能，顺利推进恢复重建过程，促进社会和谐有序均衡发展。

4. 以人民为中心

任何灾害的善后救助和抚慰都应以人民为中心。灾害的发生都会直接或间接地对相关人员造成肉体或精神方面的伤害。这种伤害有的是暂时性的，可以在短期内恢复，而有的则是慢性的、深层次的伤害，需要长时间治疗救助。政府和社会其他主体，应该真正以民众需求和客观情形为依据和标准，制订不同的救助和恢复计划，以人民满意为行动目标，尽快安排事后处置和救助，让人民早日从灾害的伤害和痛苦中得到解脱，进入正常的生活轨道。

5. 以社会运行系统优化为目标要求

伴随着中国经济社会改革进入深水期，一系列社会问题开始凸显。这些问题从动态上可以划分为社会失衡、社会失调、社会失序等。事故灾难的爆发一方面暴露了社会运行体制机制中存在的深层次矛盾与问题，另一方面也为社会运行体制机制改革优化提供了契机。

社会运行机制是一个有机联系的系统，可以将其分为动力、融合、激励、控制、保障五个二级机制。这五个二级机制既相互独立又相互联系。其中，社会运行目标是由历史条件、民族传统、社会制度、大众文化四个因素决定的。社会运行机制作为一个整体功能系统，其构成要素在结构上应该是协调的，在功能上也应该是耦合与相互补充的，其协调的中心便是社会运行目标。同时，运行机制与运行系统之间也存在反馈，运行机制也在不断修正与调整之中。① 在灾后恢复重建过程中，通过一系列有效恢复重建措施，可以重新整合与构造社会运行要素，优化社会运行模式，并引发连锁互动效应，达到社会整体功能的最优化。

---

① 郑杭生：《社会学概论新修》，中国人民大学出版社，2003，第 38 页。

6. 物质损失救助与人员精神抚慰相结合

我国《突发事件应对法》第六十一条规定："受突发事件影响地区的人民政府应当根据本地区遭受损失的情况，制订救助、补偿、抚慰、抚恤、安置等善后工作计划并组织实施，妥善解决因处置突发事件引发的矛盾和纠纷。"物质损失救助赔偿是恢复重建工作的重要方面，是基础和前提；同时，受灾人员的精神抚慰和心理健康保障也是恢复重建的关键，是核心和本质，是人本社会发展的直接体现。在现实中，公众心理方面的救助具有不易显现性，经常被地方政府和社会所忽视，为多种社会问题的产生埋下隐患。

在物质损失救助与人员精神抚慰工作上，一方面，要通过正确的评估方式对灾难影响地区的物质损失，给予相应的补助。另一方面，要根据受灾人员的不同情况，采取不同的措施给予相应的救助。对受灾人员死亡的家庭应给予抚恤金，并给予家属以社会福利待遇，提供相应的社会保障，尤其是对其子女的上学就业应予以充分保障；对伤残的人员应给予医疗补助金，残疾者可享受福利待遇与相应的社会保障。

7. 保证事故调查评估内容和方法的科学客观性

事故灾害损失调查评估，是进行恢复重建工作的前提条件，调查评估的科学有效性决定着恢复重建的实效性。危机损失调查评估的内容从宏观上可以分为直接损失与间接损失，还可以分为有形损失与无形损失。这里需要特别注意的是，间接损失与无形损失由于具有隐蔽性且评估测度的难度性较大而往往被人们所忽略，而实际上，这部分损失在灾害总损失量中占有较大比重，且无形损失与间接损失由于包括智力、心理、文化等软因素而对社会的长期发展有着重要影响，因此政府必须予以充分重视。危机损失调查评估涉及内容广泛，可借鉴日本、美国等国家在灾后恢复重建方面的经验。[①]

突发事件损失调查评估必须注重方法的多样性与创新性，如运用定性与定量、经济、社会、政治、文化、心理等多学科相结合的方法进行。具体而言，可以采用实地考察、调查问卷、深入访谈、观察询问等多种方式，深入了解危机损失程度与灾民心理状况；还要注重利用先进信息技

---

① 丁烈云：《中国转型期的社会风险及公共危机管理研究》，经济科学出版社，2012，第195页。

术，如地理信息系统、航空照片、网络支持、SPSS统计工具等，来辅助进行调查评估。调查评估结果及结论务求科学、准确、真实、系统、有效，以保障后续高效有序地实施恢复重建工作。

三 "3·21" 事故恢复重建的渐进式演进过程：短期－中期－长期递序互补

（一）短期响应救急式恢复重建

事故发生后，在开展应急处置与救援的同时，要同步进行恢复重建工作，为受灾民众提供可靠及时的保障。因此，短期响应救急式恢复重建便显得尤为必要。这一阶段的恢复重建强调资源配置和救助的及时高效性。

"3·21" 事故发生后，党中央、国务院高度重视，正在国外出访的习近平总书记立即作出重要指示，李克强总理作出重要批示，国务院成立由应急管理部党组书记黄明任组长的事故调查组。应急管理部、生态环境部分别派出工作组赶赴现场指导抢险救援和环境监测工作，国家卫生健康委抽调重症医学、烧伤、创伤外科、神经外科和心理干预专家等组成国家级医疗专家组赶赴当地进行医学救援。事故发生后，江苏省委、省政府启动应急响应，开展救援和善后处置工作。江苏省、市、县三级立即启动应急预案，成立事故处置救援现场指挥部，开展事故救援、火情扑救、人员救治、现场勘察、秩序维护等工作。其间，先后调派了南京等12个省辖市消防救援支队共73个中队、930名指战员赶赴现场进行处置。[1] 与此同时，江苏省、市、县三级卫生健康部门共同成立联合指挥部，调集周边县市医护人员、救护车等医疗力量和资源驰援，4500多名医护人员直接参与救治。[2] 现场善后工作守住了三个"确保不发生"（确保不发生二次事故、确保不发生次生灾害引发的环境污染事件、确保不发生参与处置人员人身伤害）的工作底线。

在短期响应救急式的恢复重建过程中，重点开展如下工作。

1. 现场情况核查

事故发生后，现场指挥部加强情况核查，开展网格化、地毯式搜救，

---

① 蒋芳、邱冰清、朱国亮、沈汝发：《紧急驰援！全力救治！不落一人！——江苏响水天嘉宜公司"3·21"爆炸事故救援现场直击》，新华网，http://www.xinhuanet.com/politics/2019-03/22/c_1210089710.htm，最后访问日期：2020年12月22日。

② 丁国锋、罗莎莎：《江苏淘汰整治"小化工"序幕开启》，《法制日报》2019年4月8日。

绝不放过任何一个角落，绝不放弃任何一个生命。消防救援力量 3 月 23 日连夜开展"抢抓 72 小时黄金救援期攻坚搜救行动"，现场网格化、地毯式搜救已展开 6 轮，对事故周边 2 平方千米范围内的 20 个企业的搜救做到了全面覆盖、不留死角。①

具体而言，在爆炸危险基本控制住之后，地方政府组织消防救援力量依据最新绘制的园区内化工企业残存危化品分布平面图，对现场开展多轮风险点摸排，对发现的风险点逐一落实针对性消险措施，稳妥推进危化品清运工作，保障现场安全，确保不发生次生灾害。根据现场水体受污染情况，分类打坝加以隔离，并从中国环境科学研究院、清华大学等单位聘请 30 名专家，逐一研究清理方案，确保科学有序地推进水环境治理。同时，强化空气质量监测，增加监测点位，加密监测频次，由原来每 6 个小时发布 1 次空气质量，增加到每 2 个小时发布 1 次，采取一系列措施保证事故周边环境空气指标持续稳定达标。② 对事故现场周边 15 个村庄进行卫生状况排查，及时发布各村庄的卫生状况信息。对爆炸发生地周边医疗机构进行疾病监测，做好疑似化学中毒病例情况统计与治疗救助工作。

2. 医疗救治

事故发生后，全力做好医疗救治，集中最顶尖的专家、调配最优质的资源，尽最大努力挽救生命，减少因伤致残。

国家卫健委从北京协和医院等国内著名医院抽调包括韩德明等 3 名院士在内的 16 名顶尖专家赶赴盐城指导救治，江苏省卫健委也从江苏省人民医院、东南大学附属中大医院、南京鼓楼医院、徐州医科大学附属医院和南通医科大学附属医院抽调 65 名专家赶赴现场参与救治。③

据国家卫健委卫生应急办公室消息，天嘉宜公司爆炸事故发生后，国家卫健委高度重视，第一批调派国家卫生应急队伍（江苏）中的 11 名医疗专家组成专家分队，于 21 日晚赶到事发地开展医学救援工作；第二批抽调上海交通大学医学院附属瑞金医院重症医学、烧伤、神经外科专家和首都医科大学附属北京安定医院心理干预专家 5 人，组成国家医疗心理卫生

---

① 赵满同：《响水 89 户严重损毁房屋将全拆除》，《北京青年报》2019 年 3 月 26 日。
② 赵满同：《响水 89 户严重损毁房屋将全拆除》，《北京青年报》2019 年 3 月 26 日。
③ 朱国亮：《响水"3·21"爆炸事故已有 59 名伤员出院》，新华网，http://www.xinhua-net.com/politics/2019-03/24/c_1124275783.htm，最后访问日期：2020 年 12 月 24 日。

应急专家组，于 3 月 21 日晚赶赴当地驰援。①

为指导现场医疗救治和公共卫生调查处置工作，统筹协调医学救援力量，3 月 22 日上午，国家卫生健康委又派出卫生应急办公室负责人，带领第三批国家医疗卫生应急专家组赶赴事发地。第三批专家组 7 人由北京协和医院重症医学、急诊科专家和中国疾病预防控制中心中毒控制、公共卫生专家组成。

同时，江苏省卫生健康委负责人在现场指挥协调伤员救治等工作，组织盐城市及下辖县市医院迅速收治伤员，调度省内多学科医疗专家和心理干预、公共卫生专家 50 余人赶赴当地支援，安排将重伤员转送到盐城市区几家三级医院加强救治，并协调南京等市三级甲等医院做好收治危重伤员的准备，同时做好救治用血供应保障。②

3. 防止次生、衍生灾害

事故发生后，现场环境非常复杂。现场指挥部组织开展了防止次生灾害工作，加强预警监测，持续做好现场及周边空气、水、土壤的检测监测和危化品处置疏运回收、卫生防疫消杀等工作，有效控制污染源，按规定处置被污染的水体，所有非专业救助人员不得进入现场，注意做好现场救援人员的防护工作。

经调查，事故现场的化工企业储存着大量危化品，其中有一些硫酸、硝酸储存罐因爆炸出现泄漏。现场指挥部组织全面排查园区内化工企业，绘制企业平面图，详细标注每个企业的危化品种类、数量、存放方式，分门别类研究制定处置措施。消防救援力量依据最新绘制的园区内化工企业残存危化品分布平面图，对现场开展了新一轮风险点摸排，对发现的风险点逐一落实针对性消险措施，稳妥推进危化品清运工作，保障现场安全，确保不发生次生灾害。

一是持续开展空气质量监测。

监测人员对事故点下风向 1000 米、2000 米、3500 米处开展大气监测，监测因子为二氧化硫、氮氧化物、挥发性有机物。③ 当地强化空气质量监测，增加监测点位，加密监测频次，使事故发生地周边环境空气指标持续

---

① 《多部委派工作组赶赴现场》，《人民日报》2019 年 3 月 23 日。
② 《多部委派工作组赶赴现场》，《人民日报》2019 年 3 月 23 日。
③ 《江苏响水爆炸大坑废水已转移 4000 多吨》，新京报网站，http://www.bjnews.com.cn/news/2019/03/27/560731.html，最后访问日期：2020 年 12 月 25 日。

稳定达标。①

　　江苏省生态环境厅贯彻落实江苏省委、省政府工作部署，积极配合生态环境部工作组，做好后续处置工作；确保"五个一"工作机制落实到位，力保闸内污水不外泄；在生态环境部工作组指导下，江苏省生态环境厅继续配合盐城市委、市政府做好四类废水的处置工作；加强对污水处理厂、新民河出水水质监测，监督污水处理厂稳定达标排放；做好河道拦截土坝和双重封闭围堰的维护，指导市县水利部门加强工程每日巡查和常备值守，加强土坝、围堰加固整理，确保土坝和封闭圈围堰安全运行，继续发挥土坝和封闭圈的作用。

　　二是加强水源地监测监控。

　　当地相关部门对水源地水质继续开展跟踪监测和巡查，确保供水安全。在水环境治理方面，生态环境部从中国环境科学研究院、中国环境监测总站、南京环境科学研究所、生态环境部固体废物与化学品管理技术中心、清华大学等单位调集环境监测及水、固废、土壤处理等方面的 30 名专家，逐一研究清理方案，全力支持当地科学妥善处置事故。同时，当地环保部门对整个化工园区污水、现场救援的消防用水开展跟踪监测和巡查，设立爆炸区、核心区、缓冲区进行分区隔离，引进污水处理设备，并充分利用现有污水处理设施，逐级开展污水处置工作，加快推动区域水环境稳步好转，严防污水进入灌河。环保部门持续进行的环境监测数据表明，各项检测指标已处于正常范围内，群众饮水未受影响。

　　强化三个港闸（新民河闸、新丰河闸、新农河闸）管控。当地相关部门组织市县水利部门进一步加强工程管控，严格把闸内外水位差控制在限值内，确保工程安全运行。为防止化工园区污水、现场救援消防用水外流进入灌河，江苏省盐城军分区迅速出动民兵，赶赴事故现场实施救援，并携带了 40 余套防毒面具、防化服等专业救援装备，对新丰河闸等 5 个点位实施河道封堵。根据现场水体受污染情况，分类打坝进行隔离。据生态环境部官网消息，陈家港化工园区内新民河、新丰河、新农河 3 条入灌河河渠已经全部通过筑坝拦截的方式封堵完毕，同时组织人员对坝体进行加固、巡查和实时监控，确保污染水体不入灌河。同时，为确保 3 个入灌河封堵口的安全，按工作组的要求，地方政府在所有堵口各安装 1 个视频监

---

① 赵满同：《响水 89 户严重损毁房屋将全拆除》，《北京青年报》2019 年 3 月 26 日。

控系统，各建 1 个值守帐篷，每小时巡查 1 次，各安排 1 台挖掘机，每 4 个小时监测 1 次水质。①

切实推进受污染水体治理。生态环境部工作组组长召开会议，要求各方按照污水处理方案，加强合作，形成书面要求，明确责任和任务，确保污水得到妥善处置。生态环境部负责人带队，现场督查园区内污水处置工作进展情况。到 3 月 27 日，园区污水处理厂已修整投入运行，每小时处理废水量约为 120 吨。现场连夜施工铺设应急污水管道，对爆炸大坑废水进行抽送转移，已转移废水 4000 多吨至裕廊中转池内。② 新民河活性炭坝已建成并投入使用，处理后的水质经监测已达标。"3·21"事故积水坑废水已抽排干净，根据专家意见，指挥部决定，采用石灰予以中和固化后，与可能受污染的土壤一并取出，按危废进行无害化处理，防止发生环境污染的次生灾害。

三是妥善处理善后事宜。

江苏省民政厅根据江苏省委、省政府统一部署，落实民政部和江苏省"3·21"善后处置指挥部的工作要求，继续做好有关善后处置工作，重点保障受事故影响的困难群众、困境儿童的基本生活，认真细致地做好遗体火化工作，积极动员社会组织、志愿者、慈善组织参与善后工作，发挥民政部门应有的作用。

迅速开展困难群众临时救助工作。江苏省民政厅指导盐城市、响水县的民政部门积极发挥社会救助"托底线、救急难"的作用，迅速开展临时救助工作。针对住院救治的伤员、周边住房受损群众和转移的群众等不同的困难情况，分别制定临时救助标准；简化发放程序和手续，不再开展家庭经济状况核对、民主评议和公示，凭身份证、工作证、暂住证等有效证件和住院治疗记录直接予以临时救助。

切实做好遇难人员子女的关爱保护工作。当地相关部门通过排查，在爆炸事故中已发现有 4 对夫妇同时遇难，其中 3 对夫妇遗留了 5 个未成年儿童（响水县 2 人、射阳县 2 人，河南省固始县 1 人）。③ 响水县、射阳县的民政部门与其亲属联系，妥善做好孤儿保障工作，并协调河南省固始县

---

① 赵满同：《响水 89 户严重损毁房屋将全拆除》，《北京青年报》2019 年 3 月 26 日。
② 《江苏响水爆炸大坑废水已转移 4000 多吨》，新京报网站，http://www.bjnews.com.cn/news/2019/03/27/560731.html，最后访问日期：2020 年 12 月 25 日。
③ 课题组调研时地方政府相关部门提供的内部资料。

民政局对接遇难人员亲属，落实孤儿保障措施。盐城市、响水县的民政部门对爆炸事故中本地受伤人员的子女进行排查，主动开展困境儿童保护工作。

组织动员社会力量参与救援工作。事故发生后，江苏省民政厅制定了社工介入爆炸事故处置工作方案，组织社工及志愿者参与受事故影响的群众心理疏导和精神抚慰。响水县组织机关单位和各公益组织的 1260 多名志愿者，走访慰问群众 1600 多户，对受伤人员及家属开展心理疏导、心理干预，协助恢复生产生活秩序。动员爱心企业、个人开展慈善捐赠，响水县收到扬子江药业等企业和个人捐款 460 余万元。①

全面排查治理民政服务机构安全隐患。江苏省民政厅发出紧急通知，要求全省民政系统全面排查各类民政服务机构的消防安全、食品卫生、电器使用、人员安全隐患，要求对排查出的问题即查即改。江苏省民政厅一位副厅长带领盐城市、响水县民政部门相关领导，看望慰问响水县陈家港镇和南河镇敬老院的老人，了解爆炸事故中门窗玻璃受损和修复情况，对敬老院安全工作进行检查。

做好服务保障善后处置工作。为有效策应事故善后处理工作，在响水县公安局和陈家港镇派出所分别设立综合服务中心，做好受伤、受损人员和死亡、失联人员亲属的登记、血样采集、咨询工作。对所有已确认身份的遇难者家庭实行"一对一"服务，全面做好与遇难者家属的沟通安抚、情绪疏导、赔偿兑付等工作，并与部分遇难者家庭签订善后协议。

响水县有关负责人介绍，截至 3 月 23 日，爆炸造成响水县南河镇、陈家港镇、化工园区等地区民房不同程度受损，共涉及 2800 多户。其中，有 89 户房屋损毁较为严重，无法修缮，其余受损房屋主要是门窗损毁。② 响水县相关部门部署对损坏较轻的房屋进行修缮，对损毁严重的农村平房准备实施拆除，将对相关农户进行货币补偿，或安置到新型农村社区。经排查，事故发生地附近 10 所学校校舍门窗、玻璃不同程度受损。当地相关部门完成了所有门窗的测量和定制工作，受损门窗安装到位，陈家港地区学校全部复课。同时，对因爆炸事故造成部分群众家中的财产损失，开展财产损失入户清查评估，让群众的受损财产得到应有补偿。

---

① 课题组调研时地方政府相关部门提供的内部资料。
② 《江苏响水"3·21"爆炸事故死亡人数上升至 64 人》，人民网，http://society.people.com.cn/n1/2019/0323/c1008-30991419.html，最后访问日期：2020 年 12 月 25 日。

（二）中期预防式恢复重建

在短期响应救急式恢复重建之后，相关部门进一步开始反思事故教训，识别地域性潜在事故风险，制定有效预防措施，开展全方位督查，追究相关部门失职行为，督促企业组织严格遵守安全生产经营管理制度规则，注重灾民救助的长期性和心理抚慰的有效性，维护地方社会稳定，等等。这一阶段的恢复重建强调尽最大努力解除事故危机，完善制度，严格落实预防措施，健全奖惩机制，同时强化救助的全面性和长远性。

在中期预防式恢复重建阶段，重点开展如下工作。

1. 开展安全风险隐患排查治理

2020 年 8 月，应急管理部印发《化工园区安全风险排查治理导则（试行）》和《危险化学品企业安全风险隐患排查治理导则》，要求化工园区应建设安全监管和应急救援信息平台，构建基础信息库和风险隐患数据库。

"3·21" 事故发生后，江苏省委、省政府痛定思痛，针对事故暴露出的问题，制定了一系列整改方案，部署了大排查大整治、化工产业安全环保整治提升、深度执法检查等工作，排查整治了一批隐患，对全省 50 个化工园区开展安全风险评估，明确了拟关闭化工园区和化工企业名单，取得了阶段性成效。同时，此次事故调查报告公开后，江苏省委、省政府立即召开全省事故警示教育大会和研讨班，对事故进行深入反思、剖析和警示教育，下定决心花大力气，立下了"要把 3·21 事故作为一个重要转折点，推动江苏在安全生产治理体系和治理能力现代化上走在全国前列"的"军令状"。

具体来讲，"3·21" 事故发生后次日（2019 年 3 月 22 日），江苏省委办公厅、江苏省政府办公厅联合下发《关于切实做好危化品等重点行业领域安全生产的紧急通知》（苏办发电〔2019〕29 号），就落实安全生产责任、开展危化品安全隐患排查整治、严处重罚危化品企业违法违规行为、构建危化品安全生产长效机制、开展重点行业领域专项整治等方面提出具体要求。积极配合国务院事故调查组，全面深入开展调查，彻底查清事故原因，不论涉及谁都要依法依规严惩，给人民群众一个负责任的交代。2019 年 4 月 27 日，江苏省委办公厅、江苏省政府办公厅印发《江苏省化工产业安全环保整治提升方案》（苏办〔2019〕96 号），要求"区域布局明显优化""低端产能大幅减少"。该方案明确，关闭安全和环保不达标、风险隐患突出的化工生产企业，限期取缔和关闭列入国家淘汰目录内的工艺技术落后的化工企业或生产装置，加快退出或转型产能过剩和市场低迷的一般化工品生产加工能力，取消安全环保基础设施差和管理不到位的化工园区（集中区），大幅压减低端落后化工产能。

2019 年 9 月 20 日，江苏省化工产业安全环保整治提升领导小组下发《关于下达 2019 年全省化工产业安全环保整治提升工作目标任务的通知》（苏化治〔2019〕3 号）。其中提到江苏全省共排查出列入整治范围的化工生产企业 4022 家，计划关闭退出 1431 家，停产整改 267 家、限期整改 1302 家、异地迁建 77 家、整治提升 945 家。2019 年，江苏全省计划关闭退出 579 家，计划关闭和取消化工定位的化工园区（集中区）9 个。通过这些工作，全省排查整治了一批隐患，对全省 50 个化工园区开展安全风险评估，明确了拟关闭化工园区和化工企业名单，取得了重要的阶段性成效。

江苏省政府还安排各位副省长，分别牵头带队开展安全生产明察暗访，督促各地各部门开展安全生产隐患大排查、大整治。江苏省政府办公厅专门印发通知，由江苏省政府督查室、江苏省应急管理厅和江苏省有关部门组成危化品、矿山、冶金工贸、环保固废、交通运输、建筑施工、特种设备、农业机械、海洋渔业、城镇燃气、油气管道、文化旅游、教育、人员密集场所、森林防火 15 个专业小组，赴各地明察暗访，并明确由江苏省政府各分管副秘书长协调推进。明察暗访为期半年，滚动开展，压茬推进，一直持续到国庆节期间。江苏省应急管理厅定期梳理汇总明察暗访发现的问题隐患，由江苏省政府督查室牵头组织各市、县（市、区）政府办理，并跟踪督促有关地方限期整改。

各地各部门要按照江苏省委办公厅、江苏省政府办公厅关于做好危化品等重点行业领域安全生产的紧急通知要求，对所有危化品生产、经营、仓储、运输企业开展深入排查，对危险程度较高、事故易发多发的生产工艺环节和部位进行严格监管，确保不放过任何一个漏洞、不忽略任何一个盲点、不留下任何一个隐患。同时，对各领域、各行业、各场所特别是交通、燃气、电力、食品药品等重点行业领域，医院、学校、车站、机场、文娱场所、建筑工地等重点场所，开展安全隐患大排查。凡是存在安全漏洞和风险隐患的，一律停产整改；限期整改依然不合格不合规的，要坚决关停；相关部门和责任人要对整改工作终身负责，对一路整改、一路放行、一路出现问题的，要倒排责任，依法依规追究责任。

相关政府部门深刻吸取事故教训，迅速开展了安全生产大排查、大整治。例如，江苏省应急管理厅突出危险化学品、矿山、金属冶炼、粉尘防爆、有限空间作业等重点行业领域，部署安全生产大排查、大整治，开展专项执法检查，及时研究制定重点行业、重点领域重大安全风险排查和管控方案，提出有力、有效、针对性强的防控硬措施，防范化解重大安全风险，坚决遏制重特大事故；系统总结事故救援实战经验，完善应急救援机制，进一步提升事故救援处置能力水平。

2. 推动企业落实安全生产主体责任

响水"3·21"事故发生后，有媒体指出发生事故的天嘉宜化工有限公司多年来劣迹斑斑，并曝出其背后的倪家巷集团所属各公司也屡屡因安全环保问题被处罚。在产业转移的管理过程中，要充分用好企业环境信用体系，积极助力产业绿色转移，避免肆意转移污染，保护好后发展地区人民群众的生命健康。

3. 加强对第三方服务机构的监管

警惕第三方环保服务机构成为污染帮凶，是恢复重建工作的重要内容。根据国务院事故调查组调查工作进展和公安机关侦查，公安机关对天嘉宜化工有限公司及为该公司相关项目作虚假评价的中介组织涉嫌犯罪的17名嫌疑人采取了刑事强制措施。[①]

有关部门的果断举措向社会特别是向第三方环保服务（治理）机构传递出清晰的信号：助纣为虐、为虎作伥者必须担责。

（三）长期整体式恢复重建

这一阶段的恢复重建本着宏观和长远性原则，从中央到地方、从宏观到微观、从法律法规到规定，从制度到机制，全面深入地构建整体性恢复重建体系，目的是从根本上预防事故的发生，真正保障民众生命和财产安全。

在长期整体式恢复重建阶段，主要开展如下工作。

1. 事故调查和责任追究

2019 年 11 月 13 日，李克强总理主持召开国务院常务会议，听取"3·21"

① 《响水"3·21"事故又有 17 名嫌疑人被采取刑事强制措施》，新华网，http://legal.people.com.cn/n1/2019/0415/c42510 - 31030289.html，最后访问日期：2020 年 12 月 25 日。

事故调查情况汇报和责任追究审查调查工作情况通报，部署对安全生产尤其是危险化学品生产管理等问题开展专项整治。①

会议决定，国务院安全生产委员会办公室和应急管理部会同有关部门，组织力量对江苏省安全生产尤其是危化品生产管理等问题依法依规开展专项整治，加强督导，确保整出成效。同时，要在全国开展危化品安全专项督查，各地要严格开展自查自纠，切实消除生产、储存、运输、废弃处置等各环节的安全隐患。

安全生产重于泰山。安全是发展的基础，丝毫不可放松。要始终坚持安全第一，层层压实安全生产责任。各级相关部门要从这次惨痛事故中吸取教训，举一反三，加快建立长效机制，打牢根基，在抓安全标准规程每个环节责任落实上下功夫。同时，要不断健全涉及危化品安全相关部门监管协作和联合执法机制，加快制定修订相关法律法规，对导致重大事故的主观故意违法行为要加重处罚。要坚持新发展理念，遏制盲目无序违规发展现象。总之，通过"3·21"事故调查和责任追究，要逐步扎牢全方位、多层次的安全生产网，促进行业升级，提升发展水平。

2. 整改落实和从事件中学习

2019 年 11 月 20 日，江苏省召开警示教育大会，吸取响水"3·21"事故教训。江苏省盐城市、江苏省应急管理厅、江苏省生态环境厅主要负责人作表态发言，各自就事故带来的教训进行深刻反思。江苏省委主要负责人说，化工是国民经济的基础性产业，也是江苏的一大支柱产业，要坚持"本质安全、绿色高端"的理念，通过"砸笼换鸟""腾笼换鸟""开笼引凤"，推动化工产业进行深层次结构调整，系统性重构现代化工产业体系。在空间上，要统筹沿江战略转型和沿海战略布局；在载体上，要强化顶层设计，把本质安全作为化工园区的生命线；在项目上，要大力提升准入"门槛"，从源头把好安全环保的"第一道关口"；在抓手上，要态度鲜明、实事求是、精准施策，科学稳妥地推进化工产业整治提升。② 要把"3·21"事故的教训和警示，变成江苏省推进安全生产治理体系和治理能

---

① 《响水"3.21"事故教训极其深刻，化工园区要告别野蛮生长》，中央人民政府网站，ht-tp：∥www.gov.cn/xinwen/2019–11/13/content_5451795.htm，最后访问日期：2020 年 12 月 25 日。

② 耿联：《深刻反思　警钟长鸣　夯实责任　勇于担当　切实推进安全生产治理体系和治理能力现代化》，《新华日报》2019 年 11 月 21 日。

力现代化的转折点、化工产业高质量发展的转折点。^① 江苏省政府主要负责人说，要坚定不移地推动产业转型升级，从源头上减少安全隐患、筑牢安全屏障；要持续开展安全生产隐患大排查、大整治，真正将事故数量和死亡人数压降下来；要紧盯突出风险，科学谋划化工园区发展，制定负面清单，强化流通领域监管，严守安全环保底线；要深入推进化工行业整治提升和危化行业专项整治；要压实各方责任，抓好责任体系建设。针对此次事故，江苏省委、江苏省政府主要负责人还表示，从现在开始，将在全省开展为期一年的安全生产专项整治行动，在消除监管盲区、化解风险隐患、压降事故总量上打一场攻坚战、歼灭战。

针对"3·21"事故，江苏省委办公厅、江苏省政府办公厅印发了《江苏省化工产业安全环保整治提升方案》，对未来五年之内，江苏省化工企业、化工园区的改造升级及退出作出了说明。全省13个设区市均已制定出台化工产业安全环保整治提升实施方案，成立了工作机构，建立了工作机制，全面组织开展化工生产企业和化工园区（集中区）逐一摸排评估，确定和提出了"一企一策""一园一策"的处置意见以及整治提升的目标任务。

根据官方安排，到2020年底，江苏省化工生产企业数量减少到2000家，到2022年，全省化工生产企业数量不超过1000家；沿长江干支流两侧1千米范围内、化工园区外的34家企业，原则上2020年底前全部退出；凡和所在园区无产业链关联、安全环保隐患大的企业，均在2020年底前退出；城镇人口密集区安全卫生防护距离不达标的89家危险化学品生产企业2019年底前退出30家；对已确定就地改造的企业，重新评估提出新的处置意见，2020年底前原则上全部退出；加大2339家园区外企业整治、压减、转移、转型。2020年底前，高安全风险、安全环保管理水平差、技术水平低的企业加大力度关闭退出；对1660家规模以下企业进一步排查摸底，评估安全环保风险，不达标的企业2020年底前全部关闭退出；从园区区域、产业层次、用地面积、规划许可、安全监管、环境治理等方面，对全省50个化工园区开展全面评价，根据评价结果，压减至20个左右；被取消化工园区定位的区域，严禁再新建化工项目，要严格管理、坚决关闭高燃、

① 《江苏召开警示教育大会吸取响水"3·21"特别重大爆炸事故教训》，中华网新闻，https：∥news. china. com/domesticgd/10000159/20191120/37434557. html，最后访问日期：2020年12月28日。

易燃易爆、安全环保不达标的化工企业，逐步关闭或搬迁其他化工企业。

据介绍，盐城市委常委会议研究部署了响水"3·21"事故下一阶段处置和全市安全生产、化工产业整治提升、化工园区转型发展等工作，提出要举一反三，做好全市化工整治工作，根据江苏省化工行业整治提升方案，进一步提高盐城市化工园区、化工企业整治标准。盐城市委作出承诺，将彻底淘汰整治安全系数低、污染问题严重的"小化工"，推动产业全面转型升级。将彻底关闭响水化工园区，并将陈家港镇列入全市改善农民群众住房条件"十镇百村"试点，加快实现乡村振兴。同时，要做好全市面上化工整治工作，根据江苏省化工行业整治提升方案，进一步提高全市化工园区、化工企业整治标准，支持各地区建设"无化区"。

四　"3·21"事故恢复重建工作：基于要素的分析框架

（一）基于要素的恢复重建分析框架

恢复重建是一项复杂的系统工程。所谓"系统"，泛指一定范围内或同类事物按照一定的秩序和内部联系组合而成的整体，是不同系统组成的大系统。《辞海》则解释为"若干有关事物互相联系、互相制约而构成的一个整体"。[①] 系统有如下特征：一是由若干事物构成，二是事物之间相互联系、相互制约，三是体系是一个有机的整体，而不是各事物的简单相加和机械混合。作为系统的一大类，恢复重建工作也具有系统的一般特征，遵循系统的一般规律。因此，可以从要素出发，把恢复重建工作视为一个由多个要素共同构成的整体。[②]

在对"3·21"事故恢复重建进行评估的过程中，可以从多维度构建分析框架，依据法律法规、主要内容、参与主体、价值目标、方法手段、组织保障等若干要素相互联系、相互制约构成一个整体。突发事件恢复重建的效果，既取决于系统自身要素是否齐全、结构是否合理，又取决于各个要素的作用是否显著。

根据系统的内涵和基本特征，我们可以把恢复重建工作认定为由以下六个基本要素构成：恢复重建主体，回答"由谁主要参与恢复重建"的问题；恢复重建客体，回答"恢复重建的对象是谁"的问题；恢复重建目

① 夏征农、陈至立主编《辞海（第六版）》，上海辞书出版社，2009，第2237页。
② 钟开斌：《国家应急管理体系：框架构建、演进历程与完善策略》，《改革》2020年第6期。

标，回答"为何要开展恢复重建"的问题；恢复重建手段（恢复重建的方法），回答"怎样开展恢复重建"的问题；恢复重建制度，回答"依据什么来应对"的问题；恢复重建组织保障，回答"利用什么进行恢复重建"的问题。这六个基本要素相互影响、相互作用、相互制约，共同构成完整的恢复重建工作。

恢复重建主体是指承担和实施恢复重建工作的人或组织，回答"由谁主要参与恢复重建"的问题。突发事件恢复重建工作同样需要形成党委领导、政府负责、社会协同、公众参与的工作格局。为此，要充分发挥企事业单位、保险机构、人民团体、社会组织、慈善机构、基层社区、各界人士及志愿者等各类组织和公民的作用，动员多方资源协同开展恢复重建工作。

恢复重建客体是主体直接作用和影响的对象，回答"恢复重建的对象是谁"的问题。恢复重建客体主要研究的是物理空间和社会空间两个方面。要对照"物质生活充实富裕、精神生活幸福满足"的总体要求，同步推进硬性设施建设与软性设施建设，让灾区和灾区群众生活变得更美好。生产、生活、工作所需硬性设施的恢复重建，旨在重建物质家园、自然家园；社会关系、文化、心理等软性设施的恢复重建，旨在重建社会家园、精神家园。有效平衡物质家园和精神家园的关系，抚慰灾区群众遭受重创的内心世界，是灾后恢复重建过程中一项持久的"隐性工程"。我们需要更加重视社会层面和精神层面的软性设施恢复重建，避免灾区和灾区群众"外表华丽、内心脆弱"，遗留矛盾问题。①

恢复重建目标是指恢复重建主体开展工作所要达到的目的及其标准，回答"为何要开展恢复重建"的问题。恢复重建目标可以归结为"安全发展"和"以人民为中心"的发展理念。

恢复重建手段（恢复重建的方法）是指实现恢复重建目标的措施与方法，回答"怎样开展恢复重建"的问题。在恢复重建过程中，主要研究的是硬环境与软手段相结合的方式，如社会心理抚慰救助、产业结构升级和民众再就业安置等。

恢复重建制度是指恢复重建主体开展工作所遵循的行为准则和基本依据，回答"依据什么来应对"的问题。制度规范主要研究的是突发事件恢

---

① 钟开斌：《精准做好灾后恢复重建这一系统工程》，《中国应急管理报》2020 年 9 月 5 日。

复重建相关的制度，包括法律、法规、规章、政策性文件等不同层次。制度更带有根本性、全局性、稳定性、长期性。制度化又可以保障恢复重建工作成功实践的稳定性、规范性和合法性。[①]

恢复重建组织保障是指恢复重建主体赖以实现目的的各种资源或工具，包括人力资源、物力资源、财力资源等，回答"利用什么进行恢复重建"的问题。在恢复重建工作开展过程中，人力资源包括应急管理人员、应急救援队伍、应急管理专家组等，财力资源主要包括财政资金、灾害保险、社会捐赠，物力资源包括应急物资、应急装备、应急场所等。应急资源的合理配置及其高效使用，是有效开展恢复重建工作的基本保障。[②]

恢复重建主体、恢复重建客体、恢复重建目标、恢复重建手段、恢复重建制度、恢复重建组织保障，这六个相互联系、相互作用、相互制约的基本要素，共同构成完整的应急管理体系（见图6-1）。恢复重建目标居于上层，理念是行动的先导，恢复重建目标具有先导性、决定性的作用；恢复重建主体位于中层，处在承上启下的位置，具有实体性、能动性的作用；恢复重建制度、组织保障、手段处于下层，具有基础性、保障性的作用。[③] 归纳起来，作为由六个基本要素共同构成的整体，恢复重建工作要回答的是：为有效开展恢复重建工作，实现怎样的恢复重建目标，组建怎样的恢复重建组织，依据什么恢复重建制度，依托哪些恢复重建资源，利用哪些恢复重建手段。

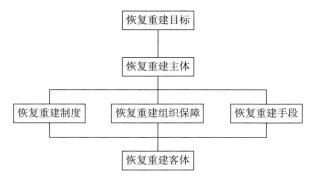

图6-1　突发事件事后恢复重建的基本框架

① 刘一弘：《应急管理制度：结构、运行和保障》，《中国行政管理》2020年第3期。
② 钟开斌：《国家应急管理体系：框架构建、演进历程与完善策略》，《改革》2020年第6期。
③ 钟开斌：《国家应急管理体系：框架构建、演进历程与完善策略》，《改革》2020年第6期。

（二）对"3·21"事故恢复重建工作的基本评估

根据上述分析框架，我们从"3·21"事故恢复重建过程中依据的法律法规、参与主体、主要内容、价值目标、方法手段、组织保障等多个维度，分析"3·21"事故恢复重建工作存在的问题。

1. 法制体系初步建立，但总体制度供给不足

第一，政府救助已有一些法律依据，但需要进一步完善。目前来看，我国政府针对突发事件恢复重建以及对突发事件受害者提供救助的法律法规主要有《突发事件应对法》《国家赔偿法》《自然灾害救助条例》《社会救助暂行办法》等，这些法律法规对开展恢复重建工作发挥了重要作用。但是，在实践中，这些法律法规还不够完善，且原则性较强，常常出现法律法规与现实联系不紧密的问题。比如，在"3·21"事故中受害人的救助方式、救助标准、资金筹集和分配使用情况等没有合理的标准。同时，法律法规对救助、补偿、赔偿的关系也没有统一规定，这样就不利于突发事件发生后依法实施综合救济工作，不利于"3·21"事故救助抚慰工作的顺利推进。

其中，最突出的是现有灾后重建事权配置和资金分配规则不成体系，规则多存在于一事一议的大量规范性文件中。在中央与地方事权与支出责任的分配中，中央主导政策规则的制定，地方政府和社会公众缺乏话语权；事权划分大多是在政策性文件中模糊描述，致使自由裁量权过大；现有的支出责任和支出标准没有考虑各地的地方特点和居民偏好等因素。[①]

第二，恢复重建工作已见成效，但其过程缺少统一规划，信息透明度较低。恢复重建是一项复杂的系统工程，要对照"物质生活充实富裕、精神生活幸福满足"的总体要求，同步推进硬性设施建设与软性设施建设，让灾区和灾区群众生活变得更美好。总体来看，"3·21"事故恢复重建工作取得了明显成效。从物理空间来看，在停止实施抢险救灾应急措施后，仍须采取一些必要措施，对园区周边环境，逐一进行排查以消除隐患；对空气、水进行严格监测等，巩固抢险救灾成果，有效避免了发生各种次生、衍生事件。同时，对因灾伤亡人数、需要安置人数和灾害中各种设施

---

① 李明：《我国特重大灾害灾后恢复重建财政事权与支出责任变迁》，《经济研究参考》2017年第 40 期。

设备的损失情况以及公私财物的损失等"硬损失"进行相应补偿，为推动灾区群众恢复正常生产、生活秩序奠定了良好基础。从社会空间来看，通过采取多种手段对灾区群众进行思想疏导工作，给予他们强大的精神支撑和心理抚慰，旨在重建社会家园、精神家园。

在肯定成绩的同时，也应该看到"3·21"事故恢复重建工作中存在的不足，主要表现在政府应急管理研究在中国发展时间较短，许多理论和实践问题仍待进一步发掘和总结。尤其是理论界对灾后恢复重建问题的研究仍然有许多争议和冲突，对一些关键问题仍然形成不了统一的意见和建议。正如有研究者指出，由于灾害类型的多样性与恢复重建的复杂性，现有恢复重建评估多集中于对前期自然风险、灾后损失、灾害区划等内容的评估，而对灾区恢复重建效果与可持续性的评估较为分散，尚未形成系统的理论体系与技术方法。[①] 而地方政府在灾后恢复重建过程中，还未形成系统性设计、统筹规划、持续性跟踪，这样不利于受灾地区的长远发展。

尤其是地方政府在事故发生后的救援过程中，往往迫于社会舆论和上级政府的压力被动利用媒体进行沟通，发布官方信息，而在事故伤害已经停止、上级政府压力降低的情况下，地方政府对事故的恢复重建的重视度下降，同时不再把关注点重点放在事故中，而是转移到经济发展和其他方面的事务中，在缺少恢复重建统一规划的前提下，事故的救助和抚慰就会变得支离破碎，且操作过程不甚透明。媒体的关注度也因为民众焦点转移和信息实效性问题开始发生转移，开始关注新的热点话题和其他社会问题。这就更加放松了对地方政府依法开展事后恢复重建的监督压力。

第三，将依法监管贯穿于安全生产各环节、全过程成效明显，但执行力度需要进一步加强。"3·21"事故发生后，江苏省相关部门突出"严"字，务求实效；坚持"源头管控、严格执法"和"标本兼治、综合施策"的原则，转变监管方式，对化工和危险化学品领域进行全面治理，逐步化解系统性安全风险，重点防范重特大恶性事故，提高化工和危险化学品安全生产水平。

具体来讲，主要采取了如下措施：一是严格监管新建项目，严格企业主要负责人上岗标准，加大对企业主要负责人的培训考核和检查力度，提高准入门槛，从源头避免"短板"企业进入市场。二是对现有企业实行分

---

① 赵亮、何凡能、杨帆：《灾区恢复重建后效评估研究进展》，《干旱区地理》2020 年第 5 期。

级分类监管，规范执法行为，加大执法力度，重点盯住具有爆炸风险的"两重点一重大"企业，并对其进行各环节、全链条的安全监管，构建全方位的监管责任体系。三是标本兼治，近期通过安全生产条件"回头看"等集中整治活动，淘汰退出一批安全生产条件差且难以整改的高风险、低水平的"短板"企业；远期则通过推广实施安全生产标准化、过程安全管理、本质安全提升等先进适用的安全管理体系和方法，持续提升行业整体安全水平。四是针对基层执法人员疲于应对、不懂不会不做的现象，从顶层设计的角度规范执法行为，明确简洁易懂、便于操作的具体检查要素，确保成效，提高执法效率；加大对市、县两级执法人员的培训力度，提高其执法能力，尤其是加强基层危险化学品安全监管队伍能力建设。

然而，江苏省自 2006 年始持续开展了三轮化工生产企业专项整治行动及一轮推进化工行业转型发展行动（每轮为期三年）。在这四轮工作中，反复提出相同的任务，而完成的要求不断放宽，整治的力度逐渐退化。例如，第一轮行动提出："用一年时间集中整顿、淘汰各类违法违规化工生产企业。"第二轮行动提出："凡在主城区、居民集中区和饮用水水源保护区的化工生产企业一律搬迁，不能搬迁的，由地方人民政府依法予以关闭。"第三轮行动提出："城市主城区、居民集中区、饮用水水源地的化工生产企业原则上全部迁出或转产、关闭，个别确因情况特殊暂不能迁出或转产关闭的企业，也应在严格整治达标的基础上制定搬迁时间表。"

有关调研组分析了江苏省 2017 年发布的"四个一批"专项行动、2018 年发布的化工钢铁煤电转型升级行动、2019 年发布的化工产业安全环保整治提升方案以及细化要求等文件，发现在判定化工企业关闭、停产整顿和整改标准时，提出了考核形式、考核内容、考核指标等方面各不相同的要求，政策延续性差、可操作性不高。①

"3·21"事故发生后，按照化工产业安全环保整治提升方案的要求，江苏省提出了拟关闭 9 家化工园区、2019 年底前关闭退出 579 家化工企业的工作计划。然而，部分地区仅从形式上落实关闭化工园区的要求，采取撤销园区称号、园区内企业继续运行的做法。截至 2019 年 10 月底，拟关闭退出的 579 家化工企业已关闭 329 家，仅完成年度目标任务的 56.8%，

---

① 课题组在地方调研时政府相关部门提供的内部资料。

剩余关闭任务十分艰巨。①

　　2. 多元主体参与恢复重建格局基本形成，但合作机制匮乏

　　在突发事件恢复重建工作中，既要发挥政府的主导作用，又要减轻其不合理的负担，动员多方力量共同参与。"3·21"事故发生后，以社会组织、慈善机构、保险机构和志愿者等为代表的社会力量积极参与，在灾后恢复重建过程中发挥了重要作用。非政府组织作为介于政府与市场之间的第三方，具有非营利性，以从中立的角度实现一定的社会价值为目标，非政府组织的有序参与可以促进灾后恢复重建的效果；志愿者志愿奉献个人的时间和力量参与灾害救援与恢复重建，也是一支重要力量。社会力量不仅可以快速有效地募集资金，保障灾后恢复重建顺利进行，还能重点关注紧急食品供应、临时住所搭建、心灵创伤安抚等方面。

　　例如，江苏省总工会拨付 100 万元用于响水"3·21"爆炸事故专项救助。事故发生后，大量志愿者参与义务救助受灾人员的行动，社会各界捐赠的物品和资金也较多。在救援工作中，盐城市总工会组织 195 名工会干部、452 名劳模志愿者参加了事故救援与善后工作，累计捐款近 30 万元，并提供了棉被、防护服、口罩、食品等救援物资，为救援工作提供保障，帮助伤亡职工家庭解决实际困难，及时关注职工思想动态，做好思想疏导工作，给他们强大的精神支撑和心理抚慰；根据有关部门安排和医院需求，有序投入志愿力量，提供精准服务；有一些家庭在这次事故中丧失了主要劳动力，即将面临较长时期的生活困境，志愿者们则为这些家庭制订长期救助计划，并开展结对帮扶。

　　东台市总工会 38 名干部和 435 名志愿者参与事故救援后勤保障，组织捐款捐物 9 万元。射阳县总工会负责人前往医院看望慰问伤员，并组织 20 名志愿者为病人提供一对一的志愿服务。滨海县总工会动员 20 名职工无偿献血，组织县总工会机关干部到工业园区开展安全生产监督检查，分片包干。

　　中国人民健康保险股份有限公司紧急启动江苏响水"3·21"特别重大爆炸事故应急响应机制，增设 24 小时咨询报案电话，多渠道受理理赔报案，采取"双免"（免填单、免保单）理赔、简化手续等多项应急服务措施，时刻关注此次事故进展情况，按照应急预案继续抓紧排查，做好客户

---

　　①　课题组在地方调研时政府相关部门提供的内部资料。

理赔服务工作。

然而，目前，我国在重特大自然灾害的应对处理和恢复重建中尚未形成多元主体良性互动的协作治理框架，在政府之外，社会组织、企业、个人等其他主体未能充分发挥各自的能动作用，从而影响了恢复重建的效率和效果。纵观近年来我国突发事件应急处置与救援过程，政府始终是社会救助的主体或主角，社会公众参与救助的意识不强。由于缺乏有效的激励机制，公众对参与事后救助积极性不高，部分灾区群众仍然存在"等、靠、要"的思想和"攀比"心态，村民"私参与"的积极性远远高于"公参与"，社区参与严重不足。同时，由于受到法律法规的严格约束和限制，社会组织必须在相关部门审批之后才能参与善后救助，这在某种情况下也降低了社会组织参与救助的积极性，抬高了社会组织参与善后救助的门槛。

爆炸事故发生之后，应急管理部门立即启动工作，进入应急应对状态，随即迅速成立由地方党政主要领导牵头的现场指挥部，统一领导、组织、指挥危机应急处置工作。待危机应急处置工作基本结束后，现场指挥部即告撤销，应急管理部门也会恢复工作常态。因此，重大事故的恢复重建工作通常没有固定的统一领导指挥的综合性机构，而是由相关政府部门实行对口分散管理。例如，应急管理部门负责统筹规划恢复重建过程，发展与改革委员会负责灾后恢复重建经济发展规划制定，交通运输部门负责物资运输及公共交通恢复，住房和城乡建设部门负责基础设施及城乡居民住房建设，民政部门负责灾后救助，农业农村部门负责农业生产恢复，工业和信息化部门负责工业、商业服务业与信息产业恢复发展，教育部门负责中小学教育设施恢复重建，卫生健康部门负责医院等医疗卫生机构的恢复重建，等等。这种传统的分散管理体制，极易造成各项工作进度不一、重复建设、相互推诿等不良后果。

在重大突发事件恢复重建过程中，多元主体参与恢复重建的合作机制尚未建立，政府、企业、民间组织、社会公众之间缺乏协同合作机制，缺少制度化的沟通合作平台。例如，重大事故发生后，部分企业和民间组织在与政府信息不对称的情况下，根据自身的判断，将募集到的物资、设备及钱款直接送往灾区。由于缺乏有效的合作机制，灾区政府有意愿动员民营企业、民间组织参与灾后恢复重建工作却没有抓手，民营企业和民间组织则因掌握不了相关权威信息，不能够及时、有效地参与恢复重建工作。由于缺乏统一协调，常常出现社会力量参与供过于求或供不应求的局面，社会应有救助潜力并没有发挥出来。

同时，企业、民间组织等社会力量参与重大自然灾害恢复重建的范围有限，大多是由政府及国有企业包揽。主要原因有两个，一是政府对民营企业、民间组织参与灾后恢复重建工作限制较多。例如，现有政策规定，自然灾害发生后只有中国红十字会、中华慈善总会及其分支机构等官方社会组织才能向社会募集款物并运往灾区。这样，其他民间组织只能动用自身有限的资源参与灾后恢复重建工作，结果往往是力不从心。二是企业（尤其是民营企业）从根本上来说是逐利的，因此，在鼓励企业自觉履行社会责任的同时，要调动其参与重大自然灾害恢复重建工作的积极性，可以给予一些优惠政策，如减免部分税收等。但是，目前这个方面的制度安排明显存在缺陷，在一定程度上挫伤了企业参与的积极性。

3. 主导性政治力量与权力运行整体平稳有序，但思想观念有待进一步强化

"3·21"事故发生后，江苏省党委、省政府及相关部门牢固树立安全发展理念，增强防范化解重大风险意识、红线意识；迅速启动应急响应机制，开展应急处置与救援，并制定恢复重建规划，调配人员物资，统一布置与完善公共基础设施建设，解决居民迫切需要解决的住房与日常生活问题；调整园区生产与产业结构，推动化工行业转型升级，加快制定修订相关法规和标准，促进生产秩序尽快恢复，解决居民就业与生存问题等，取得了积极成效。

然而，思想认识方面还需要进一步巩固提高，江苏省部署了一系列行动和整改措施，但全省上下还没有形成抓安全生产的紧迫感和认同感，悲观情绪和畏难情绪普遍存在，还缺少壮士断腕的决心和勇气，责任落实逐级打折扣，实际推进力度不够，存在"上热中温下冷"的现象，发生了一些本不该发生的生产安全事故，如昆山"3·31"粉尘爆炸事故、泰兴"4·3"废水处理罐爆炸事故、扬州"4·10"建筑施工事故、泰州"5·22"危化品火灾事故、常州"9·28"危化品泄漏事故、无锡"10·10"高架桥坍塌事故等。

江苏省要求相关部门"强化担当，主动向前延伸一步，加强监管和工作联动，消除监管的空白和盲区"，但是实际工作中，联动合作机制还没有形成，遇到监管交叉仍推诿退缩，关键问题还没有突破。例如，2019年11月14日，扬州市东晟固废环保处理有限公司发生闪爆火灾事故后，扬州市政府没有明确事故调查牵头单位，有关部门互相推诿，事故调查组一直未成立。

有关调研组通过调研也发现，基层干部和工作人员普遍士气低落、人心不稳。例如，个别基层监管人员表示，目前在工作中存在"三个恐慌"（本领恐慌、追责恐慌、心理恐慌）的情绪；多名危化处长反映，各地均有在职人员提出转岗请求，一些地区存在空余编制招不到人等问题。

另外，地方政府的政绩观念较为保守落后，传统的以牺牲自然环境为代价的经济增长观念仍然不同程度地存在，地方政府官员为片面追求政绩和政治晋升，过分关注高污染产业的招商引资，降低了危险化工行业准入门槛，忽视企业生产经营质量，片面注重企业进驻数量和税收上缴，一味地逢迎退让，疏于安全监管，放松各种管制限制，给安全生产经营埋下了诸多隐患。同时，环境污染问题也较为严重，影响了当地居民的生活质量提升。

地方政府在恢复重建过程中的具体举措，反映了其行政体制机制的局限性。地方政府并未建立科学有效的应急管理体制机制，依然沿用传统落后的经验做法，导致一系列安全问题的发生以及恢复重建过程片面单一。这严重制约着地方政府在企业安全生产监管、安全应急方面能力的提升，造成了较多的风险隐患。例如，盐城市政府传统的条块分割式安全监管体制，制约着协同监管力量的实现；传统监管方式，如文件审批、填表式审核、形式性监督、片面的考核等，都会让企业有机可乘，从事违反安全生产规定的生产经营活动，给安全事故的发生埋下大量隐患。行政人员应急管理知识匮乏、理念落后、官僚主义作风、专横的工作态度、行为的专断等，都会不同程度地制约部门应急管理能力现代化的实现。地方政府在安全工作方面只是被动应付检查，就无法积极主动地进行安全风险预防和科学有效的安全应急工作。

4. 资源保障落实有力，但融资渠道需要进一步拓宽

救灾资金是备灾环节的重要组成部分。按照"政府主导、分级管理、社会互助、生产自救"的救灾工作方针，当前我国救灾资金的投入主要由中央和地方各级政府的救灾资金预算、社会捐赠和受灾地区的群众自救投入三个部分组成。①

---

① 孔锋：《化解重大风险背景下的我国救灾资金保障分析》，《水利发展研究》2019 年第 11 期。

救助是对保护受害者权利的重要工具。"3·21"事故发生后，江苏省政府及相关部门根据《突发事件应对法》第六十一条以及其他现有法律法规的规定，按照救助抚慰的工作流程，给予受害者一定的经济补助和安抚。从这个层面来看，抚慰金的发放符合善后救助工作的要义，保障了受害者的合法权益。同时，通过经济利益调整手段对受害者进行资源重新配置，保障受害者的利益，体现了人道主义救助的精神。尤其是政府动员慈善资金介入，在物质上给予资助，在精神上给予受害者家属心理上的安慰，实现了受害者权益保障最大化，有助于维护社会的公平与正义。

然而，灾后恢复重建是一个庞大的系统工程，充足的资金是恢复重建的基础。从国际经验来看，灾后恢复重建的融资渠道主要有三种：政府财政支出、金融信贷和社会捐赠。在现阶段，我国可供选择的融资方式包括国家财政拨款、商业银行贷款、外国政府及机构捐助、国际金融机构贷款、发行债券与股票、事业收费、土地出让收益、信托资金、慈善基金等。据官方有关部门估计，"3·21"事故造成的直接经济损失为198635.07万元，尽管"3·21"事故救助的资金主要来源于政府的救助款和慈善组织的帮扶资金，也体现了资金来源的多样性，但社会捐献救助及其他资金使用的透明度不高。各类救济基金制度不健全、救助基金管理的法规不完善。此外，保险在社会救助中所占比例过小。由于我国尚有不少人缺乏保险意识，一旦发生安全事故或者其他突发事件，难以利用保险手段转移受害人人身伤害或财产损失的风险。如果考虑生产恢复、心理干预、民众救助等间接费用，则相应的恢复重建支出会更大，仅靠政府投入显然难以满足社会需求，必须吸收民间捐款和商业资本进入，拓宽融资渠道。

5. 硬环境与软手段相结合取得成效，但仍须深层次推进

第一，从物理空间和社会心理空间来看，恢复重建工作都取得了一定成效。重特大灾害发生后，在社会心理抚慰救助方面，许多人会出现"创伤后应激障碍"（PTSD），具体表现为生活目标缺失、工作热情缺失、恐惧社交、有逃离想法、沉默不语等。这需要专业社会工作组织、慈善组织及社会工作者、志愿者等对这些对象做好心理疏导、情绪抚慰等工作。"3·21"事故发生后，以社会组织、慈善机构、社会工作者、志愿者等为代表的社会力量在对受灾群众心理进行抚慰救助过程中发挥了积极的作用。尤其是社会工作者，大都是经过专业训练的专业人士，秉持"助人自助"的理念，运用柔性化的手段，在社会服务中致力于解决专业问题，培训、督导志愿者提供服务；在帮助受灾群众疏导心理情绪、建构支持网络、修复社会关系、改善生活境况上，发挥了重要作用，已经成为应急管理不可或缺的力量。

然而，长期以来，国家层面缺乏救灾心理干预方面的立法和运作机制，地方政府对灾害过后的心理干预缺乏足够重视，没有整体性有组织的危机心理干预计划，专业人才更是缺乏，在形式上多停留在领导走访慰问、文艺演出慰问等。专业心理咨询与救助在国内还是没有得到应有的重视，心理辅导与救助站只是形式上的设置，人员配置缺乏相关统一规定，专业性不强，难以发挥应有的作用。民众对这方面的意识也有所缺失，只能靠自身和亲朋好友的劝慰来缓解心理压力，心理问题不能有效解决，尤其是年轻人甚至是孩童，这为其健康发展埋下了诸多隐患。

例如，在"3·21"事故的受害者中就有孩子和年轻人，这些人对生活、社会和人生的看法可能在这次事故灾难中发生改变，缺乏安全感和信心，甚至可能消极悲观和走向歧路。在这种情况下，亟须对他们进行有效的、具有针对性的心理干预和抚慰治疗。而调查发现，地方政府在这次爆炸事故中几乎没有制订详细的心理救助计划，也缺少相应的针对受害者和相关民众的社会心理调查，以及必要的心理救助措施。地方政府采取的传统的慰问活动，虽然充分体现出了政府的人文关怀，对抚慰群众情绪起到了一定的作用，但因时间短暂、针对性差，难以产生令人满意的效果。

第二，从产业调整与发展以及民众再就业安置方面来看，"3·21"事故发生后，江苏省各级党委、政府及相关部门以习近平新时代中国特色社会主义思想为指导，深入贯彻落实习近平总书记关于安全发展的重要论述和指示精神，严格树牢安全意识，始终坚持以人民为中心的发展思想，进一步深刻反思，把吸取"3·21"事故教训变成推动江苏省更加坚定自觉落实新发展理念的新起点，变成江苏省推进安全生产治理体系和治理能力现代化、化工产业高质量发展的转折点。

化工是国民经济的基础性产业，也是江苏省的一大支柱产业。江苏省各级党委、政府及相关部门坚持"本质安全、绿色高端"的理念，通过"砸笼换鸟""腾笼换鸟""开笼引凤"，推动化工产业进行深层次结构调整，系统性重构现代化工产业体系，在空间上统筹沿江战略转型和沿海战略布局，在载体上强化顶层设计、把本质安全作为化工园区的生命线，在项目上大力提升准入"门槛"、从源头上把好安全环保的"第一道关口"，科学稳妥推进化工产业整治提升。同时，出台了化工产业安全环保整治提升实施方案，成立了工作机构，建立了工作机制，确定和提出了"一企一策""一园一策"处置意见和整治提升的目标任务。另外，江苏省盐城市决定彻底关闭响水化工园区，将陈家港镇列入全市改善农民群众住房条件"十镇百村"试点，助力实现乡村振兴。

地方政府在企业发生事故之后采取了一系列补偿救助措施，促进了企业的再发展，但是地方政府不能一味地恢复受灾企业和面临潜在风险企业的生产，应彻底调查相关主体的责任，建立预防体系，优化生产过程，调整产业结构，瞄准高科技产业项目发展，实现反败为胜。在事故发生之后，盐城市决定彻底关闭响水化工园区。当时响水工业园区已形成了石油化工、盐化工、精细化工、生物化工四大支柱产业，进区投资亿元以上企业达 68 家，在建企业有 20 个。发生爆炸事故的园区内有多家上市公司，包括雅克科技、联化科技、安诺其、江苏吴中等上市公司的子公司：响水雅克化工有限公司、联化科技盐城有限公司、江苏安诺其化工有限公司、响水恒利达科技化工有限公司等。事故致使园区内企业利润和员工生活都受到较大影响，而当时地方政府却没有出台具体的处理意见，也没有采取实际措施。

民众的就业和安置是关系民生的重要问题。地方政府没有完全作出相关受害者和高风险影响的人群统计，缺乏对其生活状况和就业状况的长远跟踪式社会调查，只是将陈家港镇列入盐城市改善农民群众住房条件"十镇百村"试点。

6. 潜在负面影响：地方政府形象污名化效应明显

自然灾难和社会危机常常发生在一定的地域范围内，这就使人们将地名或地方政府与特定的危机灾难捆绑在一起，形成一种刻板固化印象。尤其是在发生人为因素产生的社会危机之时，更是会引发地方政府形象的污名化效应，严重影响地方声誉，阻碍地方经济社会发展。

政府信誉形象问题的出现，在很大程度上是政府及其工作人员社会角色失调所致，政府及其工作人员在履行具体行政职责的过程中，缺少对自身角色的充分认知，其特定角色功能实践不能满足人民群众的期待与需求，于是便产生了社会角色失调，影响其形象。具体表现在角色冲突、角色不清、角色中断与角色失败等方面，反映在危机处理过程中便突出表现为权责不清晰、职权重叠、职责履行不到位、职能发挥不充分、行为低效等。这些都会极大地降低民众对政府的信任，影响民众对政府合法性认同，使政府陷入社会心理防范与隔离困境之中。

地方政府要改善和提升自身形象，最大限度地排除污名化效应的影响，就应该在恢复重建过程中检讨错误，认真总结经验，化危为机，利用恢复重建过程中所取得的成绩，证明自身的承诺。通过网络、电视和实地观察可以发现，在"3·21"事故发生后的恢复重建过程中，关于恢复重建的积极主动行动的政府官方信息较少，具体的消除污名化效应的专门应对举措较少，而大都是补救性和补偿性举措的信息，缺少公众印象和满意度调查。地方政府只是按照惯例式的善后做法，被动采取相关措施，或者刻意延缓补偿进程，采取谈判式的讨价还价的做法，且信息透明度较低，使民众对地方政府的整体印象更加负面，满意度降低，地方政府的社会声誉受到较大影响。这导致有些民众对事故灾难发生地产生厌倦和厌恶，不愿提及自己的出生地或工作地，甚至想立刻远离灾难发生地，归属感削弱，疏离感增加。

五 基本结论与政策建议

"3·21"事故是对我国应急管理工作的一次大考，也是对事后恢复重建工作的一次检验。总的来看，"3·21"事故的恢复重建工作既取得了积极的成效，也面临严峻的挑战，存在突出的短板。针对"3·21"事故事后恢复重建工作中暴露出的主要问题，我们提出如下对策建议。

（一）提高认识，把恢复重建工作摆在突出位置

强调人的价值与作用，尊重人们积极主动性与创造能力的发挥，注重营造信任合作与和谐氛围，这些都是政府在恢复重建过程中以人民为中心的重要体现与要求。政府应切实发挥服务职能，一切以人民利益为根本出发点与落脚点，尽快解决人民生活生产过程中所遇到的一切困难，努力恢复正常的社会发展状态，争取用实际行动及实在的效果来塑造自身负责任与亲民的形象，最终赢得人民的信任与认同。[1]

灾后恢复重建任务具有系统性、复杂性和紧迫性，灾区民众对政府有

---

[1] 丁烈云：《中国转型期的社会风险及公共危机管理研究》，经济科学出版社，2012，第197页。

更多的要求和期盼，这就要求灾后恢复重建过程中的管理体制、服务机制和政策安排都符合危机时期各个方面的需要，这考验着地方政府在危机时期的应急管理能力和行政效率。有鉴于此，政府相关部门应将灾后恢复重建与行政改革有机结合起来，利用灾后的恢复重建倒逼行政改革，强化行政改革力度和深度，将灾后恢复重建当成锻炼、考核和提拔干部的一线试验场和考场，依靠行政改革督促地方政府加快转变职能；树立科学的发展理念和环保理念，坚持以人民为中心，提升应急管理工作和其他行政工作的效率，健全责任落实机制，破除僵化保守的习惯，营造积极向上的学习与工作氛围，不断强化应急管理培训，着力提升应急管理能力。同时，政府相关部门应提高政治站位，认识到灾难与危机对政府来说不只是具有破坏性，同时还蕴含着建设性因素，为政府重新塑造自身形象、重新营造良好的内部文化、优化运行机制提供了重要契机。因此，地方政府应本着"化危为机"的原则，尽力消除灾难给自身带来的污名化效应，积极作为，用实际行动证明自身的态度和能力，借助于传统媒体和新媒体改善自身形象，勇于承认错误，纠正失职行为，严查违法犯罪，消除安全隐患，积极为民众创造新的安全的生活生产环境，提升民众的满意度，展现谦虚、尽责、高效、积极的形象，并进一步借助于媒体提升地方经济社会发展的吸引力。

（二）加强制度建设，健全法律法规政策体系

西方灾害多发国家在重特大突发事件应急救助方面制定了比较科学有效、系统完备的制度规范，尤其是一些国家和地区还出台了特定类型灾害的应急救助法律，如美国的《联邦灾害救济和突发事件援助法》、日本的《灾害救助法》《灾害对策基本法》等，这些都为顺利开展恢复重建工作提供了制度保障。

我国目前的法律法规体系还不完善，可以借鉴国外的有效做法，补充和完善我国重特大突发事件善后救助、社会救助方面的相关制度体系，提高法律位阶和权威性，将部门行政规章上升到地方法规或法律的层级，赋予政府专业部门协调诸多部门的职能、责任和权限。要明确救助是国家义不容辞的责任，同时需要社会慈善救助、社会保障制度的补充，并发挥补偿、赔偿及救助三位一体的救济功能，形成多层次救助保障体系。还应明确救助标准，提供规范化指导，在突发事件善后处置和应急救助过程中，

法律应规定突发事件国家救助的一般标准，同时要规定在极为特殊的非常规突发事件发生时，授权政府采取例外的方式对受害者给予更高标准的救助。在制定重特大突发事件应急救助的标准时，需要考虑其受损程度、财产状况、抚养人数、当地物价、已获保险赔付额度等因素加以确定，应当能够满足受害人的基本生活需要。只有确定每次突发事件发生后的应急救助标准，才能确保救助工作更加规范和科学有序地推进。[1]

建立规范的灾害灾后恢复重建事权清单，将包括政府之间事权划分在内的各级政府的权利义务，通过法律的形式固定下来，为未来可能发生的特别重大灾害灾后恢复重建工作奠定基础。可以制定《特别重大灾害突发事件灾后恢复重建管理条例》，根据灾害等级、规模和范围，合理界定中央与地方的职责，并以此确定投入责任，做到权责统一、投入与责任匹配，最终建立健全分类管理、分级负责，中央支持、地方为主的恢复重建事权和支出责任机制。借鉴目前广泛使用的负面清单和权力清单，制定清晰明确的政府灾后恢复重建事权清单。[2]

完善体制、机制、法制，尤其是加快制定修订相关法律法规和标准，落实"3·21"事故后党中央、国务院关于危险化学品安全管理体制改革的要求。以危险化学品安全生产监管部际联席会议为基础，健全机制，推动有关部门齐抓共管，提高危险化学品安全综合治理能力。推进《化学品安全管理法》立法工作，修订《安全生产法》《安全生产许可证条例》，提高处罚标准，强化法治措施。

（三）扩大社会参与渠道，健全全社会共治格局

灾后恢复重建工作纷繁复杂，涉及面广，单凭政府的力量是远远不够的。当然，政府是恢复重建工作的核心主体，应明确自身的职能定位，积极发挥主导和引导作用，制定恢复重建规划及动员激励社会各方参与的政策，保障灾后恢复重建所需人力物力财力的投入需求，及时发布相关信息，组织协调参与各方协同工作，监督恢复重建各项目标的实现等。政府应积极吸纳其他社会主体参与恢复重建工作，形成全社会共治格局。

[1] 钟开斌主编《公共场所人群聚集安全管理——外滩拥挤踩踏事件案例研究》，社会科学文献出版社，2016，第221页。

[2] 李明：《我国特重大灾害灾后恢复重建财政事权与支出责任变迁》，《经济研究参考》2017年第40期。

第一，建立健全多元主体协同合作的组织领导体制，统一领导、指挥和协调灾后恢复重建工作。具体而言，应改革目前灾后恢复重建工作由民政部门、财政部门等分散负责的领导体制，成立由灾区政府主要领导牵头、相关职能部门负责人参加的灾后恢复重建工作领导小组，对整个灾后恢复重建工作实行统筹协调。灾后恢复重建工作的日常管理则可以由省市县应急管理厅（局）承担，彻底消除相关政府职能部门各自为政、相互掣肘的现象。

第二，建立多元主体协同合作的信息沟通机制。重大灾害恢复重建工作需要增强参与主体的协同性，应畅通不同主体之间信息交流与沟通的渠道，建设适应多元主体参与、大规模数据交换与共享、协调互动的信息服务平台。应在灾害应急处置阶段结束前，设立专门的灾后恢复重建信息服务中心。政府通过对灾区受损情况的全面调查形成"灾后恢复重建需求信息库"，再通过该平台将这些信息和对灾后恢复重建工作的基本考虑及时向全社会发布，愿意参加灾后恢复重建工作的企业、民间组织则可将自身的情况等信息向信息服务中心反映。在汇集政府与社会基本信息后，再定期举办需求对接会、项目洽谈会，以实现恢复重建需求与社会资源的无缝对接。同时，通过信息服务中心搭建灾区党委政府与企业、民间组织、灾区群众联系的平台，建立并举办恢复重建工作通报会、工作联系会、恢复重建援助项目进程通气会、信息分享会，推动企业、民间组织有序有效地参与灾区恢复重建工作。①

第三，采取多种措施，激励多元社会主体主动参与。应充分发挥企业、民间组织的作用，降低准入门槛，让符合条件的所有企业、民间组织平等竞争，择优参与。同时，政府应通过制定优惠政策、减免税收、授予荣誉等物质与精神激励手段，提高企业、民间组织参与灾后恢复重建工作的积极性。企业与民间组织在参与灾后恢复重建工作的过程中，要充分发挥自己的优势和特长，与灾后恢复重建需求进行有效对接，遵循"帮忙不添乱、参与不干预、监督不替代、办事不违法"的原则，配合协助政府做好灾后恢复重建工作。一般而言，企业可参与居民住房、公共设施、生命线工程、历史文化古迹的修复或重建工作，参与专业设备供给、操作及维修保养等工作，参与物资设备的运输工作，等等。民间组织则可协助政府

---

① 李建中：《重大自然灾害恢复重建中的府民协同合作》，《领导科学论坛》2019 年第 7 期。

部门进行灾害受损状况调查评估、弱势群体帮扶、灾民心理疏导及抚慰、恢复重建具体方案决策咨询等工作。[①]

第四，借助社会力量，齐抓共管，持续推进化工和危险化学品企业安全水平整体提升。要强横向联系，借助化工行业协会、工程设计单位、安全评价机构等安全监管"外部视角"和力量，研究各类危险化学品的产能、规模、上下游产业链关系和市场行情、产业链变化等对行业整体安全生产的影响，用"行业思维"解决安全生产难题。

（四）完善工作程序，提高工作的规范化、制度化水平

完善恢复重建工作程序，做好恢复重建统一规划，提升信息透明度，强化社会监督。地方政府对灾难造成的人财物损失、社会影响、资源筹集分配、恢复重建实施过程、权责划分、未来发展等，要开展专家研讨和论证，听取公众的意见建议，作出统一规划，配置充足的资源，并及时向社会不间断地发布相关信息，利用媒体开展社会监督，畅通反馈渠道，接受公众的意见建议。同时，在灾后恢复重建过程中，地方政府应充分利用契机，采用多种方法手段提升自身信誉。尤其是要做到信息充分公开，这样可以有效地保障民众对事故的知情权，消除民众对事故的恐慌情绪，缓解危机影响的严重性，增强政府的公信力。

增强完善救助程序，提高工作规范性。在完善突发事件善后应急救助程序方面，可引入行政听证程序，吸收更多民众参与，保证善后救助工作更加民主和科学。我国对突发事件受害者的救助主要是通过规范的行政程序来实现的，要选择适当的法律程序，兼顾公平和效率。在确定突发事件善后处置标准、内容、对象时，政府应当通过一定的制度安排来执行差别化的标准，而不是因为问题棘手转向"一刀切"的平均主义，更好地体现救助工作的公平性和合理性。[②]

（五）拓展工作内容，强化心理救助抚慰

任何灾难性事件除了会造成人们身体上的伤害外，还可能引起相关主体不同程度的心理反应。其中，相关主体包括受害人、参与救援者、受害

---

① 李建中：《重大自然灾害恢复重建中的府民协同合作》，《领导科学论坛》2019年第7期。

② 钟开斌主编《公共场所人群聚集安全管理——外滩拥挤踩踏事件案例研究》，社会科学文献出版社，2016，第223页。

人家属、目睹者及相关公众等。激烈的事故发生后，往往会导致人类心理上的创伤，而心理伤害具有一定的隐蔽性，人们往往会忽视其影响的严重性与长远性。①

在心理救援过程中，应完善国家层面和地方政府层面心理干预制度规范建设，健全心理干预运行机制。政府应根据危机灾害中不同主体的具体心理反应与临床表现，采取针对性的干预与治疗，注重治疗的长期性与创新性；科学配置专业技术人员，调配相应财政资源，开展事故的社会心理影响调查，同时积极引入第三方社会评估单位及专家系统，借助专业社会力量开展辅助性调查和研究，客观评价事故的社会影响和心理干预措施效果；督促专业技术人员利用先进技术手段和专业知识，开展受害者及相关群体的心理干预和抚慰救助，解决其潜在的心理问题，释放心理压力；完善长期追踪干预机制，通过各种方式与渠道跟踪反馈病人的心理健康状况，运用宣传教育、榜样示范、深入访谈、亲情关怀等多种手段，促使病人早日走出心理困境，摆脱心理恐惧和心理压抑，树立积极向上的价值观，充满信心地走上正常的生活轨道。同时，采取多种渠道和方式，如电话、邮件、信件、即时聊天软件、微博等，线上和线下相结合，定期和不定期相结合，收集民众心理问题和其他方面的信息，及时听取民众的意见和诉求，建立综合信息平台，畅通地方政府和民众沟通的渠道，提升信息交换频率，及时回复反馈相关信息，及时提供法律和心理援助，最大限度地释放社会压力，满足民众的合理需求，提升执法和恢复重建的针对性，促进事故之后经济社会平稳有序地恢复和发展。

具体的心理救助治疗过程需要多元主体的共同参与，可采纳"政府主导＋自我个体＋心理治疗专家＋媒体＋家庭亲属＋社会"的模式。多元主体的有效组织及协同作用的发挥，应建立在政府职能作用的基础之上，在诸多主体的整体效能最大化发挥方面，政府起着决定性的组织与主导作用。政府可以凭借自身权威，通过立法规定、资金技术支持、舆论宣传教育、培训相关人才、提供社会保障与福利、规划救助方案、组织机构支撑、加强信息引导等相关举措，来切实协调社会不同主体共同致力于人们心理的恢复与健康，使其重燃信心，增强社会归属感，积极面对未来。②

---

① 郭太生：《灾难性事故与事件应急处置》，中国人民公安大学出版社，2006，第68页。
② 丁烈云：《中国转型期的社会风险及公共危机管理研究》，经济科学出版社，2012，第296页。

（六）强化组织保障，为工作推进提供有力支持

在进行灾后恢复重建工作的过程中，不仅应该快速完成恢复性建设任务，而且应该在此基础上"提档升级"，追求提升性发展，实现"复原性"重建与"升级性"重建兼顾。[①] 借鉴国内外经验，应该按照"先生活后生产、先基础后产业"的原则加快重建，即要在安顿好灾民生活的基础上恢复生产，在恢复基础设施和公共服务设施后再恢复生产设施。同时，要分步实施，区分轻重缓急，优先安排受害严重者重建家园和涉及民生的重建工程。

第一，在灾后恢复重建工作过程中，首先必须恢复受灾设施的原有功能，解决基本的民生需求问题，但这绝不是简单的原样恢复，而应当将它看成浴火重生、创新发展的最佳机遇。地方政府应兼顾应急性与长远性，统筹恢复性建设与提升性发展，必须在灾难事故中反思教训，借机认真思考地方产业结构布局的合理性与合法性，抓住时代发展机遇，重新调整定位产业结构，发挥优势，正确对待劣势与不足，分析发展和服务短板，提高竞争优势，激发经济社会发展潜力。具体到化工园区来说，要指导加强化工园区规划，加强化工园区驻园企业协调协作；联合有关部门共同出台指导意见，强调专业规划对化工园区发展的重要性，强调化工园区驻园企业之间开展协作、互助互带，避免无序发展造成园区系统性安全风险。化工园区的规划布局一定要有前瞻性，产业定位要精准科学并适合当地的各种资源禀赋，园区发展要和安全环境容量相适应。

第二，明晰权责体系，建立健全人财物信息技术的保障机制，健全政府责任监督履行机制，建立多种信息监督反馈机制，促使政府在灾后恢复重建过程中切实有效地保障人民生活生产秩序的尽快恢复。

一是建立保障基金制度，提供充足的资金支持。根据经济社会发展和突发事件应急处置的需要，各级政府应建立突发事件救助保障基金制度，为重大安全事故或其他重特大事件应急处置提供制度性保障，避免应急式、运动式地开展权利救济工作，侵害受害者的权益。在建立救助保障基金制度的过程中，可借鉴发达国家在救助保障基金设立方面的一系列成熟

---

① 王赣闽、肖文涛：《自然灾害灾后重建的地方政府行为探析》，《中共福建省委党校学报》2017 年第 12 期。

的做法和经验①，结合中国的国情和实际情况，探索建立中国特色的突发事件应急救助保障基金制度，为突发事件善后处置工作提供制度保障。②

二是地方政府可以根据当地具体的基础设施项目性质、回报方式、盈利能力等因素，研究和采用适合社会资金和民营资本进入的方式。包括通过调节国债资金使用计划，发挥彩票公益金作用，吸引社会化资金参与重建。在具体的项目操作方式上，可以采取建设－移交（BT）、建设－经营－转让（BOT）、政府和社会资本合作（PPP）等融资方式，引进民间投资甚至国际资金。在项目各方的合作形式上，也可以通过委托成片开发、合资、合作等形式，多渠道灵活融资。同时，争取专项财政资金保障。在全面深入调研的基础上，申请中央财政列支专项资金，用于"短板"企业淘汰退出和安全生产条件技术改造、提升，加快整改提升进度。

第三，地方政府应有针对性地出台一系列政策措施，鼓励受灾民众就业创业。应通过发放补贴、给予优惠贷款或减免利息的方式，扶持受灾民众自谋职业、自主创业，积极提供就业服务，发布相关就业信息，召开专场招聘会，组织企业到灾区招工，开展符合灾区民众实际需求的技能培训，满足受灾民众的就业需求。对接收灾区劳动力就业的本地企业和异地企业，要落实金融、财税、培训补贴和社保补贴等方面的扶持政策；对因事故灾害新出现的零就业家庭，要指定专人帮扶，综合运用各项就业服务措施和扶持政策，保障其家庭基本生活。为受灾企业和相关单位提供一定的政策优惠和税收减免，对妥善安置职工达到相应条件的企业可以提供财政补贴和贷款支持，在客观条件允许的情况下，可以考虑准许企业重新选址。

---

① 例如，美国政府为"9·11"恐怖袭击事件专门设立了"补偿基金"，通过补偿基金拨付（但受害人及其家属获得的保险赔付要在该基金所拨付的补偿金中扣除），给受害人家属以物质救助和心理抚慰，使受害人得到安慰。

② 钟开斌主编《公共场所人群聚集安全管理——外滩拥挤踩踏事件案例研究》，社会科学文献出版社，2016，第221页。

第七章 事故调查与问责

事故调查与问责是指相关部门依据法定职权和程序，调查事故发生原因，认定事故的性质，厘清相关人员和单位对事故应当承担的责任，依据事实和法律法规提出对事故责任者进行追究处理的意见。事故调查和问责有助于总结教训、惩戒错误、警示后来者。本章从纵向和横向两个维度，分析了我国事故调查与问责制度。其中，纵向维度回顾了我国事故调查与问责制度的演进过程，横向维度进行了事故调查制度框架的国际比较。在此基础上，本章实证分析了"3·21"事故的调查与问责过程。研究发现，本次事故调查在形式上彰显了求实、独立和高质的特点，但同时也与国际通用的事故调查理念有所差异。这些差异一方面表现了我国事故调查有自己独有的特点和规律，另一方面说明我国事故查处制度仍然存在一些短板和不足，有待进一步完善。

一 引言

近年来，我国化工行业发展势头迅猛。2010 年，我国成为世界第一化工产业大国。2017 年，我国化工总产值占国内生产总值的 10.6%。2018年，我国化工总产值约占全球化工总产值的 40%。预计到 2030 年，我国化工总产值将占全球的 50%。① 在巨大产能的背后，是高风险工艺和物质的积聚。据统计，我国目前有 800 余个化工园区（或化工产业集中区），发生在该领域的"8·12"事故、"3·21"事故等，逐步暴露出危化品领域存在的系统性风险，这与我国近年来连续好转的整体安全形势不相匹配。

---

① 《2030 年我国化工产值将占全球 50%　全球化工产业链呈现两极发展的新格局》，化工网，http://news.chemnet.com/detail-3584604.html，最后访问日期：2021 年 1 月 5 日。

"3·21"事故发生后，正在赴国外访问途中的习近平总书记立即作出重要指示。习近平总书记专门强调："近期一些地方接连发生重大安全事故，各地和有关部门要深刻吸取教训，加强安全隐患排查，严格落实安全生产责任制，坚决防范重特大事故发生，确保人民群众生命和财产安全。"① 此外，国内外各类媒体均对该事故高度关注，进而引发公众对身边化工园区或产业集聚区的恐慌和抵触情绪。

在此背景下，关于"3·21"事故的调查和问责工作显得格外重要。科学合理进行事故调查，并在法制框架下进行责任追究，一方面可以回应公众、社会与媒体的关切，另一方面可以寻找该类事故在工艺技术、安全文化、管理行为甚至体制机制层面的根本原因，构建防范机制，避免该类事故重复发生。

本章围绕事故调查和问责这个主题，对"3·21"事故进行实例分析。首先，研究我国当前开展重大生产安全事故调查和问责的理论与法理框架（事故调查、司法调查和政治问责三合一"合署办公式"的事故调查组机制）以及该机制背后的演变历程和逻辑思路；其次，基于"3·21"事故，实证分析重特大生产安全事故的调查与问责过程，同时分析这次事故调查与问责的创新点。

二　我国事故调查与问责的制度模式

重特大生产安全事故的调查与问责可以拆分为两个独立的问题，即"事故调查"和"责任追究（问责）"，但是，在我国的具体实践中往往将两者综合考虑。例如，我国《安全生产法》第八十三条指出："事故调查处理应当按照科学严谨、依法依规、实事求是、注重实效的原则，及时、准确地查清事故原因，查明事故性质和责任，总结事故教训，提出整改措施，并对事故责任者提出处理意见。事故调查报告应当依法及时向社会公布。事故调查和处理的具体办法由国务院制定。"《安全生产法》将事故调查的目的归结为三条：查清事故原因、性质和责任，总结教训和提出整改措施，对责任者提出处理意见。这种事故调查和问责操作模式具有历史渊源和逻辑合理性，但必须承认的是，这种二合一的调查问责模式还存在一

---

① 《习近平对江苏响水天嘉宜化工有限公司"3·21"爆炸事故作出重要指示　要求全力抢险救援深刻吸取教训　坚决防范重特大事故发生》，《人民日报》2019年3月23日。

些弊端。

（一）我国事故调查和责任追究模式的演进过程[①]

我国现在的事故调查和责任追究模式，是新中国成立以来在治理体系逐步完善的过程中发展而来的，在特定的时期也曾走过弯路。总而言之，我国的生产安全事故调查和责任追究工作在不同的阶段表现出不同的特点，大致可以划分为四个典型阶段。

1. 政企不分，责任追究缺乏严格规范（新中国成立至 20 世纪 60 年代初）

新中国成立后，有很多地方存在政企不分的情况，尤其是在一些依矿建市、依企建市的地方，企业负责人同时也是地方政府负责人。在这样的背景下，国务院在 20 世纪 50 年代颁布的《工人职员伤亡事故报告规程》，成为该时期进行事故报告与调查处理的行政法规和依据。[②] 该规程明确规定，在多人事故、重伤事故和死亡事故发生后，"应该由企业行政或者企业主管部门会同工会基层委员会组织调查小组（必要时组织调查委员会）尽速进行调查"，通过调查"确定事故原因，拟定改进措施，提出对事故负责人的处分"。对当地政府劳动部门、其他有关部门和工会组织是否派员参加，没有作出硬性规定。

1963 年 3 月发布的《国务院关于加强企业生产中安全工作的几项规定》，再次强调了企业在事故查处方面的职责，要求在事故发生以后，企业领导人应该立即组织职工进行调查和分析，认真地从生产、技术、设备、管理制度等方面找出事故发生的原因；查明责任，确定改进措施，并且指定专人，限期贯彻执行。对因违反政策法令和规章制度或工作不负责任而造成事故的，应该根据情节的轻重和损失的大小，给予不同的处分，

---

① 赵长义主编《中国安全生产史（1949—2015）》，煤炭工业出版社，2017，第 324~330 页。

② 该规程于 1956 年 5 月 25 日经国务院全体会议第 29 次会议通过，1966 年 6 月 22 日由国务院发布，共 21 条。其主要内容有：企业对工人职员在生产区域中所发生的和生产有关的伤亡事故，必须进行调查、登记、统计和报告。劳动部门对企业进行伤亡事故的调查、登记、统计、报告和处理，实行监督检查。企业对职工伤亡事故，如果有隐瞒不报、虚报或者故意延迟报告的情况，除责成补报外，责任人应受纪律处分；情节严重的，应该受刑事处分。

直至送交司法机关处理。①

在这一时期，如果出现了伤亡程度严重、影响范围很大的事故，企业发生的事故一般都由其自行组织调查并作出处理决定。由于缺乏法律规范，这一时期发生的一些事故的责任认定及追究处理，往往由企业主要领导人决定，存在责任认定主观武断、追究处理畸轻畸重等问题。

2. 科学性、专业性和客观公正性受到践踏 (1966~1976 年)

1966~1976 年，全国事故查处工作一度走上弯路。由于政府及企业内部劳动保护、安全生产监管机构受到冲击，事故的调查一般都由企业保卫科（处）和地方负责进行。在该阶段，事故查处工作背离实际，事故原因被掩盖，事故教训不能吸取，进一步加剧了全国企业安全生产状况的恶化。

3. 明正典刑，厉行追究 ("拨乱反正"时期和改革开放初期)

自 1980 年 1 月 1 日起开始施行的我国首部《刑法》，把安全生产方面的犯罪行为列入"危害公共安全罪"，规定："工厂、矿山、林场、建筑企业或者其他企业、事业单位的职工，由于不服管理、违反规章制度，或者强令工人违章冒险作业，因而发生重大伤亡事故，造成严重后果的，处三年以下有期徒刑或者拘役；情节特别恶劣的，处三年以上七年以下有期徒刑。"

1980 年 2 月，国家经济委员会、国家劳动总局、中华全国总工会联合起草的《关于在工业交通企业加强法制教育严格依法处理职工伤亡事故的报告》指出，当时不知法、不守法和有法不依、违法不就的现象相当严重，恶性伤亡事故逐年增多。有些地方和单位在事故发生后，不是依法严肃处理，而是谎报情况、掩盖事故真相。1984 年 4 月，国务院转批了这个报告，并指出："严格依法处理伤亡事故，体现了党和政府对国家财产和人民生命安全的高度负责，是保障四化建设的重要措施。"

在这一时期，有两个关于事故调查和问责的典型案例。第一个是 1980

① 该规定于 1963 年 3 月 30 日由国务院发布。主要内容有：为了进一步贯彻执行安全生产方针、加强企业生产中安全工作的领导和管理，以保证职工的安全与健康，促进生产，各企业单位必须建立安全生产责任制，在编制生产、技术、财务计划的同时，必须编制安全技术措施计划。该规定要求，各企业单位必须对职工进行安全生产教育，对生产中的安全工作，除进行经常的检查外，每年还应该定期地进行二至四次群众性检查。伤亡事故发生后，企业单位要及时组织调查，找出原因，查明责任，根据具体情况予以处理。

年 8 月国务院作出对"渤海 2 号"翻沉事故的处理决定，指出"渤海 2 号翻沉事故的发生，是由于石油部领导不按客观规律办事，不尊重科学，不重视安全生产，不重视员工意见和历史教训造成的"，并决定解除当时石油部部长的职务，并给主管石油工业的副总理记大过处分。第二个典型案例是 1988 年 1 月 24 日昆明开往上海的 80 次特快列车颠覆事故。国务院对这次事故作出了处理决定，接受当时的铁道部部长辞去职务。党中央、国务院对"渤海 2 号"翻沉事故、80 次特快列车颠覆事故的处理，破除了长期以来存在的下重上轻、下实上虚等现象和惯例，使各级领导干部受到震撼，促使安全生产领导责任制自上而下普遍得到加强。

4. 日趋法制化、规范化（向社会主义市场经济体制转变时期）

在向社会主义市场经济体制转变时期，事故查处法规制度相继出台，这方面的工作日趋法制化、规范化。1991 年 3 月，国务院颁布《企业职工伤亡事故报告和处理规定》（国务院令第 75 号），适应政企分开和履行政府市场监管职能的需要，赋予政府安全生产主管部门和公安、监察等部门死亡事故、重大伤亡事故的查处权，从而结束了新中国成立以来企业自己调查自己的情况。

2001 年 4 月发布的《国务院关于特大安全事故行政责任追究的规定》（国务院令第 302 号），被称为最严厉的安全生产法令。该文件明确指出，市、县政府应当履行职责而未履行职责，从而导致发生特大安全事故的，根据情节轻重，给予降级或者撤职的行政处分；构成玩忽职守罪的，依法追究刑事责任。发生特大安全事故，社会影响特别恶劣或者性质特别严重的，由国务院对负有领导责任的地方政府主要领导人和有关部门正职负责人给予行政处分。自 2003 年开始，几乎每年都有省部级领导因为重特大生产安全事故而被问责。

2007 年 3 月 28 日，国务院第 172 次常务会议通过了《生产安全事故报告和调查处理条例》（国务院令第 493 号）。该条例明确了事故调查处理工作的基本任务有七条："查清事故经过""查清事故原因和事故损失""查明事故性质""认定事故责任""总结事故教训""提出整改措施""对事故责任者依法追究责任"。该条例还规定了一般事故、较大事故、重大事故、特别重大事故的调查处理权限，对事故调查组的人员组成、职责、工作方法和行为准则，以及事故调查报告的主要内容、事故处理时限、违法违规行为处罚等，都作出了明确规定。

根据《生产安全事故报告和调查处理条例》授权，国家安全监管总局随后在事故等级划分的补充性规定、条例规定罚款的行政处罚等方面，制定发布了一系列部门规章和规范性文件。2008 年 12 月，国家安全监管总局、国家煤矿安监局发布了《煤矿生产安全事故报告和调查处理规定》。相关部门后来也陆续制定发布了《道路交通事故处理程序规定》《内河交通事故调查处理规定》《水上交通事故调查处理结案管理规定》《铁路交通事故调查处理规则》《民用航空器事故和飞行事故征候调查规定》《农业机械事故处理办法》《渔业船舶水上安全事故报告和调查处理规定》《电力安全事故调查处理程序规定》《火灾事故调查规定》《特种设备事故报告和调查处理规定》等部门规章。各省（自治区、直辖市）政府制定出台了生产安全事故报告和调查处理规定（办法）。覆盖全国各地和各行业领域的事故查处规章制度体系逐步健全。

（二）我国事故查处原则和事故查处制度建设

我国事故调查处理原则包括"四不放过"原则和"科学严谨、依法依规、实事求是、注重实效"原则。我国事故查处制度主要包括事故查处挂牌督办制度和国务院事故调查组制度。

1. 事故调查处理原则

在 2000 年 4 月 7 日国务院召开的"加强安全生产、防范安全事故"电视电话会议上，吴邦国提出对事故要做到"四不放过"。他指出："各级党委、政府和有关部门一定要严格执行事故报告和调查处理的规定，坚持做到'四不放过'，即事故原因没有查清不放过，事故责任者没有严肃处理不放过，广大职工没有受到教育不放过，防范措施没有落实不放过。"[①] 2004 年 2 月 16 日召开的国务院常务会要求，对已经发生的重大事故，要按照"事故原因不查清楚不放过，事故责任者得不到处理不放过，整改措施不落实不放过，教训不吸取不放过"的原则，查明原因，严肃处理，追究有关人员的责任。随后下发的《国务院办公厅关于加强安全工作的紧急通知》（国办发明电〔2004〕7 号），重申了对事故"四不放过"的要求。

2002 年 6 月公布的《安全生产法》规定："事故调查处理应当按照实事求是、尊重科学的原则。"2007 年颁布的《生产安全事故报告和调查处

---

① 引自赵长义主编《中国安全生产史（1949—2015）》，煤炭工业出版社，2017，第 331 页。

理条例》重申了这一原则。在 2011 年云南曲靖市私庄煤矿"11·10"特别重大煤矿瓦斯突出事故之后，多次事故调查报告都讲到了"科学严谨、依法依规、实事求是、注重实效"的事故查处工作原则。2014 年 8 月公布的新修订的《安全生产法》第八十三条将这一表述上升为法律规定："事故调查处理应当按照科学严谨、依法依规、实事求是、注重实效的原则，及时、准确地查清事故原因，查明事故性质和责任，总结事故教训，提出整改措施，并对事故责任者提出处理意见。"

"科学严谨、依法依规、实事求是、注重实效"的原则，就是要坚持以事实为依据、以法律为准绳来做好事故调查处理工作。现场勘察、技术鉴定、调查取证要深入细致，关键环节和关键问题要进行专家论证和复核验算；分析判断要用数据和事实说话，所得出的结论要经得起检验；要依法依规提出对责任者的处理意见；要把吸取事故教训、改进安全生产，始终作为事故查处工作的立足点和着眼点，力求每查处一起事故，都使安全生产得到加强和改进。

2. 事故调查处理制度

（1）事故查处分级负责、挂牌督办制度。我国事故查处实行分级负责、逐级挂牌督办的制度。1991 年 5 月 1 日开始实行的《企业职工伤亡事故报告和处理规定》把事故查处分为三个层次来进行：重伤事故由企业自行调查处理；死亡事故由企业主管部门会同企业所在地设区的市劳动部门、公安部门、监察部门和工会，组成调查组进行查处。2007 年 6 月起施行的《生产安全事故报告和调查处理条例》规定了一般、较大、重大和特别重大四个级别的事故，分别由县、市、省和国家四级安全生产监督管理部门和相关部门负责查处，同时规定了"提级调查"的条款，即"上级人民政府认为必要时，可以调查由下级人民政府负责调查的事故"。

针对事故调查分级负责制度在执行过程中出现的地方保护倾向明显、政府相关部门之间推诿和掣肘严重以及重错轻责、久拖不决等问题，2010 年 7 月下发的《国务院关于进一步加强企业安全生产工作的通知》（国发〔2010〕23 号），建立了事故调查挂牌督办制度。根据该文件要求，各级政府安全生产委员会对下一级政府负责调查处理的事故，可以通过下达通知书、跟踪了解查处工作进度、向社会公示查处情况等方法，实行挂牌督办。依据分级负责的要求，省、市两级政府安委会分别负责督办较大事故、一般事故的查处工作，国务院安委会负责督办重大事故查处工作。

国务院安委会随后制定了《重大事故查处挂牌督办办法》（安委〔2010〕6号），规定了督办的程序、内容和要求。该文件规定，省级政府要在接到挂牌督办通知的60日内完成督办事项，在此期间要加强与国务院安委会办公室的沟通汇报，接受国务院安委会办公室的指导、协调和督促；在事故调查报告形成初稿后，省级安委会应当及时向国务院安委会办公室作出书面报告，经审核同意后再由省级政府作出批复决定；查处结案后，应将相关情况在政府网站等媒体上予以公告，接受社会监督；承担事故查处工作责任的省级政府有关职能部门对督办事项无故拖延、敷衍塞责或弄虚作假的，要依法追究其责任。

鉴于非法违法事故多发，2011年4月国务院安委会办公室制定了《非法违法较大生产安全事故查处跟踪督办暂行办法》（安委办〔2011〕12号），要求各省级政府对无证无照、证照不全等非法违法行为所引发的一次死亡3~9人较大事故的查处，实行挂牌督办；国务院安委办实行跟踪督办。2014年初，国家安全监管总局提出要进一步加强对较大事故查处的督促指导，要求各省按照大约10%的比例，选择那些性质恶劣、影响严重的较大事故，依法实行提级查处，并提交国务院安委会办公室予以督办。也就是说，由省级政府安委会直接进行调查处理，并将查处工作过程及结果自觉置于国务院安委会的严格监督、及时指导之下。

（2）国务院事故调查组制度。1989年发布的《特别重大事故调查程序暂行规定》（国务院令第34号），初步建立了国务院事故调查组制度。该文件规定，特大事故发生后，要按照事故单位的隶属关系，由省级政府或者国务院相关部门组织成立特大事故调查组负责调查处理，并明确指出："国务院认为应当由国务院调查的特大事故，由国务院或者国务院授权的部门组织成立特大事故调查组。"2007年出台的《生产安全事故报告和调查处理条例》强化了这一制度，明确规定："特别重大事故由国务院或者国务院授权有关部门组织事故调查组进行调查。"

第一，调查组的组成和分工。最早的国务院事故调查组，由国家安全生产监督管理局（国家煤矿安全监察局）及其上级管理单位国家经贸委，以及事故所涉及的行业主管部门、事故发生地的省级人民政府的有关人员所组成。2003年12月，为查处中石油川东北气矿特大井喷事故而成立的"国务院'12·23'事故调查领导小组"，首次在其内部设立了技术组（负责从技术层面对造成事故的原因进行调查、取证和分析）、管理组（负对事故单位安全管理状况进行调查，查找导致事故发生的管理方面的原因）、综合组（进行综合分析和认定，汇总形成事故调查报告）。2011年"国务院吉林省长春市宝源丰禽业有限公司'6·3'特别重大火灾爆炸事故调查组"，内部设立了技术、管理、危险化学品应急处置和综合4个小组。

第二，调查组的基本职责和主要任务。按照《生产安全事故报告和调查处理条例》，调查组的职责主要是查明事故发生的经过、原因、人员伤亡情况及直接经济损失；认定事故的性质和事故的责任；提出对事故责任者的处理建议；总结事故教训，提出防范和整改措施；提交事故调查报告。例如，在2008年对山西省襄汾县新塔矿业公司"9·8"特别重大尾矿库溃坝事故的调查中，调查组负责人提出了调查工作的五项任务：查企业设立情况，在拍卖、转让、组建过程中是否存在违法违规问题；查证照，相关证照申请、办理、审批过程是否违规；查管理，在尾矿库使用、排放等方面的管理制度是否健全和落实；查安全监管，看政府安全监管是否到位，是否存在失职渎职现象；查事故背后是否存在权钱交易、以权谋私等问题。在2011年"7·23"甬温线特别重大铁路交通事故调查过程中，把查原始资料、查现场、查设备设施、查管理、查控制系统、查制度"六查"作为调查的主要任务，对行车调度、指令传达、通话记录、信号设施、行车设备、监控装置，以及列车运行组织管理、岗位操作规章制度、安全教育培训等进行了全面调查。

第三，国务院事故调查报告的全文公布。2011年12月25日，国务院事故调查组在国家安全监管总局网站公布了"7·23"甬温线特别重大铁路交通事故调查报告。这是国务院首次全文公布事故调查报告，取得了良好的社会反响。随后，一系列重特大生产安全事故的调查报告陆续公开全文发布，较好地回应了社会关切，回答和解决了公众关于事故伤亡数字是否准确、抢险救援是否得力、责任追究是否到位等疑虑，增强了政府的公信力。

（三）安全生产党纪、政纪处分和刑事责任追究

在新中国成立后的很长一段时间里，在处理安全生产方面的错误和犯罪行为方面，没有专门的法律法规作为依据。随着社会主义法治建设的逐步加强，关于安全生产党纪、政纪处分和刑事责任追究的法律法规逐步建

立健全。

1. 党纪处分

1988 年 7 月 1 日中央纪委发布的《党员领导干部犯严重官僚主义失职错误党纪处分的暂行规定》规定，由于管理混乱，致使生产和基本建设方面发生重大质量、技术事故，造成重大经济损失或造成人身伤亡事故，给国家、集体和人民利益造成重大损失的，对负有直接领导责任者给予撤销党内职务或留党察看处分；对负有重要领导责任者，给予党内严重警告或撤销党内职务处分；对负有一般领导责任者，给予党内警告处分或批评教育。对造成巨大损失的，加重处分。

2007 年 10 月 8 日，中央纪委发布了《安全生产领域违法违纪行为适用〈中国共产党纪律处分条例〉的若干问题解释》。这是中央纪委第一次就某一领域的违纪行为如何适用《中国共产党纪律处分条例》作出解释，是安全生产党纪处分的标准和依据。该文件紧密结合安全生产领域的实际，列举了 10 类违纪行为、30 种具体表现。对这些违纪行为，按照失职渎职、违反廉洁自律、破坏社会主义经济秩序等错误，予以纪律处分。

2009 年 6 月，中共中央办公厅、国务院办公厅印发《关于实行党政领导干部问责的暂行规定》，明确因工作职责，致使本地区、本部门、本系统或者本单位发生特别重大事故，或在较短时间内连续发生重大事故，造成重大损失或者恶劣影响的；政府职能部门监督管理不力，在其职责范围内发生特别重大事故等，或者在较短时间内连续发生重大事故，造成重大损失或者恶劣影响的，要对党政领导干部实行问责。该文件的颁布实施，进一步严肃了安全生产党纪政纪，规范了安全生产责任追究和纪律处分工作。

2019 年 9 月，中共中央印发了修订后的《中国共产党问责条例》，其中第七条将党组织、党的领导干部"履行管理、监督职责不力，职责范围内发生重特大生产安全事故……造成重大损失或者恶劣影响的"明确列为予以问责的 11 种情形之一。

2. 政纪处分

1991 年 1 月监察部制定发布的《监察机关参加特别重大事故调查处理的暂行规定》（监发〔1991〕3 号），明确了监察机关参加事故调查的主要任务，即"对负有责任的监察对象提出行政处分建议或作出行政处分决定"，同时作出了对瞒报谎报事故、故意破坏事故现场、阻碍或不配合事故调查等行为给予加重处分的规定。2001年4月发布的《国务院关于特大安全事故行政责任追究的规定》明确提出，发生特大安全事故，不仅要追究直接责任人的责任，而且要追究有关领导干部的行政责任；构成犯罪的，还要依法追究刑事责任。同时，执行"谁审批、谁负责"的原则，涉及安全生产经营审批和许可事项的主管部门和有关责任人员也要承担相应责任。

2006年11月监察部、国家安全监管总局联合发布的《安全生产领域违法违纪行为政纪处分暂行规定》，是我国第一部关于安全生产领域政纪处分方面的部门规章。该文件列举了安全生产违法违纪行为的类别和表现，其中国家行政机关及其公务员为7类、25种，国有企业及其工作人员为5类、18种。该文件针对上述各类行为分别规定了应当给予的政纪处分。

2018年4月18日，中共中央办公厅、国务院办公厅联合印发《地方党政领导干部安全生产责任制规定》，对县级以上各级地方党委和政府的班子成员在安全生产职责、考核考察、表彰奖励和责任追究等方面进行了明确规定，这是我国有关安全生产责任制的第一部党内法规。该文件明确规定了地方各级党委主要负责人、县级以上地方各级政府主要负责人、地方各级党委常委会其他成员、县级以上地方各级政府分管安全生产工作的领导、县级以上地方各级政府其他领导干部的安全生产职责。该文件指出，对不认真履责，有以下情形的，应当根据情况采取通报、诫勉、停职检查、调整职务、责令辞职、降职、免职或者处分等方式问责：履行规定职责不到位的；阻挠干涉安全生产监管执法或者生产安全事故调查处理工作的；对迟报、漏报、谎报或者瞒报生产安全事故负有领导责任的；对发生生产安全事故负有领导责任的；有其他应当问责情形的。涉嫌职务违法犯罪的，由监察机关依法调查处置。

3. 刑事责任追究

1979年颁布的《刑法》，将生产安全事故责任罪"入刑"。1986年6月，最高人民法院、最高人民检察院发出通知，规定重大责任事故罪的犯罪主体，既包括国营和集体的工厂、矿山、林场、建筑企业或其他企业、事业单位的职工，也包括群众合作经营组织或个体经营户的从业人员。1992年8月，《最高人民检察院关于认真查处玩忽职守和重大责任事故案件的情况通报》发布。1997年《刑法》进一步完善了安全生产刑事处罚制度。2006年6月，《刑法修正案（六）》对《刑法》第一百三十四条重大责任事故罪作出修正，将强令让人违章冒险作业导致发生重大伤亡事故或者造成其他严重后果的情形，单独规定为"强令违章冒险作业罪"。

2007 年 2 月 28 日，最高人民法院、最高人民检察院下发了《关于办理危害矿山生产安全刑事案件具体应用法律若干问题的解释》。2008 年 8 月，《最高人民法院、最高人民检察院、公安部、监察部、国家安全生产监督管理总局关于严格依法及时办理危害生产安全刑事案件的通知》下发。2011 年 12 月 30 日，《最高人民法院关于进一步加强危害生产安全刑事案件审判工作的意见》下发。2015 年 12 月 15 日《最高人民法院、最高人民检察院关于办理危害生产安全刑事案件适用法律若干问题的解释》发布，就《刑法》有关安全生产条款的使用范围和量刑标准，以及"情节严重""情节特别严重"的认定标准作出解释。

（四）事故调查制度框架的国际比较

我国《突发事件应对法》和《安全生产法》均对突发事件和生产安全事故的调查提出了要求。《突发事件应对法》第六十二条规定："履行统一领导职责的人民政府应当及时查明突发事件的发生经过和原因，总结突发事件应急处置工作的经验教训，制定改进措施，并向上一级人民政府提出报告。"相比于《安全生产法》第八十三条规定的"事故调查处理应当按照科学严谨、依法依规、实事求是、注重实效的原则，及时、准确地查清事故原因，查明事故性质和责任，总结事故教训，提出整改措施，并对事故责任者提出处理意见"，《突发事件应对法》更纯粹地面向调查，而且不只是调查事件发生原因，还要调查总结应急处置工作的经验教训，并且未提出涉及"责任追究"的相关要求，这与两部法律的立法定位有关。

生产安全事故调查遵循的具体法规是《生产安全事故报告和调查处理条例》，它是《安全生产法》的配套法规。在该法规的指导下，我国生产安全事故调查的目标、主体和过程与西方发达国家的事故调查有不同之处。曾有学者基于"战略－结构－运作"的分析框架对此进行了详尽分析。[①]

1. 调查目标

突发事件调查的使命和目标可以划分为查实型调查和问责型调查两类。

---

① 钟开斌：《中国突发事件调查制度的问题与对策——基于"战略－结构－运作"分析框架的研究》，《中国软科学》2015 年第 7 期。

查实型调查以还原事实为核心目标，通过全面收集有关事实真相的证据，尽可能还原事件发生发展过程，找到事件发生的根本原因，建立防范机制，避免同类事件再次发生。1944 年成立的国际民航组织明确提出，应将技术调查和司法调查分离——技术调查只涉及事故技术原因分析，而司法调查则对职责和责任予以认定。《国际民用航空公约》附件 13 "航空器事故和事故征候调查"指出："空难调查的根本目的在于预防失事或意外事件再次发生，而不在于追究过失和责任。"专门负责国内航空、公路、铁路、水路及管线等事故调查的美国国家运输安全委员会（NTSB）把组织使命确定为："调查事故，确定事故发生时的条件和环境，确定可能的事故原因，提出预防同类事故的建议，为美国各州的事故调查提供帮助。"因此，查实型调查坚持事件调查与问责处理、技术调查与司法调查相分离。

问责型调查以界定性质、分摊责任为取向。问责型调查更关注对事件的原因、性质的认定以及在此基础上对有关人员的责任确定和问责处理。在理论上，应该遵循"先技术调查，后司法调查"的逻辑，但现实情况是，由于重大突发事件发生后，往往引发上级领导、公众和媒体的高度关注，调查工作成为焦点，迫于外界各方压力很可能倾向于及时对有关人员进行问责，以回应公众关切、社会情绪和媒体关注。问责型调查往往更关注责任分摊，会导致原本单纯的技术分析过程异化为责任分摊的复杂政治博弈过程。

我国《生产安全事故报告和调查处理条例》的立法目标是"规范生产安全事故的报告和调查处理，落实生产安全事故责任追究制度，防止和减少生产安全事故"。其中第四条规定："事故调查处理应当坚持实事求是、尊重科学的原则，及时、准确地查清事故经过、事故原因和事故损失，查明事故性质，认定事故责任，总结事故教训，提出整改措施，并对事故责任者依法追究责任。"由此可以看出，我国生产安全事故调查兼具"查实"和"追责"两个目标。此外，该法令中通篇使用"事故调查处理"的字眼，更加彰显了"追责"往往是事故调查的最终目标。

2. 调查主体

开展调查的主体是突发事件调查的重要因素，将会决定调查工作的公信力。按照调查主体划分，事件调查可以划分为独立型调查和自我型调查两类。

独立型调查是指调查机构只对事实真相负责，不受任何其他机构和个人意志的支配。根据"正当法律程序原则"，只有超脱于利益之外的独立视角和公正立场，与利益相关方切割，才能真正甄别事件原因，还原和接近事件真相。《国际民用航空公约》附件13明确要求，各国（地区）必须建立独立于国家航空当局和可能干预调查进行或客观性的其他实体的事故调查部门。美国国家运输安全委员会、美国化学安全委员会（CSB）、日本运输安全委员会（JTSB）都是针对某类特殊事件开展独立调查的机构。这些调查主体的独立性往往通过以下三个方面来保障：赋予调查机构独立的法律地位；赋予调查机构独立的调查权，即法律明确规定调查主体拥有人证、物证等调查权；建立和适用切断原则，切断调查人员与原有单位、派出机构的关系，使其免受干扰。①

自我型调查是一种由利益相关方主导或参与的调查。这种调查又可以划分为两类，利益方主导的调查和利益方参与的调查。其一，利益方主导的调查。这种调查往往是"集裁判员和运动员于一身"，自己调查自己，调查结果的真实性和公正性没有保证。我国在20世纪五六十年代对生产安全事故基本采取这种调查模式。50年代国务院颁布的《工人职员伤亡事故报告规程》明确规定，多人事故、重伤事故和死亡事故发生后，"应该由企业行政或者企业主管部门会同工会基层委员会组织调查小组（必要的时候组织调查委员会）尽速进行调查"，通过调查"确定事故原因、拟定改进措施，提出对事故负责人的处分"。1963年3月发布的《国务院关于加强企业生产中安全工作的几项规定》再次强调了企业在事故查处方面的职责。其二，利益方参与的调查。在这种调查过程中，利益方不主导调查，却参与调查，依然会对调查产生干扰。例如，2011年7月25日国务院批准成立的由国家安全生产监督管理总局局长任组长的"7·23"甬温线特别重大铁路交通事故调查组中，有多名来自铁路系统的官员和专家（含铁道部副部长、铁道部安全监察司司长），其独立性和公正性就受到了社会各界与公众的质疑。

我国《生产安全事故报告和调查处理条例》第十九条规定："特别重大事故由国务院或者国务院授权有关部门组织事故调查组进行调查。"第二十三条规定："事故调查组成员应当具有事故调查所需要的知识和专长，

---

① 单飞跃、刘勇前：《公共灾难事件行政调查：目的、主体与机制》，《社会科学》2014年第11期。

并与所调查的事故没有直接利害关系。"第二十六条规定："事故调查组有权向有关单位和个人了解与事故有关的情况，并要求其提供相关文件、资料，有关单位和个人不得拒绝。"这些规定从法律上保障了调查机构和调查人员的独立性。但是，由于某些特殊行业（铁路、民航、电力等）的系统独立性，主管部门和专业人员相对集中和独立，该行业的特别重大突发事件，必须倚重行业专家的介入才可以开展详尽调查，这时就无法彻底切断调查人员与事发单位及行业主管部门千丝万缕的关系。

3. 调查过程

从事故调查过程的特征来看，可以将事故调查划分为质量型调查和速度型调查。

质量型调查强调调查质量，调查质量通过以下两个方面得到保障，首先是科学规划调查方案，全面调查各种证据，不为事故调查设置时限要求。例如，1998年德国城际特快列车事故的技术调查和法律审判长达5年，2005年日本JR福知山线出轨事故调查前后进行了3年。此外，调查过程公开，通过听证会等形式实现与公众的沟通，彰显调查的公正与公开。例如，美国化学安全委员会在调查化工事故灾难时，会定期将调查结果和进程在其网站上予以公布。

速度型调查是指尽快完成事故调查，以消除社会各个方面的质疑。在时间约束的要求下，调查往往会浮于表面、泛泛而谈，很难深入分析事件的深层次原因。往往来不及深入分析社会环境、制度安排、决策机制、安全文化等系统性原因，而只是将相关责任归咎于相关人员。这种事故调查无助于有效防止同类事故的再次发生。

我国《安全生产法》第八十三条规定："事故调查处理应当按照科学严谨、依法依规、实事求是、注重实效的原则，及时、准确地查清事故原因。""及时"和"准确"表明了对调查速度和调查质量都有要求，但是当两者出现冲突时，在一般情况下是质量让位于时限。尤其是，《生产安全事故报告和调查处理条例》第二十九条对此作出了明确规定："事故调查组应当自事故发生之日起60日内提交事故调查报告；特殊情况下，经负责事故调查的人民政府批准，提交事故调查报告的期限可以适当延长，但延长的期限最长不超过60日。"不过，《生产安全事故报告和调查处理条例》针对复杂事故仍然留有灵活的时限许可机制。例如，第二十七条规定："事故调查中需要进行技术鉴定的，事故调查组应当委托具有国家规定资质的单位进行技术鉴定。必要时，事故调查组可以直接组织专家进行技术鉴定。技术鉴定所需时间不计入事故调查期限。"

因此，与发达国家的查实型、独立型、质量型的突发事件调查制度相比，我国的事故调查制度有自己鲜明的特征：调查与处理相结合，在调查事实基础上注重查明责任；独立与自查相结合，在法律要求的独立调查框架下，相关行业监管部门和行业专家有限介入；质量与时效相结合，在追求高质量的同时设置调查时限。

（五）重大突发事件的政治问责

进入 21 世纪之后，我国的社会发展及国家与社会关系发生了很大变化。首先，随着经济的发展，社会群体出现多元化的趋势，并希望通过影响政府和政策来满足自身多元化的需求。其次，公众影响政府决策的手段开始增多，媒体的市场化尤其是新媒体的出现，极大地增加了信息传递的速度和广度，使政府和公众之间的空间迅速缩小，政府受到"公众舆论"的压力迅速增强。最后，在上述背景下，党的十六大以来我国的政治建设和政治体制改革都试图加强对社会公众需求的回应性，无论是在问责政策制定还是实践中，来自社会的参与和压力都已经成为改变政府行为的重要因素。[①]

有学者认为，2003 年是我国问责制度的始成阶段。2003 年初发生"非典"疫情后，有相关领导提出辞职。这一事件成为引发中国政治问责转折性变化的"导火索"。促成这种转变的不只是官员被问责本身，而是这一问责举措带来的巨大社会影响。这一事件引发了社会公众的广泛关注和普遍认同，极大地推动了问责实践的持续探索并同步加快了问责的制度化建设。"非典"之后，持续不断的灾难性事故或重大社会事件，如 2003 年的开县井喷事故、2005 年的吉化爆炸和松花江污染事件、2008 年的襄汾尾矿库溃坝和三聚氰胺奶粉事件，都引起了广泛和持续的社会关注，并且其影响通过各类媒体急剧放大。问责是其中最重要的关键词，政治问责成为重大事件中对各级政府的一种普遍社会期望和公众压力。[②]

---

① 张欢、王新松：《中国特大安全事故政治问责：影响因素及其意义》，《清华大学学报》（哲学社会科学版）2016 年第 2 期。

② 张欢、王新松：《中国特大安全事故政治问责：影响因素及其意义》，《清华大学学报》（哲学社会科学版）2016 年第 2 期。

与社会意识和行动同步，政治问责的理念在"非典"后迅速深入国家体系，问责成为健全权力制约和监督制度的重要内容。2004 年 2 月公布的《中国共产党党内监督条例（试行）》和 4 月批准实施的《党政领导干部辞职暂行规定》，加入了罢免和引咎辞职等问责相关的规定。2004 年党的十六届四中全会通过的《中共中央关于加强党的执政能力建设的决定》，从中央层面首次使用"问责"，提出要"依法实行质询制、问责制、罢免制"。① 党的十七大之后，党和国家的重要文件中，多次论及要建立健全问责机制。2016 年 6 月 28 日中共中央政治局审议通过的《中国共产党问责条例》，是第一部权威系统的关于问责的党内法规，对党的问责工作应该遵循的原则、需要问责的情形、问责的形式等进行了规定。2018 年 4 月 18 日中共中央办公厅、国务院办公厅印发的《地方党政领导干部安全生产责任制规定》，对县级以上各级地方党委和政府的班子成员在责任追究等方面进行了明确规定，这是我国关于生产安全事故进行问责的一部指导性党内法规。2019 年 9 月 4 日发布修订的《中国共产党问责条例》明确了问责事项，规定"履行管理、监督职责不力，职责范围内发生重特大生产安全事故、群体性事件、公共安全事件，或者发生其他严重事故、事件，造成重大损失或者恶劣影响的"，应当予以问责。

具体针对生产安全事故而言，在调查中发现涉嫌犯罪的，事故调查组应当及时将有关材料或者其复印件移交司法机关处理。除此之外，由于落实地方党政领导干部安全生产责任制不到位，而由纪委监委调查并给予党纪政纪处分的人员，均可视为被政治问责。例如，"3·21"事故调查结束后，依据《中国共产党问责条例》《中国共产党纪律处分条例》《监察法》《行政机关公务员处分条例》等有关规定，经中央纪委常委会会议研究并报中共中央批准，决定给予江苏省相关领导党纪政纪处分。

三 "3·21"事故调查与问责实证分析

"3·21"事故发生后，受党中央、国务院委派，王勇国务委员率领由应急管理部、工业和信息化部、公安部、生态环境部、国家卫生健康委会、中华全国总工会和中央宣传部等有关部门负责人组成的工作组赶赴现场，指导抢险救援、伤员救治、事故调查和善后处置等工作。依据有关法

---

① 《十六大以来重要文献选编》（中），中央文献出版社，2006，第 282 页。

律法规，经国务院批准，成立了由应急管理部牵头，工业和信息化部、公安部、生态环境部、中华全国总工会和江苏省政府有关负责人参加的"国务院江苏盐城'3·21'特别重大爆炸事故调查组"（简称事故调查组），并设专家组，聘请爆炸、消防、刑侦、化工、环保、国土、住建等方面的专家参与事故调查工作。中央纪委国家监委成立责任追究审查调查组，对有关地方党委政府、相关部门和公职人员涉嫌违法违纪及失职渎职问题开展调查。在本次调查中，组织体系框架与以往有所不同，中央纪委国家监委单独成立责任追究审查调查组，而不是像以前那样"受邀请参与事故调查组"，从形式上已经表现出了事故调查与事故问责的分离。

事故调查组认真贯彻落实中央领导指示批示精神，依据《生产安全事故报告和调查处理条例》，坚持"科学严谨、依法依规、实事求是、注重实效"的原则，通过反复现场勘验、检测鉴定、调查取证、调阅资料、人员问询、模拟实验、专家论证等，查明了事故经过、原因、人员伤亡情况和直接经济损失，认定了事故性质以及事故企业、中介机构和相关人员的责任，查明了有关地方党委政府和相关部门在监管方面存在的问题。

（一）技术调查过程

在事故调查组领导下，由国内爆炸、消防、刑侦、化工、环保等领域权威专家组成了专家组，并由相关部门人员组成了技术组，专家组和技术组负责从技术层面对造成事故的原因进行调查、取证和分析。专家组和技术组坚持"科学严谨、依法依规、实事求是、注重实效"的原则，通过反复现场勘验、检测鉴定、调查取证、调阅资料、人员问询、模拟实验、专家论证等，查明了事故经过、原因、人员伤亡情况和直接经济损失。

1. 现场勘验

技术组和专家组通过现场勘验，根据现场破坏情况，将事故现场划分为事故中心区和爆炸波及区。事故中心区北至纬一路，南至大和路，西至江苏之江化工有限公司，东至301县道，面积约为0.5平方千米。爆炸形成了直径为120米的积水覆盖的圆形坑。排水后发现，爆炸形成了以天嘉宜公司旧固废库硝化废料堆垛区（基本确定为起火爆炸位置）为中心基准点，直径为75米、深为1.7米的爆坑。在爆炸中心300米范围内的绝大多数化工生产装置、建构筑物被摧毁，造成重大人员伤亡。事故引发周边8处起火，包括天嘉宜公司储罐区3处，周边企业有5处起火点，周边15家企业受损严重。

爆炸冲击波造成周边建筑、门窗及玻璃不同程度受损，其中严重受损（建筑结构受损）区域面积约为 14 平方千米，中度受损（建筑外墙及门窗受损）区域面积约为 48 平方千米。由于爆炸冲击波的作用，造成建筑物门窗玻璃受损，向东最远处达 14.7 千米（响水县大有镇康庄村），向西最远处达 11.4 千米（连云港市灌南县田楼镇佑心村），向南最远处达 10.5 千米（响水县南河镇安宁村），向北最远处达 8.8 千米（响水县陈家港镇蟒牛村、灌南县化工园区）。响水县、灌南县 133 家生产企业、2700 多家商户受到波及，约 4.4 万户居民房屋门窗、玻璃等不同程度受损。事故共造成 78 人遇难，其中天嘉宜公司 29 人、之江化工 16 人、华旭药业 10 人、园区其他单位 10 人、周边群众 7 人、外地人员 6 人。事故还造成 76 人重伤，640 人住院治疗。

2. 视频分析

技术组和专家组调取了 2019 年 3 月 21 日现场有关视频，发现有 5 个视频记录了事故发生过程。

（1）"6 号罐区"视频监控显示：14 时 45 分 35 秒，旧固废库房顶中部冒出淡白烟（见图 7-1）。

图 7-1　旧固废库房顶中部冒出淡白烟

资料来源：《江苏响水天嘉宜化工有限公司"3·21"特别重大爆炸事故调查报告》，应急管理部网站，https://www.mem.gov.cn/gk/sgcc/tbzdsgdcbg/2019tbzdsgcc/201911/P020191115565111829069.pdf，最后访问日期：2020 年 12 月 20 日。下同。

（2）"新固废库外南"视频监控显示：14 时 45 分 56 秒，有烟气从旧固废库南门内由东向西向外扩散，并逐渐蔓延扩大（见图 7-2）。

图 7-2　有烟气从旧固废库南门内由东向西向外扩散

（3）"新固废库内南"视频监控显示：14 时 46 分 57 秒，新固废库内作业人员发现火情，手提两个灭火器从仓库北门向南门跑去试图灭火（见图 7 – 3）。

图 7 – 3　新固废库内作业人员发现火情后试图灭火

（4）"6 号罐区"视频监控显示：14 时 47 分 3 秒，旧固废库房顶南侧冒出较浓的黑烟（见图 7 – 4）。

图 7 – 4　旧固废库房顶南侧冒出较浓的黑烟

（5）"6 号罐区"视频监控显示：14 时 47 分 11 秒，旧固废库房顶中部被烧穿有明火出现，火势迅速扩大。14 时 48 分 44 秒视频中断，判断为发生爆炸所致（见图 7 – 5）。

图 7 – 5　旧固废库房顶中部火势迅速扩大

经过现场勘验和视频分析，确定率先起火位置为天嘉宜公司旧固废库中部偏北部位。

经公安部门询问笔录证实，2018 年 5 月前，新固废库、旧固废库均存有硝化废料。新固废库硝化废料堆垛 4 层以上，共有 400 余吨，吨袋标识为萃取废料。2018 年 5 月后，新固废库内硝化废料全部处理完毕。事故发生前，新固废库内主要存放有精馏焦油、污泥、废保温棉、废催化剂铁桶和空焦油渣槽等。旧固废库内主要存放有硝化废料、空吨桶和废空铁桶。共贮存硝化废料 600 吨袋左右，吨袋包装无内衬。其中约有 550 吨袋（事故企业自称为"老料")为 2018 年 5 ~ 6 月由煤堆场转运至旧固废库,堆放在库内北半部,大部分堆高 3 层,堆垛与墙体之间留有约 2 米长的通道;另外有 50 吨袋左右(事故企业自称为"新料")为 2018 年 10 月复产后产生的废料,堆放在库内靠近门口西南侧,堆高 2 层。

3. 模拟试验

对天嘉宜公司硝化废料进行取样燃烧实验表明,硝化废料在产生明火之前有白烟出现,在燃烧过程中伴有固体颗粒燃烧物溅射,同时产生大量白色和黑色的烟雾,火焰呈黄红色。经与事故现场监控视频比对,事故初始阶段燃烧特征与硝化废料的燃烧特征相吻合,故认定最初起火物质为旧固废库内堆放的硝化废料。

硝化废料为黄色颗粒状或粉末状固体,具有自分解特性,在分解过程中会释放热量,且分解反应速率随温度升高而加快。在堆垛紧密、通风不良的情况下,长期堆积的硝化废料内部因热量累积,温度会不断升高,当温度上升至自燃温度时发生自燃,分解反应速率急剧加快进而引发爆炸。

4. 检测鉴定

事故调查组委托权威机构北京市理化分析测试中心对废水池附近取得的样品进行了检测,结果显示,硝化废料的主要成分是三硝基二酚(48.4%)、间二硝基苯(26.2%)、水(18.5%)、三硝基一酚(3.6%)、未检出物(1.5%)、少量钙盐和钠盐(0.6%)等。因难以分离回收,天嘉宜公司从未进行再利用,一直作为废料进行处理。按照《固体废物环境污染防治法》第八十八条和《固体废物鉴别标准通则》第三条规定,硝化废料属于固体废物,但天嘉宜公司始终未履行固体废物申报登记程序。

根据《国家危险废物名录》第八条规定,事故调查组及公安部门委托国家民用爆破器材质量监督检验中心、上海化工研究院检测有限公司、南京大学环境规划设计研究院股份公司司法鉴定所、公安部物证鉴定中心等鉴定机构,依据《危险废物鉴别标准 急性毒性初筛》(GB5085.1 - 2016)等相关标准进行了鉴定,确认硝化废料含有硝基苯系物,符合腐蚀性、毒害性和反应性(爆炸性)3 个指标,具有危险特性。

南京大学环境规划设计研究院股份公司司法鉴定所在前期出具危险特性司法鉴定意见的基础上,又进一步向公安部门作出说明(公安部门转交事故调查组):"若送检样品确实拟进行焚烧和填埋处理,则可判定该送检样品属于危险废物。"鉴于天嘉宜公司焚烧和填埋硝化废料的事实,事故调查组认定硝化废料为危险废物。起火爆炸物质的确定及其性质的判定，在后续追责过程中起到了关键作用。

鉴于以上技术分析工作，事故调查组确定了本次事故的直接原因：天嘉宜公司旧固废库内硝化废料自分解放热，部分长期贮存的硝化废料持续积热升温导致自燃，燃烧引发硝化废料爆炸。

（二）企业违法行为及问责结果

在事故直接原因确定之后，事故调查组①认定了事故企业、中介机构的责任，提出了对相关人员的处理建议。

企业违法行为主要包括事发企业天嘉宜公司的违法行为和相关中介机构的违法行为。

1. 天嘉宜公司

事发企业天嘉宜公司存在违法瞒报、违法贮存、违法处置硝基废料的问题。天嘉宜公司无视国家环境保护和安全生产法律法规，长期违法违规贮存、处置硝化废料，企业管理混乱，是事故发生的主要原因。具体违法行为包括以下六个方面。

（1）违反《环境保护法》第四十二条第一款、《环境影响评价法》第二十四条、《固体废物污染环境防治法》，刻意瞒报硝化废料。

（2）未按照《国家危险废物名录》《危险废物鉴别标准》对硝化废料进行鉴别、认定，没有按危险废物要求进行管理，严重违反《安全生产法》第三十六条、《固体废物污染环境防治法》第五十八条、原环境保护部和原卫生部联合下发的《关于进一步加强危险废物和医疗废物监管工作的意见》中关于贮存危险废物不得超过一年的有关规定。

（3）违反《环境保护法》第四十二条第四款、《固体废物污染环境防治法》第五十八条和《环境影响评价法》第二十七条，多次违法掩埋、转移固体废物，偷排含硝化废料的废水。

（4）违反《环境保护法》第四十一条有关"三同时"（建设项目中防治污染的设施，应当与主体工程同时设计、同时施工、同时投产使用。防治污染的设施应当符合经批准的环境影响评价文件的要求，不得擅自拆除

---

① 主要是调查组中的管理组，其负责对事故单位安全管理状况进行调查，查找导致事故发生的管理方面的原因。

或者闲置）的规定，违反《建设项目竣工环境保护验收管理办法》第十条，至事故发生时固废和废液焚烧项目仍未通过响水县环境保护局验收。

（5）违反《安全生产法》第二十四条、第二十五条，企业实际负责人未经考核合格，技术团队对硝化废料爆炸特性认知不够，不具备相应管理能力，安全生产管理混乱。

（6）违反《城乡规划法》第四十条、《建筑法》第七条，在未取得规划许可、施工许可的情况下，擅自开建包括固废仓库在内的六批工程。

由于天嘉宜公司以上违法行为，相关人员被公安机关依法采取刑事强制措施：

——江苏倪家巷集团有限公司法定代表人，董事长兼总经理、天嘉宜公司实际控制人，被公安机关依法采取刑事强制措施；

——天嘉宜公司总经理，被公安机关采取刑事强制措施；

——天嘉宜公司法定代表人，副总经理兼硝化车间主任，被公安机关依法采取刑事强制措施；

——天嘉宜公司数名副总经理，被公安机关依法采取刑事强制措施；

——江苏倪家巷集团有限公司安环部部长，被公安机关依法采取刑事强制措施；

——天嘉宜公司安全助理，被公安机关依法采取刑事强制措施；

——天嘉宜公司数名安全员，被公安机关依法采取刑事强制措施；

——天嘉宜公司安全科科长，被公安机关依法采取刑事强制措施；

——天嘉宜公司董事长，被公安机关依法采取刑事强制措施；

——天嘉宜公司数名原法定代表人（2015 年 9 月 15 日至 2016 年 6 月 13 日），被公安机关依法采取刑事强制措施；

——天嘉宜公司总工程师，被公安机关依法采取刑事强制措施；

——天嘉宜公司董事，江苏倪家巷集团有限公司董事、副总经理，被公安机关依法采取刑事强制措施；

——江苏倪家巷集团有限公司原法定代表人、董事长（2009 年 11 月至 2015 年 1 月），被公安机关依法采取刑事强制措施；

——天嘉宜公司原常务副总经理（2014 年 2 月至 2015 年 12 月），被公安机关依法采取刑事强制措施。

2. 中介机构

中介机构（包括环境影响评价、安全评价、设计、施工、监理、设施检测维保等）弄虚作假，出具虚假失实文件，导致事故企业硝化废料重大风险和事故隐患未能及时暴露，干扰误导了有关部门的监管工作，是事故发生的重要原因。经过调查，中介机构的违法行为包括以下几个方面。

（1）苏州科太环境技术有限公司违反《环境影响评价法》第四条规定，2017 年 7 月为天嘉宜公司编制的《建设项目变动环境影响分析报告》与天嘉宜公司的实际情况不符，报告内容严重失实。

（2）江苏省环境科学研究院为江苏省生态环境厅直属事业单位，按照江苏省原环保厅《关于加强建设项目环评文件固废内容编制的通知》（苏环办〔2013〕283 号）要求，2017 年 5 月受天嘉宜公司委托编制《固体废物污染防治专项论证报告》，将此工作转包给盐城市海西环保科技有限公司，但仍以江苏省环境科学研究院的名义出具论证报告。

（3）盐城市海西环保科技有限公司为天嘉宜公司编制的《固体废物污染防治专项论证报告》与实际情况严重不符，违反《环境影响评价法》第四条、第二十四条的规定。

（4）江苏省环境科学研究院环境科技有限责任公司 2018 年 6 月在为天嘉宜公司编制《环保设施效能评估及复产整治报告》时，未对旧固废库内的危险废物种类、成分、来源及贮存时间进行查验，出具的报告与事实严重不符。

（5）盐城市环境监测中心站违反《环境保护法》第十七条、《建设项目环境保护设施竣工验收监测技术要求（试行）》第五条等规定，2015 年、2017 年两次为天嘉宜公司出具的建设项目竣工环境保护验收监测报告，均未对现场固废仓库的危险废物进行查验，验收监测报告与事实严重不符。

（6）江苏天工大成安全技术有限公司 2018 年 9 月为天嘉宜公司进行复产综合性安全评价时，安全条件检查不全面、不深入，评价报告与实际情况严重不符。

由于上述中介机构存在违法行为，多名相关人员被采取刑事强制措施。在设计、施工、监理、设施检测维保机构存在的问题，建议由江苏省政府责成有关主管部门调查处理。具体如下：

——盐城市海西环保科技有限公司数名技术员，被公安机关依法采取刑事强制措施；

——江苏天工大成安全技术有限公司董事长，被公安机关依法采取刑事强制措施；

——江苏天工大成安全技术有限公司数名项目负责人，被公安机关依法采取刑事强制措施；

——江苏天工大成安全技术有限公司技术负责人，被公安机关依法采取刑事强制措施；

——江苏天工大成安全技术有限公司法定代表人，被公安机关依法采取刑事强制措施（双眼受伤失明，取保候审）；

——江苏天工大成安全技术有限公司数名安评师，被公安机关依法采取刑事强制措施；

——盐城市海西环保科技有限公司总工程师，被公安机关依法采取刑事强制措施；

——江苏省环境科学研究院固废研究所某副所长，被公安机关依法采取刑事强制措施；

——江苏省环境科学研究院环境科技有限公司数名工程师，被公安机关依法采取刑事强制措施；

——苏州科太环境技术有限公司某项目负责人，被公安机关依法采取刑事强制措施；

——盐城市海西环保科技有限公司某技术员，被公安机关依法采取刑事强制措施；

——盐城市环境监测中心站某副站长，被公安机关依法采取刑事强制措施；

——盐城市环境监测中心站生态监测室主任，被公安机关依法采取刑事强制措施；

——盐城市环境监测中心站化验室某副主任，被公安机关依法采取刑事强制措施；

——生态环境部南京环境科学研究所某工程师，被公安机关依法采取刑事强制措施；

——生态环境部南京环境科学研究所某研究员，被公安机关依法采取刑事强制措施；

——江苏省环境科学研究院工程技术研究所某副所长，被公安机关依法采取刑事强制措施。

（三）有关部门主要问题及问责结果

事故调查组（主要是调查组中的管理组）在调查过程中查明了应急管理部门、生态环境部门、工业和信息化部门、市场监管部门、规划部门、住建部门在监管、审批、复产验收等方面存在的问题，提出了对事故有关单位及责任人的处理建议。

1. 应急管理部门

事故调查组在调查过程中查明了响水县应急管理局、盐城市应急管理局和江苏省应急管理厅存在未认真履行监督管理（综合监管）职责、日常监管执法不严不实、督促企业排查消除重大事故隐患不力、复产验收把关不严等具体问题，针对上述问题提出了针对应急管理部门多名人员的处理建议：

——响水县应急管理局局长，被立案调查并采取留置措施；

——响水县应急管理局某主任科员，被立案调查并采取留置措施；

——响水县应急管理局某副局长，被立案调查并采取留置措施；

——响水县应急管理局安全生产执法二分局局长，被立案调查并采取留置措施；

——响水县应急管理局安全生产执法二分局某工作人员，被立案调查并采取留置措施；

——江苏省应急管理厅党组书记、厅长，给予行政记过处分；

——江苏省应急管理厅危险化学品安全监督管理处调研员，给予行政记大过处分；

——盐城市应急管理局党组书记、局长，给予行政记大过处分；

——盐城市应急管理局某副局长，给予行政记大过处分；

——盐城市应急管理局党组成员、总工程师，给予党内严重警告、行政降级处分；

——盐城市应急管理局某副处职干部，曾任盐城市安监局副局长、党组成员，给予行政记大过处分；

——盐城市应急管理局危险化学品安全监督管理处处长，给予行政降级处分；

——盐城市应急管理局政策法规处（行政审批处）处长，给予党内严重警告、行政降级处分；

——响水县应急管理局安全生产监察执法大队大队长，给予撤销党内职务、行政撤职处分；

——响水县应急管理局行政许可服务科负责人，给予党内严重警告、降低岗位等级处分；

——响水县应急管理局综合监督规划协调科科长，给予党内严重警告、行政降级处分。

2. 生态环境部门

事故调查组在调查过程中查明了响水县环境保护局、盐城市生态环境局和江苏省生态环境厅存在的未认真履行危险废物监管职责①、执法检查不认真不严格、对环评机构弄虚作假失察、复产验收把关不严、督促整改不力等问题，针对上述问题提出了针对生态环境部门多名人员的处理建议：

——盐城市生态环境局党组成员、环境监察局局长，被立案调查并采取留置措施；

——盐城市生态环境局核与辐射安全和固体废物监管中心主任，被立案调查并采取留置措施；

——响水县市场监督管理局局长（曾任响水县环境保护局局长），被立案调查并采取留置措施；

——响水县环境保护局某副局长，被立案调查并采取留置措施；

——响水县环境保护局某副主任科员，被立案调查并采取留置措施；

——响水县环境保护局某办事员，被立案调查并采取留置措施；

——江苏省生态环境厅党组书记、厅长，给予行政记过处分；

——江苏省生态环境厅党组成员、副厅长，给予行政记过处分；

——江苏省生态环境厅固体废物与化学品处处长，给予行政记大过处分；

——江苏省生态环境厅第四环境监察专员办某副主任，给予行政记过处分；

——盐城市委统战部副部长（曾任盐城市环保局党组书记、局长），给予行政记大过处分；

——盐城市生态环境局党组成员、副调研员，给予党内严重警告、行

---

① 主要是指生态环境部门作为环境污染防治的行政主管部门，没有落实"管行业必须管安全、管业务必须管安全、管生产经营必须管安全、谁主管谁负责"的规定要求，在开展危险废物污染防治过程中没有同步履行安全生产工作职责。

政降级处分；

——盐城市生态环境局某副调研员，给予党内严重警告、行政降级处分；

——江苏省生态环境厅第四环境监察专员办盐城环境监察室主任科员，给予行政记大过处分；

——响水生态环境局党组成员、副局长，给予行政记大过处分；

——响水生态环境局某副科职干部，给予党内严重警告、降低岗位等级处分。

3. 工业和信息化部门

事故调查组在调查过程中，查明了响水县工业和信息化局、盐城市工业和信息化局、江苏省工业和信息化厅存在针对化工园区和设计危险化学品重大风险功能区的规范化管理不到位、督促区域内化工园区及化工企业升级和产业调整不力的问题。针对上述问题，事故调查组提出了针对工业和信息化部门数名人员的处理建议：

——江苏省工业和信息化厅党组成员、副厅长、省国防科学技术工业办公室主任，给予行政记过处分；

——江苏省工业和信息化厅材料工业处处长，给予行政记过处分；

——盐城市工业和信息化局党组书记、局长，给予行政记过处分；

——响水县某副处级干部（曾任响水县经济和信息化委员会主任），给予行政记大过处分；

——响水县工业和信息化局某党组成员、副局长，给予行政记大过处分。

4. 其他部门

事故调查组在调查过程中，也发现了市场监管部门、规划部门、住建部门在天嘉宜公司违规复产、未批先建等方面存在的问题，并且提出了对数名相关人员的处理建议：

——响水城市资产投资控股集团有限公司党总支书记、董事长（曾任响水县住房和城乡建设局局长、规划和城市管理局局长），给予行政记大过处分；

——响水县自然资源和规划局某党委委员、副局长，给予行政记过处分；

——响水县小尖镇党委书记（曾任响水县住房和城乡建设局党委副书

记、局长），给予党内严重警告处分；

——响水县住房和城乡建设局某党委委员、副局长，给予行政记过
处分；

——响水县住房和城乡建设局建筑工程管理处主任，给予行政记过
处分；

——响水县市场监督管理局某主任科员，给予行政记过处分。

（四）地方党委政府主要问题及问责结果

事故调查报告指出，响水县、盐城市、江苏省的党委政府都不同程度
地存在未认真落实地方党政领导干部安全生产责任制。例如，响水县委常
委会会议和县政府常务会议 2018 年全年没有专题研究过安全生产工作，没
有建立安全生产巡查工作制度，没有认真落实安全生产考核制度。在 2018
年盐城市委领导班子述职报告中，未提及安全生产，在市委、市政府领导
干部个人述职报告中，除分管安全生产的市领导外，市委书记、市长和其
他班子成员都没有提及安全生产，市委常委会也没有执行定期听取安全生
产工作情况汇报的规定。督促落实安全生产责任不力，未建立安全生产巡
查工作制度，未认真执行安全生产考核制度，2018 年度党政综合考核中安
全生产工作权重为零。江苏省委、省政府在 2018 年度对各市、县党委政府
和部门工作综合考核中，没有设立安全生产工作指标和考核权重，对市、
县党政领导干部落实安全生产责任制推动不力。

事故调查组提出了针对多名人员的问责建议：

——盐城市委书记，拟给予党内警告处分，按规定上报审批；

——盐城市委副书记、市长，给予行政记过处分；

——盐城市委常委、常务副市长，给予行政记大过处分；

——盐城市某副市长，给予行政记大过处分；

——盐城市委某常委（曾任响水县委书记），给予党内严重警告处分；

——响水县委书记，给予党内严重警告、免职处理；

——响水县委副书记、县长，给予撤销党内职务、行政撤职处分；

——响水县委常委、常务副县长，给予党内严重警告、行政降级处分；

——响水县某副县长，给予撤销党内职务、行政撤职处分；

——响水县某副县长，给予党内严重警告、行政降级处分；

——江苏响水生态化工园区党工委副书记、管委会主任，给予党内严

重警告、行政降级处分；

　　——江苏响水生态化工园区管委会某副主任，给予党内严重警告、行政降级处分；

　　——江苏响水生态化工园区管委会某副主任，给予党内严重警告、行政降级处分；

　　——江苏响水生态化工园区管委会某副主任科员，给予行政记大过处分。

　　此外，依据《中国共产党问责条例》《中国共产党纪律处分条例》《监察法》《行政机关公务员处分条例》等有关规定，经中央纪委常委会研究并报中共中央批准，决定给予江苏省常务副省长党内警告处分，由国家监委给予江苏省某副省长行政记过处分。

（五）调查问责的延续：国务院江苏安全生产专项整治活动

　　如何让事故调查不止于问责，而是从系统性上寻找其根源，进行制度设计，以防止类似事故的再次发生，这是开展事故调查的初衷。本次事故查处之后跟进的相关措施具有一定的创新性。"3·21"事故发生后，不仅制定了全国安全生产专项整治三年行动计划，江苏省还按照中央领导要求，"开小灶进行整治"。根据党中央、国务院决策部署，国务院江苏安全生产专项整治督导工作组进驻江苏省，开展专项整治督导工作，这在我国历史上是第一次由国家层面派驻工作组对一个省的安全生产工作进行专项整治。这种做法尝试性地深入挖掘江苏省在安全生产方面存在的典型问题，将典型问题与教训反馈至全国的专项整治之中，与其他地方进行对照分析，可以视为"3·21"事故调查的延续。

　　国务院江苏安全生产专项整治督导工作组于2019年11月26日进驻江苏省开展专项整治督导工作，督导内容包括综合督导和行业领域督导两个方面。综合督导的重点是，整治树立新发展理念不牢固、安全生产责任不落实、安全隐患排查走过场、安全管理制度不健全、安全监管执法宽松软五个方面的突出问题；行业领域督导的重点是，整治化工和危化品、工矿商贸、交通运输、建筑施工和城镇燃气、消防等行业领域存在的突出问题，突出化工和危化品行业。

　　国务院江苏安全生产专项整治督导工作分为三个阶段：第一阶段为集中督导阶段，从2019年11月26日开始到2020年2月底，共3个月时间，督导组赴市县指导查找问题、完善措施，督导重点行业的突出问题专项整治；第二阶段为整改提升阶段，从 2020 年 3 月到 11 月，共 9 个月时间，督促落实整改措施，着力完善制度、建立长效机制，总结可推广经验做法；第三阶段进行考核评估，形成专项整治工作报告，时间为 2020 年 12 月。

四 基本结论与政策建议

（一）事故调查暴露生产安全事故的根本性和系统性原因

"3·21" 事故调查的结果表明，"安全发展理念不牢" 和 "地方党政领导干部安全生产责任制落实不到位"，依然是现阶段绝大多数生产安全事故的根本性和系统性原因。

江苏省作为全国经济建设的 "排头兵"，近年来接连发生社会影响特别恶劣的特别重大生产安全事故，这是因为没有摆正 "安全" 和 "发展" 的关系。例如，响水县本身不具备发展化工产业条件，却选择化工作为主导产业，盲目建设化工园区，且没有采取有效的安全保障措施，甚至为了招商引资，违法将县级规划许可审批权下放，导致一批易燃易爆、高毒高危建设项目未批先建。江苏省原环保厅要求响水化工园区停产整顿，响水县政府在风险隐患没有排查治理完毕、没有严格审核把关的情况下，急于复产复工，导致天嘉宜公司等一批企业通过复产验收，最终没有守住安全红线。

在安全发展理念存在偏差的情况下，各层级领导干部安全生产责任制落实不到位。在江苏省委、省政府 2018 年度对各市党委政府和部门工作业绩综合考核中，安全生产工作权重为零。盐城市委常委会未按规定每半年听取一次安全生产工作情况汇报，在市委、市政府 2018 年度综合考核中，只是将重特大事故作为一票否决项，在市委领导班子述职报告中没有提及安全生产，除分管安全生产工作的市领导外，市委书记、市长和其他领导班子成员对安全生产工作只字未提。2018 年响水县委常委会会议和政府常务会议都没有研究过安全生产工作。

（二）我国事故查处制度正变得更为求实、独立和优质

研究发现，我国事故查处制度正在逐步向求实、独立和优质的方向演化，具有鲜明的中国特色，在推动安全生产形势好转方面起到了重要

作用。

我国在法律条文中一直沿用"事故查处"这一字眼，将事故调查和责任追究合二为一，这与新中国成立后的工业发展和社会发展特点密切相关。在新中国成立初期，工业事故的特点比较突出，该阶段工人文化素质整体不高，由于违纪导致的事故高发。1975 年 8 月，《国家计委关于加强职工伤亡事故统计报告工作的通知》提出，对待事故要做到"三不放过"：事故原因分析不清不放过，事故责任者和群众没有受到教育不放过，没有防范措施不放过。改革开放以后，我国经济快速发展，企业过于追求经济利益而忽视安全的问题非常突出。在现阶段，各级党委和政府承担着"促一方发展、保一方平安"的政治责任，地方党委和政府的发展理念在属地安全生产形势中起着至关重要的作用，如果出现重特大生产安全事故，不仅要对直接责任者进行司法调查，还要对地方党委政府的相关领导进行政治问责。

因此，在我国各个发展阶段，"事故调查"和"责任追究"有着千丝万缕的关系。但是，从"3·21"事故调查过程来看，正在逐步将技术调查和责任追究进行分离，保障技术调查的科学性和独立性。例如，在"3·21"事故调查中，中央纪委国家监委责任追究审查调查组就是独立于事故调查组单独开展工作。

（三）我国事故查处制度仍存在短板和不足

"3·21"事故的调查与问责具有鲜明的特点，从形式上保障了"事故调查"和"责任追究"的相对分离，更加突出求实、独立和优质，与以往的事故调查相比有了长足的进步。但是，与事故调查需要遵循的"独立、科学、公正、公开"等目标和原则相比，仍然存在一些短板和不足，有待改进。

在形式分离的基础上，有待进一步将事故调查和处理进行剥离，回归事故调查"还原事故真相"的本质取向。事故调查最重要的目的，是探寻事故证据，还原事故真相，在此基础上提出整改措施，而不只是为了对相关机构和人员进行问责处理。① 突发事件调查结论是有限适用的，将作为

---

① 钟开斌：《中国突发事件调查制度的问题与对策——基于"战略－结构－运作"分析框架的研究》，《中国软科学》2015 年第 7 期。

行政文书的调查报告作为刑事证据追究相关责任人刑事责任的做法，模糊了行政决定与刑事处罚的界限，既影响了事故调查的独立性，也是"对行政权入侵司法权的一种容忍"，"不符合我国宪法确定的司法机关独立行使司法权的原则，也不利于我国法治建设"。①

在制度建设上，尚需要更进一步突出事故调查的独立性。在"3·21"事故调查过程中，出现了相关部门（应急管理部门、生态环境部门）关于危废业务主管部门的争论，甚至衍生了相关舆情，产生了不好的影响，尤其是在争议相关方作为事件调查主导方的情况下，调查和处置结果的公信力和权威性会大打折扣。因此，在"管行业必须管安全、管业务必须管安全、管生产经营必须管安全"的责任体系框架下，必须切断调查方和被调查方之间的关系，保证调查权得到依法、独立、公正行使，维持调查的公信力和权威性。建议涉及多个业务部门的交叉领域时，依照《宪法》《全国人民代表大会组织法》《地方各级人民代表大会和地方各级人民委员会组织法》关于赋予人大和人大常委会特定问题调查委员会权力的规定，推进建立由国家权力机关牵头的调查制度，同时组织人大代表、政协委员以及相关专家、学者和其他社会人士参加。只有这样，才能摆脱政府和相关部门的行政干预，在真正意义上实现独立调查。

在进行事故调查和处理过程中，应该更多关注体制、机制和管理方面的系统性原因。在进行事故调查后的处理时，往往高度关注相关人员的责任，并根据人员过失情况分别给予党纪政纪处分或者刑事处罚，但是在使相关人员吸取教训的同时，有必要进一步深入分析体制、机制和管理方面的系统性原因。美国工程院院士南希·莱文森曾指出"操作人员的失误往往是其所处环境的产物"，"挑战者号"事故的系统问题就可归结于决策缺陷、政治经济压力、糟糕的问题报告、缺乏趋势分析、缺失或无效的安全计划、沟通问题等；20 年后的"哥伦比亚号"事故的成因（如相关操作员的失误）与"挑战者号"事故完全不同，但是一些系统原因是相似的。②因此，只有深入地分析体制、机制、管理、文化等深层次的系统性原因并加以修正，才是规避同类事故的关键。"3·21"事故调查之后跟进的"国

---

① 戴朝阳、林春弟：《探析重大责任事故调查报告在刑事诉讼中的证据效力》，《法制与社会》2007 年第 10 期。

② 〔美〕南希·莱文森：《基于系统思维构筑安全系统》，唐涛、牛儒译，国防工业出版社，2015，第 41 页。

务院江苏安全生产专项整治活动"尝试以江苏省为切入点深入分析安全发展理念偏差等系统性原因，是一次很好的探索，但是仍然有从制度层面对好的做法进行固化，同时不仅要分析发展理念等宏观层面的系统性原因，还要分析体制、机制、文化等中观层面的系统性原因，将上述原因反馈至高层级主管部门，建章立制。

（四）我国安全生产责任制有待进一步完善和细化

安全生产责任制一直被视为安全生产工作的法宝，现在安全生产责任制的一个重要遵循就是"三个必须"，即"管行业必须管安全、管业务必须管安全、管生产经营必须管安全"。但是，通过"3·21"事故调查可知，"三个必须"从概念原则到实操性制度方面，都有很多工作需要做。

此次事故调查报告指出："相关部门对各自的安全监管职责还存在认识不统一的问题。这起事故暴露出监管部门之间统筹协调不够、工作衔接不紧等问题。虽然江苏省、市、县政府已在有关部门安全生产职责中明确了危险废物监督管理职责，但应急管理、生态环境等部门仍按自己的理解各管一段，没有主动向前延伸一步，不积极主动、不认真负责，存在监管漏洞。"针对起火爆炸物质到底是"危废"还是"危险化学品"的问题，应急管理部门和生态环境部门发生"争执"，甚至引发了舆情。这说明，在经济社会快速发展的过程中，各种新兴材料和物质层出不穷。如何基于"三个必须"，对生产生活中的众多危险源物质进行甄别、定性和责任划分，实现责任体系的全覆盖，将是安全生产方面的一项艰巨工作。

后　记

2019 年 3 月 21 日 14 时 48 分许，位于江苏省盐城市响水县生态化工园区的天嘉宜公司发生特别重大爆炸事故。"3·21"事故是 2015 年天津港"8·12"瑞海公司危险品仓库特别重大火灾爆炸事故后，我国化工行业发生的又一起特别重大生产安全事故，也是 2014 年苏州昆山市中荣金属制品有限公司"8·2"特别重大爆炸事故发生后江苏省发生的又一起特别重大生产安全事故。天嘉宜公司特别重大爆炸事故人员伤亡特别重大，社会影响特别恶劣，教训特别惨痛。

事故发生后，中共中央党校（国家行政学院）应急管理培训中心（中欧应急管理学院）很快将其列为"国家应急管理案例库"需要重点开发的综合性案例，组建专门的研究团队，围绕事故发生后的抢险救援、恢复重建、调查改进以及事故发生前的安全监管等不同专题，广泛收集文献资料，赴相关部门和当地进行访谈调研，召开座谈会听取专家意见。在此基础上，研究团队选取了安全发展理念、政府监管责任、企业主体责任、应急处置与救援、舆论引导与舆情管理、事故调查与问责、事后恢复与重建七个专题，对此次事故进行专项评估，有重点地总结经验教训，提出改进工作的对策建议，目的是在为我国安全生产工作提供个案经验的同时，也为我国应急管理干部教育培训和科研咨询工作提供基本素材。

本案例研究是团队合作的成果。团队成员主要来自中共中央党校（国家行政学院）应急管理培训中心（中欧应急管理学院）、中国安全生产科学研究院、中共北京市委党校（北京行政学院）、中共安徽省委党校（安徽行政学院）、中共河南省委党校（河南行政学院）。各章的具体分工如下：前言、第一章，钟开斌；第二章，邱倩婷；第三章，魏利军、王如君、多英全、宋占兵、褚云；第四章，方铭勇；第五章，庞宇；第六章，翟慧杰；第七章，王永明。曹海峰参与了案例研究前期研讨交流，柴华协助对全书进行了统稿。在案例调研访谈过程中，得到了相关方面的支持和帮助，在此一并表示感谢。

　　党的十九届五中全会审议通过的《中共中央关于制定国民经济和社会发展第十四个五年规划和二〇三五年远景目标的建议》注重处理好发展和安全的关系，就统筹发展和安全、建设更高水平的平安中国提出明确要求、作出工作部署，对在复杂环境下更好推进我国经济社会发展具有重大的指导意义。希望本案例研究能够为切实加强安全生产各项工作，有效防范和坚决遏制重特大事故发生，推动我国安全生产形势持续稳定好转，实现高质量发展和高水平安全良性互动，提供有益的参考借鉴。由于能力和水平有限，书中难免存在疏漏甚至错误之处，衷心希望读者批评指正。

笔者

2021 年 1 月

图书在版编目（CIP）数据

防范化解重大风险：响水"3·21"事故案例研究／
钟开斌等著． —— 北京：社会科学文献出版社，2021.6
（应急管理系列丛书．案例研究）
ISBN 978 - 7 - 5201 - 8392 - 5

Ⅰ.①防…　Ⅱ.①钟…　Ⅲ.①爆炸事故 - 事故分析 -
响水县　Ⅳ.①X928.7

中国版本图书馆 CIP 数据核字（2021）第 093397 号

应急管理系列丛书·案例研究

防范化解重大风险
　　——响水"3·21"事故案例研究

著　　者／钟开斌 等

出 版 人／王利民
责任编辑／曹义恒

出　　版／社会科学文献出版社·政法传媒分社（010）59367156
　　　　　地址：北京市北三环中路甲 29 号院华龙大厦　邮编：100029
　　　　　网址：www. ssap. com. cn
发　　行／市场营销中心（010）59367081　59367083
印　　装／三河市尚艺印装有限公司

规　　格／开　本：787mm×1092mm　1/16
　　　　　印　张：16.5　字　数：276 千字
版　　次／2021 年 6 月第 1 版　2021 年 6 月第 1 次印刷
书　　号／ISBN 978 - 7 - 5201 - 8392 - 5
定　　价／98.00 元